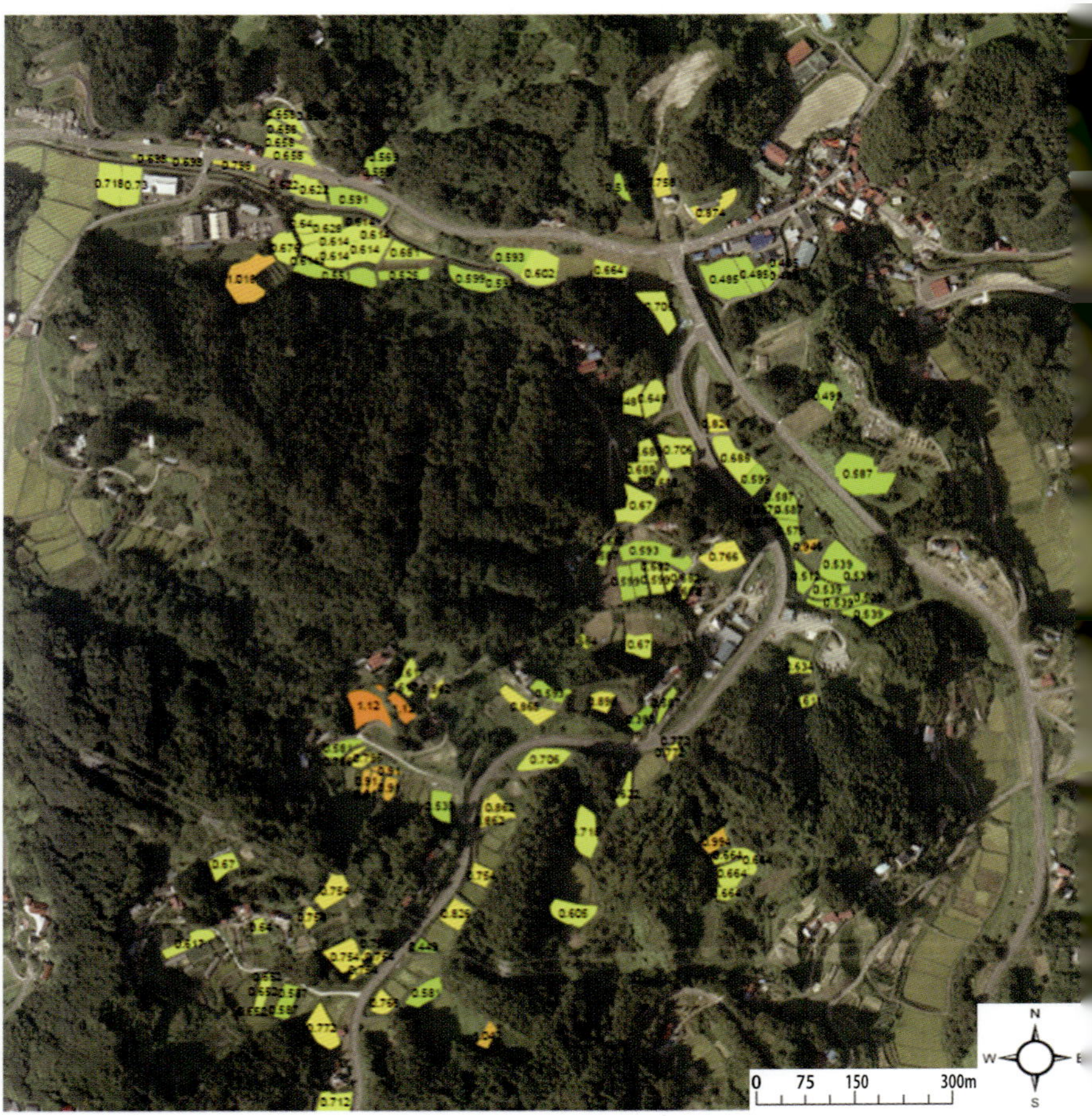

空間線量率【地表１ｍ】
（マイクロシーベルト／時）

- 0.001－0.150
- 0.151－0.300
- 0.301－0.450
- 0.451－0.600
- 0.601－0.750
- 0.751－0.900
- 0.901－1.050
- 1.051－1.200
- 1.201－1.350
- 1.351－1.500
- 1.501－

【口絵１】農家自身による測定に基づいた農地一筆ごとの空間線量率マップ

（注）オルソ画像および農地耕区データは福島県土壌改良事業団体連合会の提供による。
（出典）新潟大学 吉川夏樹准教授作成。

【口絵２】福島県農地土壌の放射性物質濃度分布図（2011年）

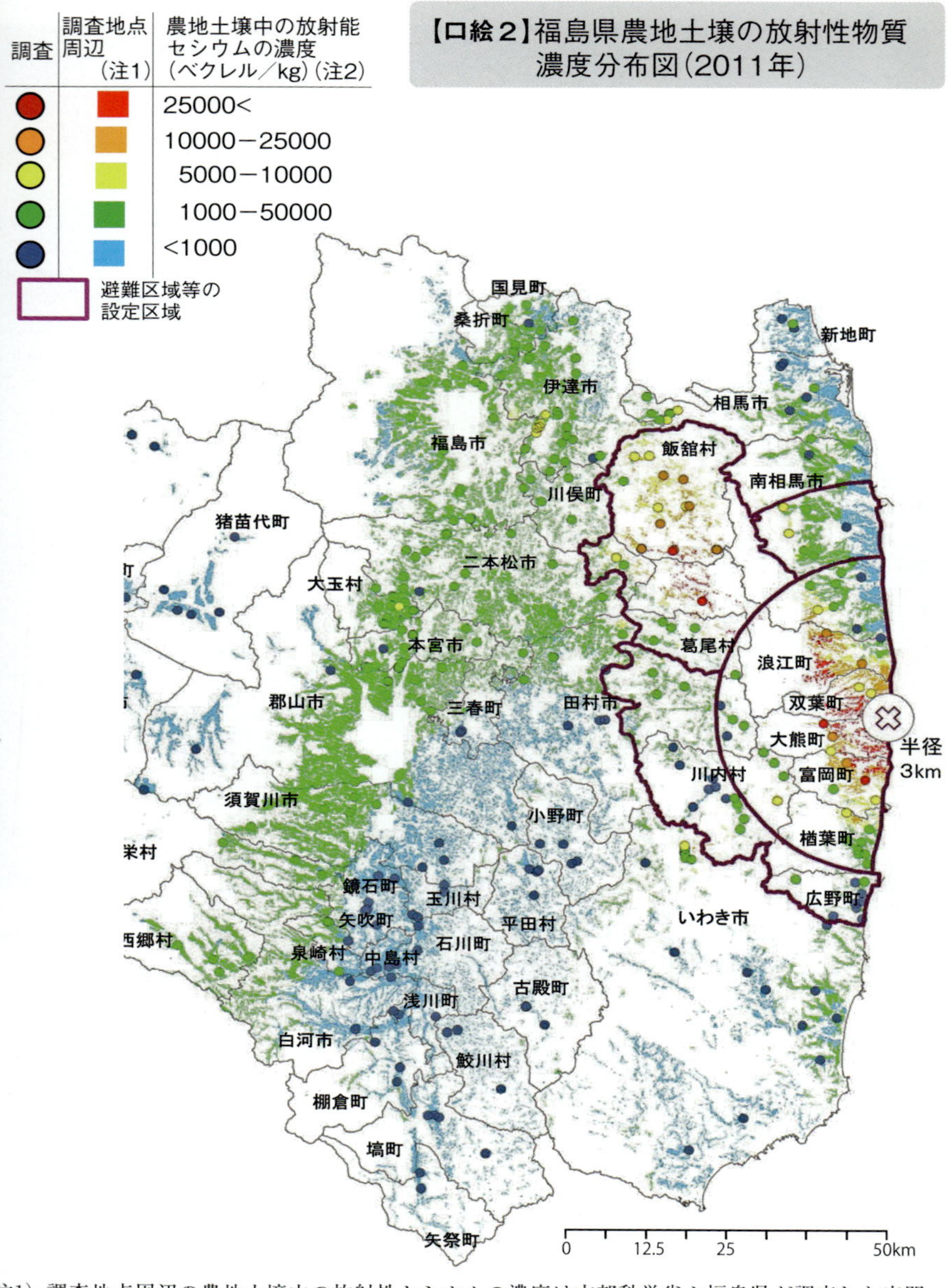

（注1）調査地点周辺の農地土壌中の放射性セシウムの濃度は文部科学省や福島県が調査した空間線量率のデータから推計したもの。
（注2）農地は、耕起による土壌の攪拌や作物の根がはる深さを考慮し、水田は約15cm、畑地は最大30 cmの深さで土壌を採取し、土壌中に含まれる放射性セシウムの濃度を測定。
（出典）http://www.affrc.maff.go.jp/docs/map/

【口絵３】福島県農地土壌の放射性物質濃度分布図（2018年）

（平成28年11月18日時点に換算して作成）

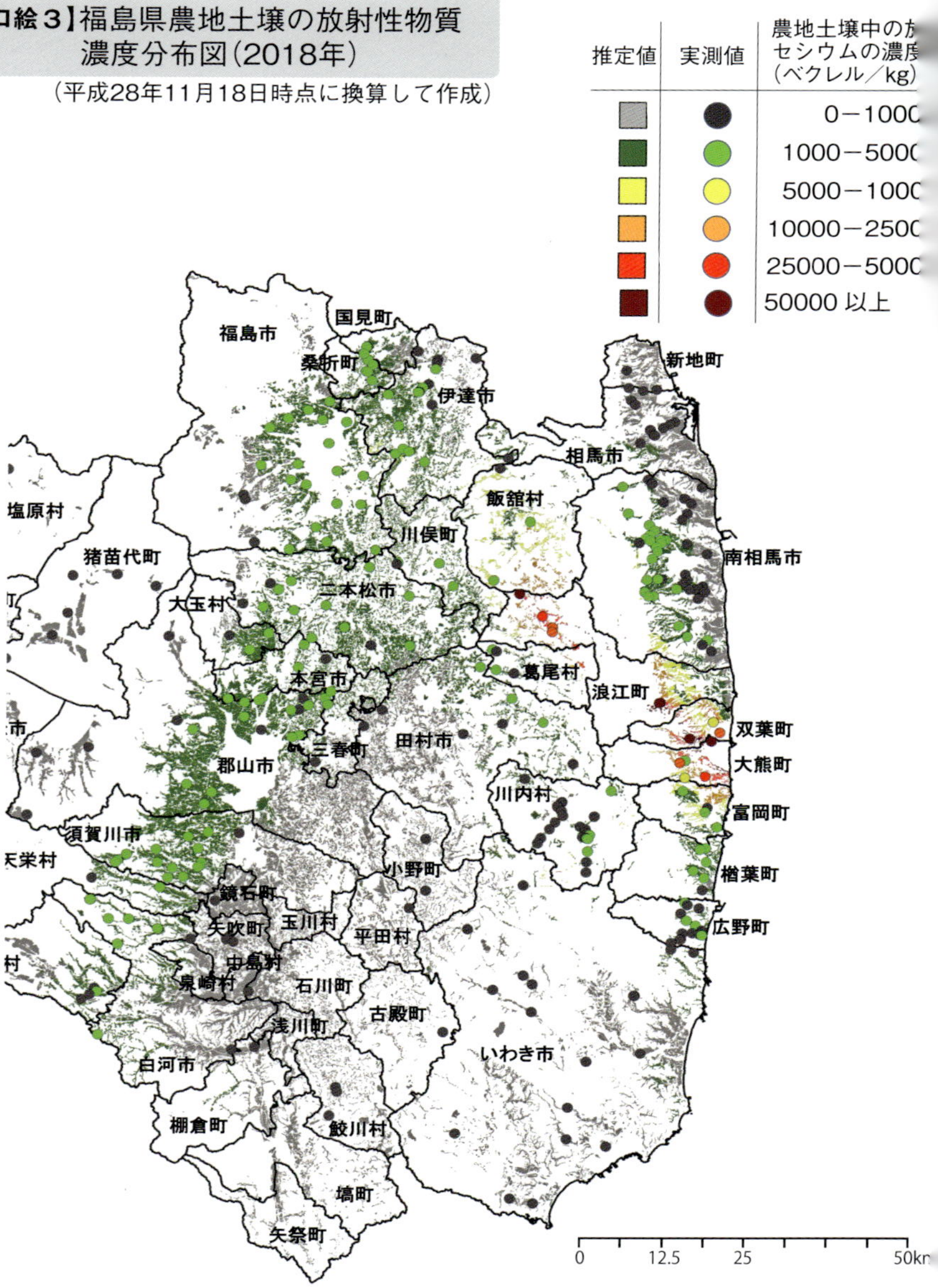

（注1）農地の分布は、2010年に国立研究開発法人農業環境技術研究所（当時）が作成・公開した農地土壌図（2001 年の農地の分布状況を反映）から作成。

（注2）推計値は、航空機モニタリング（平成29年2月13日原子力規制委員会公表）による空間線量率の測定結果を用いて試算した推計に基づくものであり、一定の誤差を含んでいます。

（出典）http://www.affrc.maff.go.jp/docs/map/

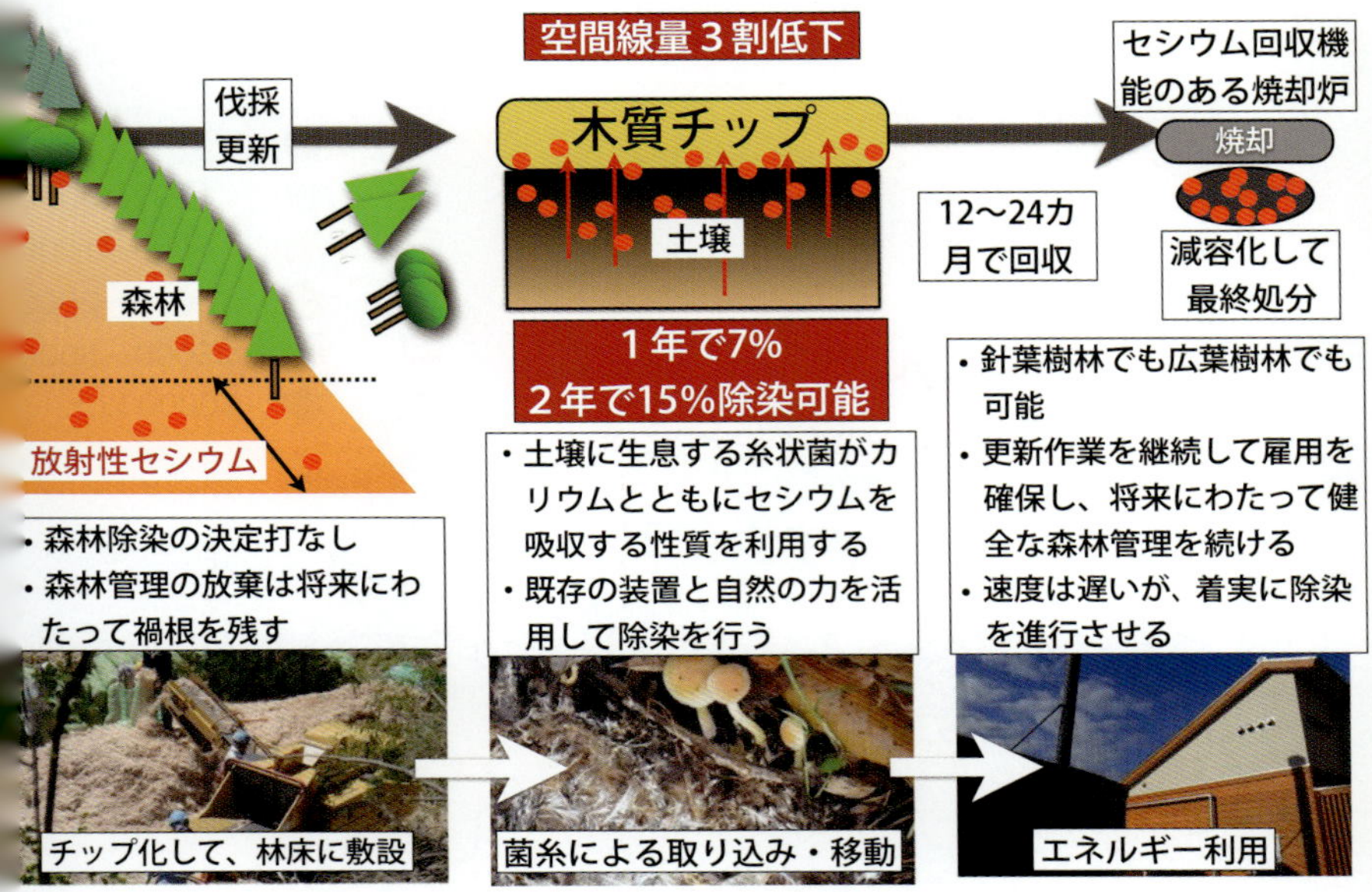
空間線量３割低下
伐採
更新
木質チップ
セシウム回収機能のある焼却炉
焼却
土壌
12〜24カ月で回収
減容化して最終処分
森林
１年で7%
２年で15%除染可能
放射性セシウム
・針葉樹林でも広葉樹林でも可能
・更新作業を継続して雇用を確保し、将来にわたって健全な森林管理を続ける
・速度は遅いが、着実に除染を進行させる
・土壌に生息する糸状菌がカリウムとともにセシウムを吸収する性質を利用する
・既存の装置と自然の力を活用して除染を行う
・森林除染の決定打なし
・森林管理の放棄は将来にわたって禍根を残す
チップ化して、林床に敷設
菌糸による取り込み・移動
エネルギー利用

（出典）福島大学 金子信博教授作成。

【口絵４】チップ除染の考え方と木質エネルギーの利用

農と土のある暮らしを次世代へ

原発事故からの農村の再生

菅野正寿・原田直樹
編著

有機農業選書 7
コモンズ

まえがき

「真の文明ハ山を荒さず、川を荒さず、村を破らず、人を殺さゞるべし」(田中正造)

科学の粋を集め、文明の最先端にあったはずの原子力発電所。

二〇一一年三月一一日の東日本大震災は、東京電力福島第一原子力発電所(福島第一原発)事故を誘発した。人災でもあるこの未曽有の原子力災害によって、それまでの「絶対安全」「十分な安全対策」「クリーンエネルギー」などといった原発の謳い文句が、いかに薄っぺらいものであったのかが露呈した。短期的な経済成長のみを優先・追究し、〝不都合な真実〟に真摯に向き合ってこなかった日本社会の、痛恨のほころびでもあった。そして、そのしわ寄せは弱者に回っていく。

福島第一原発から放出された放射性物質は東日本一帯に広く降下し、原発が立地する福島県はとくに酷く汚染された。福島第一原発から二〇㎞圏内が警戒区域に、飯舘《いいたて》村、葛尾《かつらお》村、南相馬市の一部、川俣町の一部が計画的避難区域に指定され(二〇一一年四月二二日)、住民はふるさとを追われ、地域コミュニティを奪われた。他の地域でも、水や食料への不信、自身や子どもの被曝防止など、さまざまな理由のもとで自主避難が相次ぎ、避難生活者数は最大で一六万人以上にものぼった。そして、いまなお約四万五〇〇〇人が避難生活を送っている(二〇一八年五月時点)。

この福島第一原発事故は、土を耕し、作物を育てることを生業《なりわい》とする農家にも、多大な苦悩を与えた。

土は生命《いのち》の源であり、生命を支え、最期に生命が還る場所である。農家は、こうした土の力を頼み、生み出される生命に感謝しつつ、糧を得て生活している。だから農家は、自らの土を最良の状態に保つための努力を怠らない。豊かな土は、先達から受け継ぎ、心血を注いで守ってきた財産である。その上に立ち、作物と語らう農ある暮らしは、農家の身体に染みついた日常そのものだ。

原発事故はそこに、放射性物質という異物をばら撒いてしまった。

ベクレル、シーベルト、放射能、放射線、被曝……。ふだん耳にしない専門用語が飛び交い、土や水、農産物の汚染が大きく報道される日々。農業の継続はもはや無理との悲観論も出るなかで、当時の農家の心中はいかばかりだっただろうか。

しかし、こうした絶望的な状況にあっても、土を捨てず、農を諦めず、農業復興を目指した農家たちが、福島には確かに存在した。本書は、彼らと、彼らを支えた研究者らの、七年間にわたる「協働」の記憶の書である。

詳しくは本編にゆずるが、農家は、農家目線から見た疑問や解決したい問題を忌憚なく研究者にぶつけ、また自らデータや試料採取に駆け回る役を担った。研究者らは、農家に寄り添ってその疑問に答え、ともに解決法を探り、「農家の生活」を意識した現地調査に取り組んだ。

農家や地域住民と、さまざまな専門性をもつ研究者の「協働」によるこの農業復興への取り組みは、目に見えぬ放射性物質の実体を露わにし、いかに正しく恐れるべきかについて教訓を与えた。また、徹底した農産物の放射能測定は、土を耕し、農を続けた農家の決断が間違いではなかったことを示した。そして、福島の農業と地域の復興の過程を着実に後押しした。

本書で多く取り上げられている福島県二本松市東和地区などの阿武隈《あぶくま》山地は、大規模経営には向かない典型的な中山間地域である。農家は零細かつ自給的で、高齢化も進み、いまの世の趨勢から見れば、遅れた農業が営まれている地域なのかもしれない。

しかし、その一方で、一度は都会に出たものの地元に帰って農業を継ぐことを決意した若者や、里山や川に囲まれた土地での農ある暮らしに共感した移住者（新規就農者）が多い地域でもある。原発事故後、彼ら次世代の農業者に農と土のある暮らしを残すため、地域住民と研究者がどのように努力したのか。本書はその過程を記した記録の書でもある。

こうした「協働」の形が、次世代の地域づくりに示唆を与え、現場に根差した学問のあり方を考えるものとして読者に感じてもらえれば、望外の喜びである。

最後に、本書の編集と出版にあたり、コモンズ代表の大江正章氏には多くのご示唆をいただき、大変お世話になった。編著者を代表して深く感謝の意を表する。

二〇一八年六月三〇日

原田　直樹

農と土のある暮らしを次世代へ●もくじ

第Ⅰ部　福島の農の再生と地域の復興

——原子力災害と向き合って

第1章　土の力と農のくらしが再生の道を拓く

菅野　正寿

一　沈黙の春と耕す春

沈黙の春に苦悩する

福島県の阿武隈《あぶくま》山系の西側に位置する人口約六五〇〇人の二本松市東和《とうわ》地区（旧東和町）は、西に安達太良《あだたら》連峰を望む。木幡《こはた》山と羽山《はやま》の伏流水が阿武隈川に注ぎ、里山の恵みが連綿と息づいている。春の山菜、夏の桑の実畑にさくらんぼと夏野菜、秋のキノコに雑穀、イモ類、冬の漬物、納豆、味噌、餅などの生業のくらしがあった。

東京電力福島第一原子力発電所から北西に約五〇㎞のこの里山に二〇一一年三月一一日、東日本大震災と原発事故が苦悩と沈黙を呼び込んだ。ふきのとうが芽を出し、梅の花がほころび、うぐいすが春を告げる。いつもなら田畑を耕すトラクターの音が響き、春休みの子どもたちの歓声が野山にこだまするはずなのに、まるで「沈黙の春」となった。

この地方は岩代《いわしろ》の国と言われただけあって、地盤が強い。土蔵の壁が落ちたり、瓦の一部が崩れたり、墓石が倒れる程度で、地震による人的被害はなかった。一方で、太平洋沿岸を襲った巨大津波のテレビ映像には目を疑い、その惨劇に驚嘆するばかりだった。家も農地も流失する様に、言葉も出ない。

一二日の一号機の水素爆発に続き、一四日には三号機も水素爆発。一五日には原発から二〇～三〇キロ圏内の浪江町の避難者約一五〇〇人を体育館、公民館、空き校舎など一〇カ所に受け入れた。三月中旬とはいえ、夜は氷点下にまで下がる。

道の駅ふくしま東和(以下「道の駅」)を運営するNPO法人ゆうきの里東和ふるさとづくり協議会(以下「ゆうきの里東和」)では役員会をすぐに開き、被災者支援を協議して、その夜には暖房器具八台を提供した。前年に就農した長女の瑞穂は、家族の協力に加えてブログで友人に呼びかけ、ジャンパーやセーター、ティッシュペーパーなどを公民館に運び込んだ。妻は保存していた大根を輪切りにしておでん風味に煮込み、大きなバケツで何度も届けた。

ガソリンや物資が滞って思うように行動できなくなるなか、道の駅は営業を続ける。営業時間こそ九時～一五時に短縮したが、おにぎりや惣菜などを職員が作り続けた。我が家でも味おこわを毎日作って運んだ。

だが一七日、ゆうきの里東和と産直を行ってきたコープふくしまとイトーヨーカドー福島店から出荷自粛の連絡が入った。二三日からは、ほうれん草や小松菜などの露地野菜の出荷停止指示が福島県から相次いで出される。

一九日には、二本松市の防災無線で空間線量率が初めて流された。地元の住民センターでは六マイクロシーベルト／時間。この日から、毎日流される空間線量率数値に住民は右往左往する日々が続く。それでも、四月には二マイクロシーベルト／時間、五月には一マイクロシーベルト

／時間まで減った。

キャベツの出荷停止指示が出された二三日の翌朝、須賀川市で有機農業を三〇年続けてきた樽川久志さん(六四歳)が自殺。奥さんの「夫は原発に抗議するために死を選んだんです」(四月二六日の東電本社で行った抗議集会での発言)との怒りの声に、涙が止まらなかった。有機発酵堆肥を長年投入してつくりあげてきた土が放射性物質に汚染された農家の苦悩は深い。

私の野菜作りの恩師である二本松市の有機農家・大内信一さん(一九四一年生まれ)は、涙を流しながらほうれん草を抜き取って感謝したと、こう話した。

「太陽に向かって大きく葉を広げたほうれん草が、放射能から土を守ってくれたんだ」

耕す春がきた、作って測り、測っては作る

三月二五日に二本松市から「農事組合長だより」が届き、作付け延期の指示が出された。耕す春に、耕せないのだ。本当に米も野菜も作れないのかという不安のなかで、種もみの塩水選をして苗床の準備に取り掛かる。自ら命を絶った農家の悔しさと無念に、耕すことで応えなければならないという心情がはたらいていた。

集落の農家からは、「正寿君、畑をトラクターで耕してくれ」といつものように声がかかり、じゃがいもの植え付けなど春の作業の準備が始まっていた。とくに年配の方は、春がくれば身体がうずくのだ。被曝の心配よりも畑や田んぼにでることが生きがいなのだと、感じられてならない。

私も耕す春が好きだ。トラクターに乗って耕すと、冬に眠っていた土が黒く顔を出す。百姓の一年の始まりに鼓動する。

四月一二日に、福島県内の土壌サンプリング測定の結果、二本松市は放射性セシウム含有量が一〇〇〇～三〇〇〇ベクレル／kgなので、耕作可能と発表された。福島県は五〇〇〇ベクレル／kg以下なら耕作可能と判断した。食品衛生法による食品中の放射性セシウムの暫定規制値が五〇〇ベクレル／kgで、放射性セシウムの移行係数指標を〇・一としたからである。ちなみに、避難指示区域の飯舘村や浪江町津島地区は一万～三万ベクレル／kgと一〇倍の数値であった。

二日後の四月一四日、ゆうきの里東和の生産者会議には、作付けに不安と迷いをかかえるなか一〇〇名を超える会員が集まった。前日の役員会では、こう協議していた。

「作らなければ分からない。作っては測り、測っては作ることを呼び掛けよう」

また、安達《あだち》農業普及所の職員から、放射性セシウムの特性と合わせて次のような対策が伝えられた(これらは後日、福島県農業総合センター有機農業推進室から文書で配布された)。

①有機物を施用する。放射性セシウムは土壌との混和によって大部分が土壌に吸着され、作物に吸収できない状態になるし、有機物にも吸着されるため、可能なかぎり堆肥等の施用を行う。

②圃場を耕起する。放射性セシウムの濃度を農作物の根圏においてできるだけ薄めるため、可能なかぎり深耕する。

③肥培管理。石灰などの土壌改良材は土壌ｐＨを中性化する効果があり、放射性セシウムの吸

収を少なくするとされている。カリウムは農作物への吸収を少なくするとされている。

この知見は、現時点においても的確な考え方である。農家にとっては、これまでの土づくりをしっかりと進めることであり、新しい技術を取り入れるわけではない。私たちは、不安をかかえる農家に提起した。

「耕して種を播こう。出荷制限されたら、損害賠償を請求しよう」

農作業を控え、ガソリンも滞っていたために一カ月ぶりに顔を合わせた農家のほころんだ顔に、元気が戻ってきたように感じる生産者会議だった。

二　協働の力が生み出した住民主体のＮＰＯ

地域資源循環のふるさとづくりの推進

「このままではますます過疎に拍車がかかる。これまで取り組んできた産直提携や都市との交流を衰退させたくない」

二〇〇五年一二月の二本松市との合併(旧二本松市・安達町・岩代町・東和町)を前に、二年にわたり夜遅くまで議論が交わされていた。青年団運動、産直運動、文化活動、そして産業廃棄物処理場建設反対運動など、ふるさとをこよなく愛してきた仲間たちだからこその危機感である。

「中山間の条件不利地域だから、支え合い、助け合ってきた」

「里山だから、四季折々の旬の恵みがある」

桑畑と棚田。急斜面も耕し、桑を植えた先人の汗をいまも引きつぐ

「地域資源循環のふるさとをつくることが大事ではないか」

「これからは、行政にできること、民間企業にできること、住民主体でできることをそれぞれが尊重し合い、お互いがパートナーシップをもって地域の課題に取り組む時代ではないか」

こうした考え方を柱として、東和地区の農家と商店が中心となり、ゆうきの里東和が二〇〇五年四月に発足する。それは、「有機質堆肥による土づくり」をベースに、地域コミュニティと都市との交流など「有機的な人間関係」を育み、「勇気をもって取り組む」新しいふるさとづくりへの挑戦でもあった。

有機農業、直売所、特産品づくり、定住促進、都市との交流、健康づくりといったそれぞれの取り組みだけでなく、これらが関連しながら総合的な地域づくりを行っていく。人口六五〇〇人規模の顔の見える適正な関係が縦横につながっていたからこそ、人、モノ、お金がまわる循環が築かれてきたと思う。

だから、会の目的は「地域資源循環のふるさとづくりを推進する」とした。そして、旧東和町で運営していた道の駅の指定管理をゆうきの里東和が受け、活動を広げる拠点が生まれた。この道の駅はもともと、農水省の補助事業で二〇〇〇年に設立された東和町活性化センターの一施設である(当時の名称は「道草の駅あぶくま館」)。直売所、加工施設、体験交流施設という三つの機能を備えていたことが、特産の加工品づくりにつながった。

体験交流施設は、生産者会議や講演会、語り部や焼き物体験や歌声喫茶など多様な企画の場になっていく。地域の人と情報が集まり、発信する拠点である。朝は高齢者や女性が、道の駅で販売する野菜やコープふくしまなどに配送する野菜を持ち寄ってくる。「なすやきゅうりの苗は植えたかい」「品種は何にしたんだい」と会話が絶えない。

原発事故後には、放射能の測定や空間線量率マップ作成の場、土壌や桑の葉などの検査の場となり、さながら研究室のようでもある。

地域コミュニティ・農地・山林の再生

ゆうきの里東和は発足五年目の二〇〇九年に、「里山再生プロジェクト五カ年計画」を打ち出す。当時、過疎化がじわじわ進行し、耕作放棄地が増え、さらにリーマン・ショックの影響で町工場が閉鎖されるなど、社会の大きな流れが押し寄せてきていた。これに対抗すべく、「地域コミュニティの再生」「農地の再生」「山林の再生」を柱に事業を展開していくこととし、ゆうきの里東和の独自認証である「東和げんき野菜」(「げんき堆肥」を使用する、農薬と化学肥料の使用を慣行栽培の半分以下とするなど五つの約束を満たした野菜)でブランド力を高め、販売の拡大を進めた。

土づくりのベースである「げんき堆肥」は、二〇〇三年に有機農家、肥育牛の牧場、食品加工業者が中心となって設立した、(有)ファインの地域資源循環センターで製造される。七〇〇頭の肥育牛の糞と籾殻を主体に、醤油製造所のかつお節や昆布、製麺所の麺の屑、そば殻、生協のカット野菜の屑、製菓業の飴玉の屑など、ミネラル分が豊富な一四種類の食品残渣を混合。一次発酵から四次発酵まで約六カ月かけて熟成させた、完熟堆肥である。

販売価格は軽トラック一台分(一㎥)で三〇〇〇円(税別)と手頃に設定したから、高齢者も女性も気軽に投入できる。「人参に甘みがでてきた」「病気が減って農薬を使わなくてすむ」などの声が多い。地域に広がる有機農業の核として、この堆肥センターの存在は大きい。食品残渣を産業廃棄物として化石燃料で燃やすのではなく、有価物として再資源化する。名称のごとく、まさに地域資源循環センターである。

地域コミュニティの再生については、都市との体験交流と農家民宿の組み合わせ、「里山共生塾」による新住民と地域の学びの場を提案している。山林再生については、炭焼きの伝承、薪・間伐材の利用による山の活用、きのこや山菜の栽培、森の案内人の育成などを掲げた。これらのプランには、新規就農者や新住民との議論が活かされている。新住民と地域の融合のなかで新たな展開が生まれていったのだ。

「東和げんき野菜」ブランドや機能性食品としての桑の加工品(桑の葉パウダー、桑の葉茶など)

の販売拡大、そしてゆうき産直の販路拡大によって、原発事故前の二〇一〇年度の事業高は二億円に達するまでになった(うち道の駅が九三〇〇万円)。

研究のための調査ではなく、営農を続けていくための調査

「研究のための調査ではなく、農業を継続できるような調査と支援をお願いしたい」

原発事故から約二カ月後の五月六日、日本有機農業学会に集う二一名の研究者に対して、道の駅の会議室で、ゆうきの里東和の理事長・大野達弘が訴えた(肩書きは当時。以下同じ)。

そして、思いをもって再生に取り組んできた里山がことごとく汚染されたことの悔しさ、農業を続けていくための支援を、役員たちが切々と訴えた。その結果、自ら空間線量率を調査し、放射線量マップづくりに取り組み始めていたことに共感していただき、一緒に測定と調査を進めていくことが確認される。私たちは心強い思いだった。

この日本有機農業学会の被災地調査(相馬市、南相馬市、東和地区)をコーディネートしてくれたのが、当時の日本有機農業学会事務局長であり、福島県有機農業ネットワーク理事の長谷川浩さんである。

長谷川さんは福島市にある東北農業研究センターの研究員として、水田除草や有機人参栽培など有機農家の指導・助言にあたってきた。原発事故後は市民放射能測定所(福島市)と連携して、農産物や土壌の測定など、研究者としての知見を農家に伝えてきた。その後、職を辞して、農家とともに現場に立って測定・調査を続ける。そして、持続可能な食べ物とエネルギーによる自産

自消のくらしを実践するために喜多方市山都町に移住し、百姓としての新しい生活を始めた。現在も、福島県内の有機農家の支援に奔走している。

農地や山林などの測定・調査のリーダーには新潟大学の野中昌法先生が就き、家族や食べ物、心の不安などの地域コミュニティ関連は茨城大学の中島紀一先生が担当することになる。以後、何回も新潟大学、茨城大学、東京農工大学、福島大学、横浜国立大学の研究者が訪れ、水田や山林などの下見調査を行っていく。六月には、横浜国立大学の金子信博先生を飯舘村と浪江町の山林(立ち入り禁止になっていない地域)に案内して現地確認し、ミミズやキノコ、落ち葉などを収集した。避難して誰もいないムラの異様さと、高い空間線量率に鳥肌が立ったことは、いまも忘れられない。

ゆうきの里東和では武藤正敏事務局長と職員を中心に、企業から提供されたガイガーカウンターで農地の空間線量率測定が進められていく。七月からは、市民放射能測定所のサポートで、ベクレルモニター(簡易放射能測定器)による農産物の測定も始まった。

里山再生・災害復興プログラムの始動

「里山を総合的に測定・測定していこう」というのが、野中先生の思いだった。こうして、里山再生プログラムがベースとなって「里山再生・災害復興プログラム」(四〇ページ参照)が作成され、三井物産環境基金を活用して、八月から本格的にスタートする。

里山山林の調査、そこから流れる水の調査、その水を利用する水田と畑の調査、そこで栽培される稲、野菜、大豆、桑の調査と放射性セシウムの吸収・抑制対策。さらに、食卓に並ぶまでの安心をつくる仕組み。総合農学への思いと営農を続けるためプログラムである。子どもや孫たちに食べさせる女性や高齢者の不安や苦悩については、中島先生と茨城大学の飯塚里恵子研究員が中心となって座談会が行われた。

「主体はあくまで農家であり、私たちの調査研究は農家のサポートである」という野中先生の一貫した思いが、このプログラムには表れている。

野中先生と原田直樹先生を中心とした新潟大学チームが、収穫を迎えた稲と水田土壌の調査（東和地区六地点）を担当した。茨城大学の小松崎将一先生は竹林、横浜国立大学の金子先生は山林、東京農工大学の横山正先生は稲の品種、肥料の比較と、多面的な調査が進められていく。福島大学の小山良太先生チームは、伊達《だて》市霊山《りょうぜん》町小国地区、福島市の若手果樹農家のふくしま土壌クラブなど県内他地域との比較調査を通して、農産物の検査体制のあり方などを考察した。

空間線量率の調査は、ゆうきの里東和の職員や新規就農者も参加して、研究者と一緒に山林を登り、農道を歩いて行った。二〇一二年は各集落にガイガーカウンターを貸し出して、水田を中心に一二〇〇カ所の詳細な放射線量マップを作成していく。こうした測定・調査の結果は、道の駅や集会所、東和文化センターなどで合計一二回、農家にわかりやすい内容で報告会を開催して、広く伝えてきた（二一七・二一八ページ参照）。

三　現場にこそ真実がある

現場で検証する

二〇一一年九月二三日の予備検査で、二本松市小浜《おばま》地区で暫定規制値と同じ五〇〇ベクレル／kgの放射性セシウムを含む玄米が見つかり、農家に衝撃が走る(その後、福島市大波地区や伊達市小国地区の玄米からも、五〇〇ベクレル以上を検出)。私がその農家の水田を見に行くと、大きなワゴン車に乗った取材カメラマンがやって来た。

「あなたたちが取材に行くべきは東電だろう。農家に責任があるわけではない」

私は怒りが収まらなかった。暫定規制値を超えた農産物や加工品が見つかると、生産者はまるで食中毒を発生させたかのように、テレビや新聞に報道される。その後も直売所で同様な事態が起きると、犯人を捕まえたかのように報道された。言うまでもなく、真の犯人は原発事故そのものだ。農家の努力と苦悩を見ずに、生産者と消費者を分断させるような対応と報道のあり方は、重大な問題である。

「小浜地区の田んぼに案内してください」と野中先生から電話があり、一〇月一五日に山あいの現場に同行した。山際の雑木林の下にある、三枚の小さな田んぼだ。先生が言った。

「これはいつも沢水が入っているな。落ち葉が田んぼにある。砂地の土も影響しているかもしれない」

野中先生は、それから何度もその田んぼに足を運んだ。このときから、暫定規制値を超えた田んぼの農家の心情を思い、農家に寄り添って対策をたてる調査への気持ちがより強くなったように思う。

翌年のまだ雪が残る二月には、農業用水と物質循環が専門の新潟大学の吉川夏樹先生を連れて私が暮らす布沢《ぬのさわ》集落の棚田を訪れ、雪をかき分けて用水路に水量計を設置した。沢水を棚田に引き込む地点の上流・中流・下流と一㎞に及ぶ用水路の水の調査である。野中先生は「雪解け水からの調査が大事なんだ」と話した。

この吉川先生は春から秋に、新潟市から車で二時間かけて、早いときは午前八時に田んぼに来ていた。梅雨のころ、「菅野さん、東和は大雨ではないですか？　用水路の濁り水をタンクに取っておいてください」と夜に電話が入り、夜中にタンクに水を入れたこともある。このように、どれだけ放射性セシウムが田んぼに流れ込んだか、それによってどれだけ稲に吸収されたかの調査は、まさに農家と研究者との連携によって進んだ。

「土の力」と「稲の力」を確信する

ゆうきの里東和では二〇一一年の九月から、本格的な農産物の測定が行われた。収穫が続いていた夏野菜も秋野菜も検出限界値以下、あるいは二五ベクレル／kg以下という数値に、農家は胸をなでおろす。「これなら孫に食べさせられる」と安心した高齢女性の顔が忘れられない。堆肥を入れ、よく耕した土で作った農産物には放射性セシウムが吸収されにくいことが分かってきた。こうして積み上げた測定データは、三年間で一万件以上に及ぶ。

二〇一一年の秋に新潟大学が調査した私の水田では、土壌に含まれる放射性セシウムは一五〇〇～四〇〇〇ベクレル／kgだったが、翌年春には一五〇〇ベクレル／kgに低下する。また、二〇一一年産の玄米からはすべて不検出だったが、稲わらと籾殻からは三〇～一〇〇ベクレル／kg検出された(二〇一四年以降は、稲わらと籾殻からも不検出)。

この数値を野中先生から示されたとき、私は感動を覚えた。稲わらと籾殻が玄米を守ってくれたのだ。そして、放射性セシウムの吸収を抑えた「土の力」が証明されたと確信した。冷害も旱ばつも大雨も乗り越え、三五〇〇年間続いてきた日本の稲作文化と風土に、尊敬の思いを強くする。

野中先生によると、東和地区を含む阿武隈山系の土には雲母が風化した粘土が多く含まれているという。この粘土と雲母が放射性セシウムを土に強く固定し、作物の根から吸収されないことが分かった。中島先生は「肥沃な土づくりに励んできた農民たちの力だ。そして、この地に踏みとどまったお年寄りたちの営農の力だ」と話し、「福島の奇跡」と表現した。

放射性セシウムを抑え込んだ「土の力」と「稲の力」こそ、福島の経験として伝えていかなければならない。その力は、土着した農民のどんな災害にもどんな支配者にも屈しない、したたかな不屈の精神があったからだと思わずにはおれない。

ところで、原発事故直後からチェルノブイリの経験が伝えられ、「農産物には何年間も放射性物質が移行する」「福島で農業を続けることは困難だ」と報道された。私はチェルノブイリの土

30km圏内でくらしつづけているおばあさんたちと筆者

と温帯モンスーン気候の日本の土は違うということをどうしても確かめたくて、二〇一七年秋にチェルノブイリを訪ねた。居住が禁止されている三〇km圏内に戻って暮らすサマショール（自主的帰還者）の老母たちに、サロンパスや包帯、塗り薬、食料などの支援物資を持っていき、彼女たちが人参やキャベツ、トウモロコシなどを作る畑に立った。

畑の土は灰褐色で、砂壌土が多い。手で握るとさらさらと落ち、砂に近い。じゃがいもは小さく、トウモロコシの実も小さい。居住禁止ゾーンから離れた大規模農場では化学肥料を多用していた。チェルノブイリは亜寒帯の冷涼な気候で、降水量は年間六〇〇ミリと少ない。

チェルノブイリを訪れて、あらためて日本の風土の豊かさを痛感した。帰国して、黄金色の田んぼの風景に日本の美しさを感じた。

四　集落営農の力が発揮される

二〇一一年に玄米から五〇〇ベクレル／kg以上の放射性セシウムが検出された四市（南相馬市、福島市、伊達市、二本松市）の一〇地区では、一二年の作付けが禁止された。東和地区は、それに準ずる事前出荷制限区域となる。二〇一二年の作付けは、一〇aあたりゼオライト二〇〇kg以上、カリ肥料二〇kg上の投入が条件となった。除染の名目で環境省が助成金を出すという。

肥料散布機でゼオライトを散布する（2012年4月）

四月五日に住民センターで開かれた水田除染説明会では、多くの農家が疑問を口にした。

「そんなにゼオライトとカリを入れたら、土がこわれないのか」

「食味が落ちるのではないか」

だが、二本松市の担当者とJAの担当者は、「国の指示なので」と押し切った。

二〇〇kgのゼオライトを高齢者が水田に散布するのは無理だと判断した布沢集落では、肥料散布機（ブロードキャスター)を購入して、非農家も含めて全戸で作業をすることにした。農水省の交付金が支払われる中山間地域等直接支払制度に取り組んでいたので、共同の営農体制がある。全員で一三haに二日間かけて散布し、肥料散布機もこの制度の公付金から出した。

この水田除染の強行は、実質的には作付け自粛に近い。また、自分の田んぼから高い数値が出ないかという不安もある。結局、三割の水田が作付けを断念した。他の集落でも、三〇~五〇%が作付けを断念する。なにより、米が売れるのかという心配が広がっていく。

私はこの状況に悔しさを感じていた。私以上に、野中先生は悔しかったにちがいない。だからこそ、しっかりと水の対策と土の力の証明に取り組んだ。野中先生は、有機質が入って土が肥沃になっていれば、ゼオライトやカリ肥料の投入は必要ないのではと考えていた。そこで、私の水田で、げんき堆肥だけを入れた圃場と、ゼオライトとカリ肥料も入れた圃場の比較調査を実施。その結果、これらに放射性セシウムの低減効果はないことが分かる。私はこれまでの土づくりに確信をもち、あらためて土に感謝した。

秋に行われた玄米の全量全袋検査では、福島県の九九・九%、東和地区ではすべてが二五ベクレル以下だった。

暮れの一二月二一日夜、布沢集会所に二〇戸が集まり、野中先生が調査結果を分かりやすく語った。

「菅野さんの水田での比較調査では、ゼオライトやカリ肥料を入れなくても、玄米から放射性セシウムは不検出でした。ただし、濁り水はできるだけ水田に入れないようにしてください。ま

布沢集落のビオトープに集う住民と郡山女子大学の学生たち

た、セシウムは土中に固定化されています」

二〇一三年の春、布沢集落では全員が米作りを再開した。すべての棚田に水が入り、カエルの鳴き声とトラクターの音が響きわたる。私は嬉しかった。そして、全員で用水路の除染に取り組んだ。落ち葉や泥を浚《さら》い、黒いバッグに入れて仮置き場に運ぶ作業を、一日がかりで行ったのだ。

二〇一四年には、農作物への被害が広がっていたイノシシ対策として、電気柵をすべての水田と畑に設置する共同作業をした。延長は一二キロに及ぶ。

高齢者も女性も一緒になって取り組む姿に、集落営農の力を感じる。棚田がきれいに整備され、景観作物の水仙もいろどりを添える。

二〇一七年には水田ビオトープを設置して、トンボやホタルの観察会を開いた。集落の子どもたちも観察会にやってくる。

放射能の不安。孫と祖父母が別々の食事。米を作っても売れるのかという心配。これまでも、大雨災害の復旧や一人暮らし高齢者の庭先の雪かきなど、多くの困難を共同の力で乗り越えてきた。集落営農の力が大切であることをしみじみと感じる。小さな集落の支え合う力が里山を守っているのだ。

五　次代へつなぐ土と農のあるくらし

多様なコミュニティを育む農の価値

「足がぬるぬるする！」
「カエル見つけた！」
「イネがちくちくする」

原発事故前には、こんな子どもたちの歓声が里山にこだましていた。地元の旧東和町立下太田小学校では、一九九四年から一七年間にわたって、学校田での米作り、野菜作りに、父母、教師、地域が一体となって取り組んできたからだ。ＰＴＡに「おやこすくすく委員会（お米、やさい、こども、すくすく育てる委員会）」を設け、良い種籾を選ぶ塩水選から、田んぼに苗代床をつくる保温折衷苗代、種播き、田植え、草取り、脱穀、そして餅つき大会まで、すべての作業を行ってきた。

教師になることが夢だった私は、念願の田んぼの先生になり、子どもたちと泥んこになった。田植えや稲刈りには、「俺の、私の出番だ」と言わんばかりに、じいちゃん・ばあちゃんがいきいきと学校にやって来る。

旧下太田小学校の子どもたちの田植え（2000年）

「カマはどうつかうの？　だっこくはどうするの」

孫たちとの会話が弾む。

風の音、草の匂い、田んぼの泥……。自然との響き合いのなかで、「米を作る」「作物を育てる」という命の根源に触れることの大切さをともに学んだ。

しかし、原発事故が子どもたちから泥んこを奪った。子どもたちが田んぼで泥んこになる風景を取り戻すことが、原発の時代をつくってきた私たちおとなの責任ではないのかと思う。

また私たちは、埼玉県飯能《はんのう》市にある自由の森学園高校の学校給食の米や野菜を、一九九一年から産直で提供してきた。だが、原発事故でストップしたままだ。米や野菜を送るだけではない。一九九六年から一五年間、夏休みの一週間に、五戸の農家で農業体験も受け入れてきた。

マニキュアをぬった手で、ラジカセを聞きながら、楽しそうに真っ赤なトマトの収穫をする。「ばあちゃんの草履が素敵！」と言って、わら草履をはいて仕事する。終了後には手紙が届く。「いままで何気なくスーパーから買っていたトマトですが、どこの誰が作っているのか気にするようになりました」

この農業体験も、原発事故後ストップしたままだ。

原発事故前は地元の障がい者施設からも、山の落ち葉拾いや畑の草取り、稲の稲架《はざ》掛けに来ていた。みんないきいきと汗をかいていた。二〇一六年からは、稲刈りと稲架掛けは再開している。

農業、農村には、子どもたちからお年寄り、障がい者まで、協働と共感するコミュニティがある。それは自然との共感でもある。だから、むやみに農薬は撒けない。

福島県ではいま「迅速な復興」という名のもとで、大規模基盤整備や大型ビニールハウスや植物工場の建設がどんどん進められている。ロボット産業の育成と称して、ドローンを使った農薬散布や化学肥料散布が進められている。そこには、命を育む教育の視点も、集落営農の協働の力も、地域コミュニティの姿も見えない。

放射性物質に汚染された福島県だからこそ、多様な作物による有機農業を軸にした環境保全型農業と環境教育を提起しなければならないのではないか。

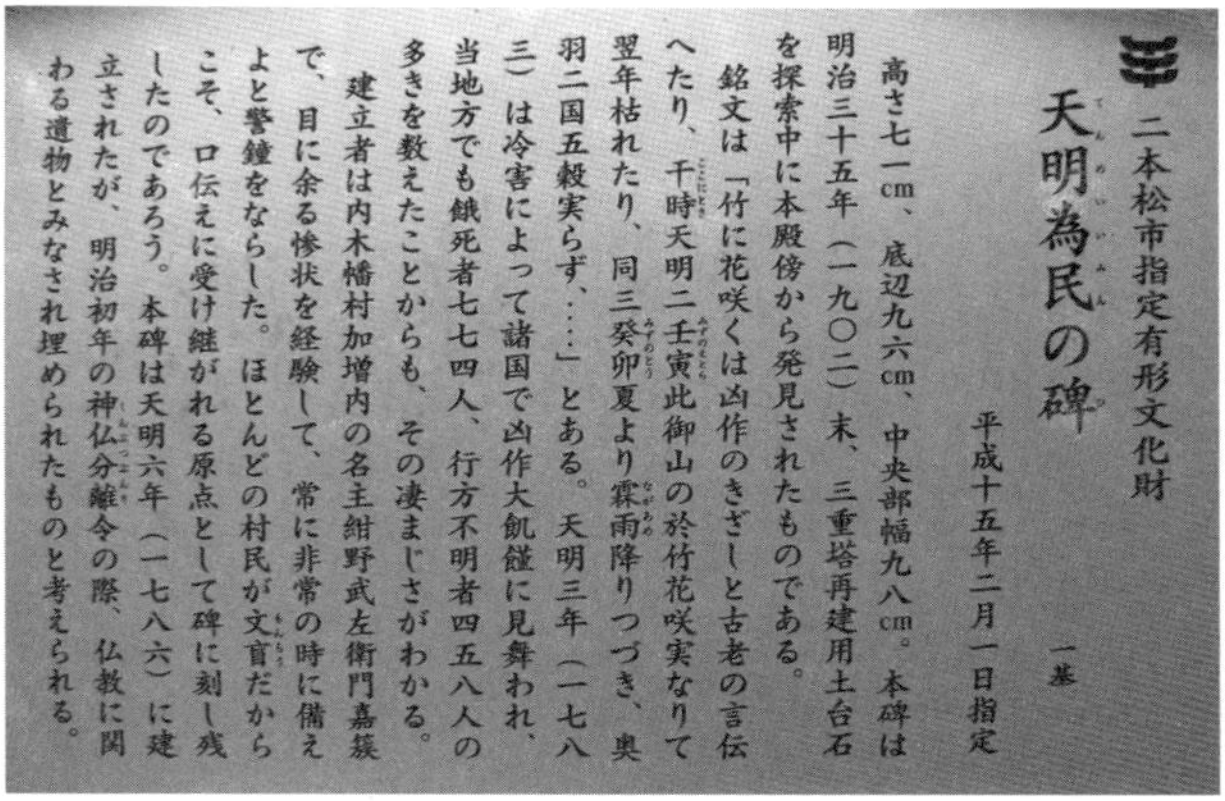
二本松市指定有形文化財
天明為民の碑
平成十五年二月一日指定
一基
高さ七一cm、底辺九六cm、中央部幅九八cm。本碑は明治三十五年(一九〇二)末、三重塔再建用土台石を探索中に本殿傍から発見されたものである。
銘文は「竹に花咲くは凶作のきざしと古老の言伝へたり、干時天明二壬寅此御山の於竹花咲実なりて翌年枯れたり、同三癸卯夏より霖雨降りつづき、奥羽二国五穀実らず、……」とある。天明三年(一七八三)は冷害によって諸国で凶作大飢饉に見舞われ、当地方でも餓死者七七四人、行方不明者四五八人の多きを数えたことからも、その凄まじさがわかる。
建立者は内木幡村加増内の名主紺野武左衛門嘉簇で、目に余る惨状を経験して、常に非常の時に備えよと警鐘をならした。ほとんどの村民が文盲だからこそ、口伝えに受け継がれる原点として碑に刻し残したのであろう。本碑は天明六年(一七八六)に建立されたが、明治初年の神仏分離令の際、仏教に関わる遺物とみなされ埋められたものと考えられる。
天明為民の碑

天明の大飢饉に学ぶ農の復興

一七八二年の天明の大飢饉の惨状を記した石碑が、東和地区の木幡山隠津島神社境内にある。「天明為民《いみん》の碑」と題する石碑には、こう刻まれている。

「同三(天明)、夏より霖雨《ながあめ》降りつづき、奥羽二国五穀実らず、……」

また、『東和町史1』には、次のように書かれている。

山里は種をも失ふ故に、わらの粉のもち又草木の根葉まで食すれども、飢で死る人数知らず(以下略)」

五月中旬から雨が降り、半夏(七月二日)も土用(七月二〇日)も寒く、八月中旬に出穂したものの、北風が吹き荒れ、寒中のように八月末まで続き、ついに耕作物すべてが実らなかったという。旧東和町、旧岩代町、旧山木屋村で一〇〇〇〇人もの餓死者が生じた。その後も冷害、旱ばつ、大雨に遭う。そして、二本松藩にその窮状と年貢の免除を求め、一万五〇〇〇人余の農民一揆を何度も起こした。

こうした教訓から、明治、大正、昭和、そして第二次世界大戦後も、農村復興策として、特産物(養蚕、葉タバコ)や酪農、綿羊を振興していく。さらに、小麦、大豆、じゃがいも、粟、きびなどを奨励して、開墾と食糧増産を図ったとされている。農家にも多くの農事研究会が組織され、行政の技術指導と一体となって、米の品種改良や雑穀、畜産による農村振興策が進んだ。

阿武隈山系では大豆、小麦、えごま(じゅうねん)をはじめとして、多様な雑穀も栽培されてきた。冷害に備えて、どこの農家も現在もじゃがいもを作る。道の駅には大豆、青豆、黒豆、ささげ豆、白豆、小豆など多様な豆が並んでいる。

冷害や大雨などの災害を乗り越えてきたからこそ、多様な食文化が息づいてきた。和食がユネスコから無形文化遺産として登録された。それは、先人の農民の血のにじむような開墾と食糧増産と土づくりの歴史があったからだ。

次代へつなぐ土の力と農のあるくらし

ゆうきの里東和では原発事故後、農家民宿の設立を呼び掛け、二〇一八年には二二軒になった。新潟大学、東京農工大学、東京学芸大学、甲南大学などが毎年、農業体験や調査研究に来る。そして、飯舘村や南相馬市にも足を延ばす。調査研究に携わる研究者たちも、農家民宿で交流したから、ともに励まし合い、協働の力が育まれたと思う。

人事院からは、農水省、環境省、財務省など国家公務員研修の新人を毎年受け入れている。彼ら・彼女らは、野菜の収穫、桑の加工施設やワイン工場の視察、道の駅でのワークショップなど、五日間の研修に励む。博報堂やＮＴＴ、イオングループなどの農業体験をとおした企業研修も行われている。

2018年の田植えに訪れた女子大生と市民グループ

そして二〇一八年も、新規就農者、農業研修生が来た。原発事故後も一〇名が東和の新住人になり、汗を流している。この新住民に刺激されて、地元農家の後継者も二〇一〇年ごろから毎年、就農するようになった。

長女の瑞穂が二〇一三年に起業した(株)きぼうのたねカンパニーには、種播き、田植え、野菜作り、稲刈りなど、毎年二〇〇名以上の学生や市民団体が農業体験に来る。私の田んぼでは二〇一八年から、四組の夫婦と一つの市民団体が「マイ田んぼ」で自給の米作りに取り組む。耕す市民が里山の風に吹かれているのだ。二〇一九年に開設する福島大学食農学部に着任する先生も、田んぼを始めた。

原発事故後に農家八人で起ち上げたふくしま農家の夢ワイン(株)は、遊休農地や耕作放棄地など六haに一万二〇〇〇本のブドウを植え、年間六〇〇〇本以上のワインを製造するまでになった（一三二ページ参照）。ぶどうの苗木の植え付けや収穫のイベントには、多くの市民が訪れる。

この里山で、農とくらしに向き合う都市と農村の新しい関係が熟成され始めているのだ。大量生産・大量消費の都市のくらし、成長や効率を求める社会から、人間らしいくらしを求める社会への転換が起きていると思う。「買う力よりも作る力」を求めて、耕す市民が生まれ、自給のあるくらしが始まっている。

しかしながら、放射能汚染された山林の再生は進んでいない。原木シイタケ栽培は復活していない。タケノコやたらの芽、ゼンマイ、コゴミなどの山菜は、いまも出荷制限中だ。この山林の再生と分散型再生可能エネルギーの新しい展開のために、市民団体や研究者との協働の力がこれから必要とされる。里山とつながる都市の住民・研究者・市民団体との新しい仕組みづくりと共生のネットワークが求められていると思う。

「限界集落」という言葉が生まれて久しい。だが、過密化と孤独死とネット社会の弊害が噴出している都市こそ「限界集落」ではないか。里山は、食べ物と再生可能エネルギーとコミュニティと豊かな土と持続可能なくらしのある「希望の集落」ではないかと考える。三・一一後に、そう強く思うようになった。

福島の経験と教訓は、原発と対峙した、豊かな土の力に支えられた農のあるくらしを次代につないでいく。その道を共に拓いていきたい。

第2章　農地の放射性セシウム汚染と作物への影響

原田　直樹

一　福島だけじゃない

巨大地震と津波が襲った二〇一一年三月、「絶対に安全」のはずだった東京電力福島第一原子力発電所（福島第一原発）は制御不能となり、メルトダウンに陥った。建屋は吹き飛び、大量の放射性物質が拡散され、福島県のみならず東日本一帯に農地および農産物の放射性物質汚染が引き起こされた。

厚生労働省がまとめた「原子力災害対策特別措置法に基づく食品に関する出荷制限等（平成三〇年三月二三日現在）」によると、福島第一原発事故以降、農産物の出荷制限が行われた県は、青森、岩手、宮城、福島、茨城、栃木、群馬、埼玉、千葉、神奈川、新潟、山梨、長野および静岡と広範囲に渡っている（図2―1）。

この原稿を書いている二〇一八年四月において、福島県内の水田や畑地で消費者向けに生産されている米や野菜類、雑穀などについては、一般食品の放射性物質の基準値（一kgあたり一〇〇ベクレル）を超えることはなく、そのほとんどは検出限界以下である（測定結果はすべて、福島県農林水産物・加工食品モニタリング情報や「ふくしまの恵み安全対策協議会」のＨＰで公開されている）。

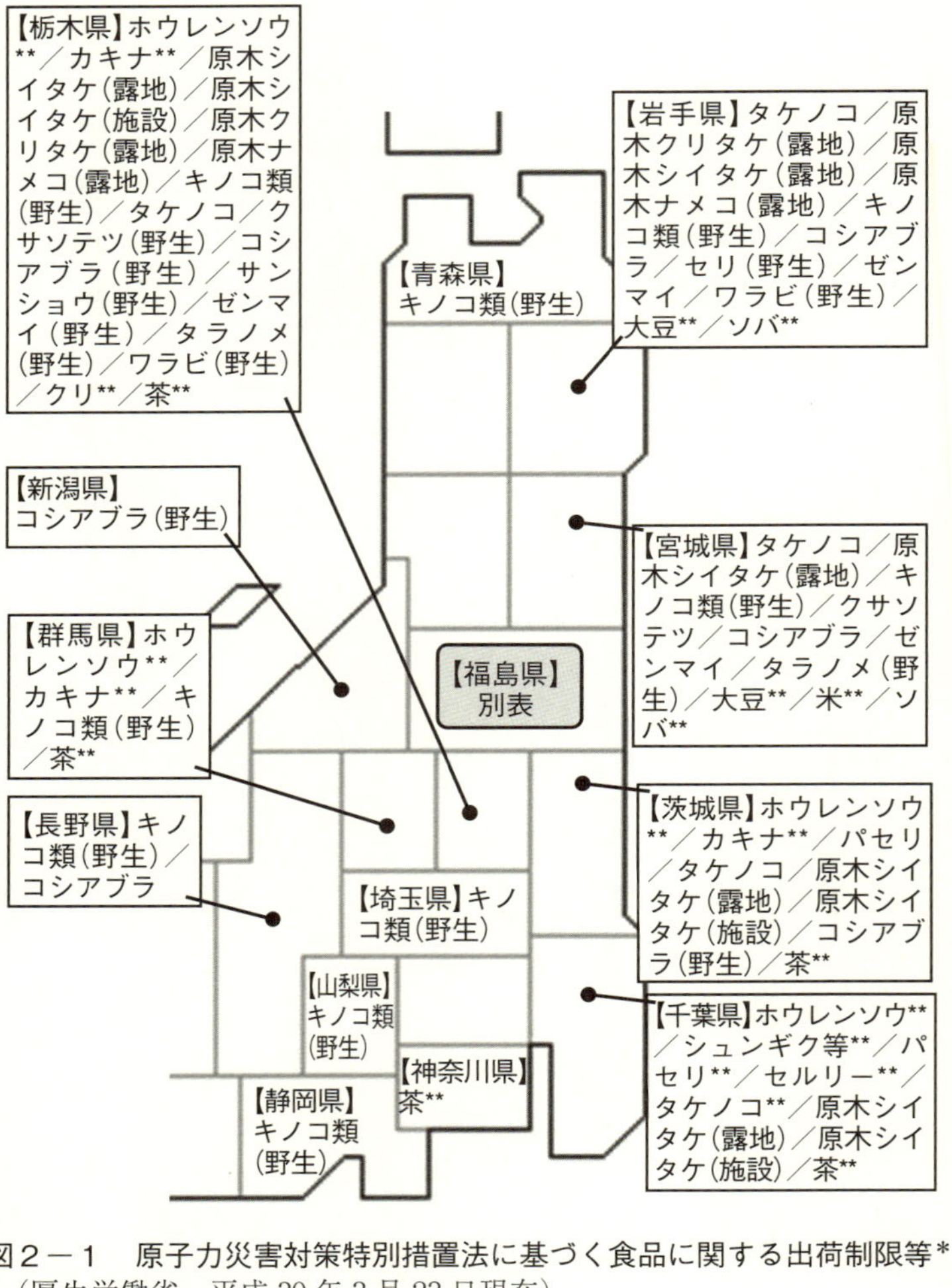

図２－１　原子力災害対策特別措置法に基づく食品に関する出荷制限等*
（厚生労働省、平成 30 年 3 月 23 日現在）

（注）＊野菜類、雑穀、穀類およびその他のみを掲載。
　　　＊＊解除済（無印は一部の市町村で出荷制限継続中）。

別表　福島県における原子力災害対策特別措置法に基づく食品に関する出荷制限等*

野菜類		
非結球性葉菜類（ホウレンソウ、コマツナ等） 結球性葉菜類（キャベツ等） アブラナ科の花蕾類（ブロッコリー、カリフラワー等） カブ 原木シイタケ（露地、施設） 原木ナメコ（露地） キノコ類（野生） タケノコ	ワサビ（栽培） ウド（野生） クサソテツ（野生、栽培） コシアブラ（野生、栽培） ゼンマイ（野生、栽培） ウワバミソウ（野生） タラノメ（野生） フキ（野生、栽培） フキノトウ（野生） ワラビ（野生、栽培）	ウメ ユズ クリ キウイフルーツ 雑穀および穀類 小豆** 大豆** 米

（注）*野菜類、雑穀および穀類のみ（厚生労働省、平成 30 年 3 月 23 日現在）。**解除済。

一方で、野生キノコ、コシアブラ、ワラビなどのいわゆる山の幸や、森林から切り出したほだ木を利用する栽培キノコ（原木シイタケなど）の汚染は深刻である。こうした山の生産物は多くの県でまだ出荷制限が続いており（図２－１）、山林の放射性物質汚染の終息は先が見えない。

二　放射性物質を知る

福島の農家との「協働」の始まり

二〇一一年のゴールデンウィーク中、私は野中先生に誘われて東日本大震災後の福島を初めて訪れた。五月六・七日の両日に行われた日本有機農業学会役員および有志による東日本大震災福島県被災地の合同調査に参加したのである。

この調査の最終目的地、二本松市東和地区の道の駅で、ゆうきの里東和のみなさんと行われたディスカッションの結論として、日本有機農業学会の有志らが結集し、東和地区を拠点に福島における原子力災害からの農業復興を支援していくことが決まった。野中先生は推されてその研究者側のリーダ

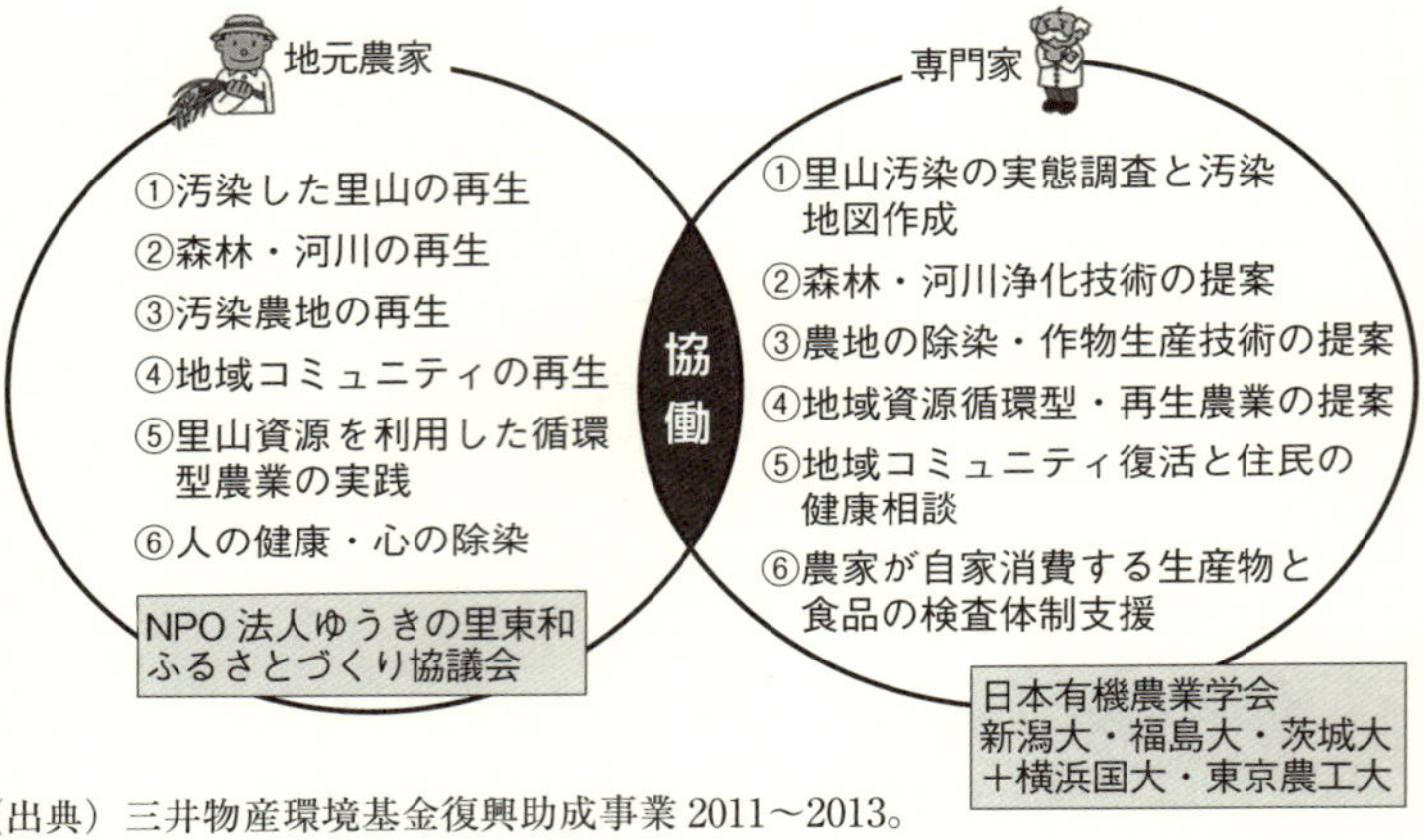

(出典) 三井物産環境基金復興助成事業 2011～2013。

図２－２　ゆうきの里東和 里山再生・災害復興プログラムのフレームワークとさまざまな課題

ーになり、私もそのグループの一員として、福島との関わりを深めていった。

　その後、ゆうきの里東和が中心となった三井物産環境基金二〇一一年度東日本大震災復興助成事業「ゆうきの里東和 里山再生・災害復興プログラム」のもと、地元農家と研究者集団が協力して課題に立ち向かう「協働」が始まった(図２－２)。

　このプログラムのスタートは、まず「敵＝放射性物質」を知ること。地区内の各地で農家が自ら水田や畑から採取した土壌は新潟大学に送られ、放射性セシウム濃度が測定された。また、収穫物については道の駅に持ち込まれ、そこに導入された放射能測定器を使って一つひとつ安全性が確かめられていった。

　農地一筆ごとの空間線量率測定も農家自らの手によって行われた。地上一cmと一mの二つの高さで測定され、得られた測定値は吉川夏樹・新潟大学准教授の手により地図に落とし込まれた。完成した地域独自の空間線量率マップ（口絵参照）は、土壌の放射性セシウムによる汚染度の推定（地上一cmマップ）と農作業中の被曝量の評価（地上一mマップ）に利用された。

二〇一二年当時、農地一筆ごとまでの詳細な空間線量率マップは他にはない。これは、農家と研究者の協働が生み出した、きわめて先駆的かつ象徴的な成果のひとつと言えよう。

放射性物質とは何だろうか

福島第一原発事故によって放出された放射性物質には、実にさまざまな核種が含まれている（図２－３）。その中で農作物に放射性物質による汚染を引き起こし、被害を与えた核種は、放射性ヨウ素（ヨウ素１３１）と放射性セシウム（セシウム１３４および１３７）である。

ヨウ素１３１は、福島第一原発からの放出量が約５×10[17]ベクレルと他の核種と比べて多く、原発事故時にちょうど収穫期にあった春野菜での検出例が数多く報告された（ホウレンソウ、シュンギク、カキナなど）。ただし、ヨウ素１３１の半減期は八・〇二日と短く、二カ月で〇・六％足らずにまで自然減衰する。そのため、農業への影響は短期間にとどまった。

一方の放射性セシウムは、セシウム１３４と１３７がそれぞれ約１×10[16]ベクレル放出された。ヨウ素１３１と同じく、事故直後には大気からの降下による春野菜への直接汚染が生じたが、それだけではなく、農作物の放射性セシウム汚染はより長期間にわたる問題となっている。これは、半減期がセシウム１３４で二・〇六年、セシウム１３７で三〇・二年と比較的長く、土壌に残留する放射性セシウムを作物が根から吸収し続けるためである。

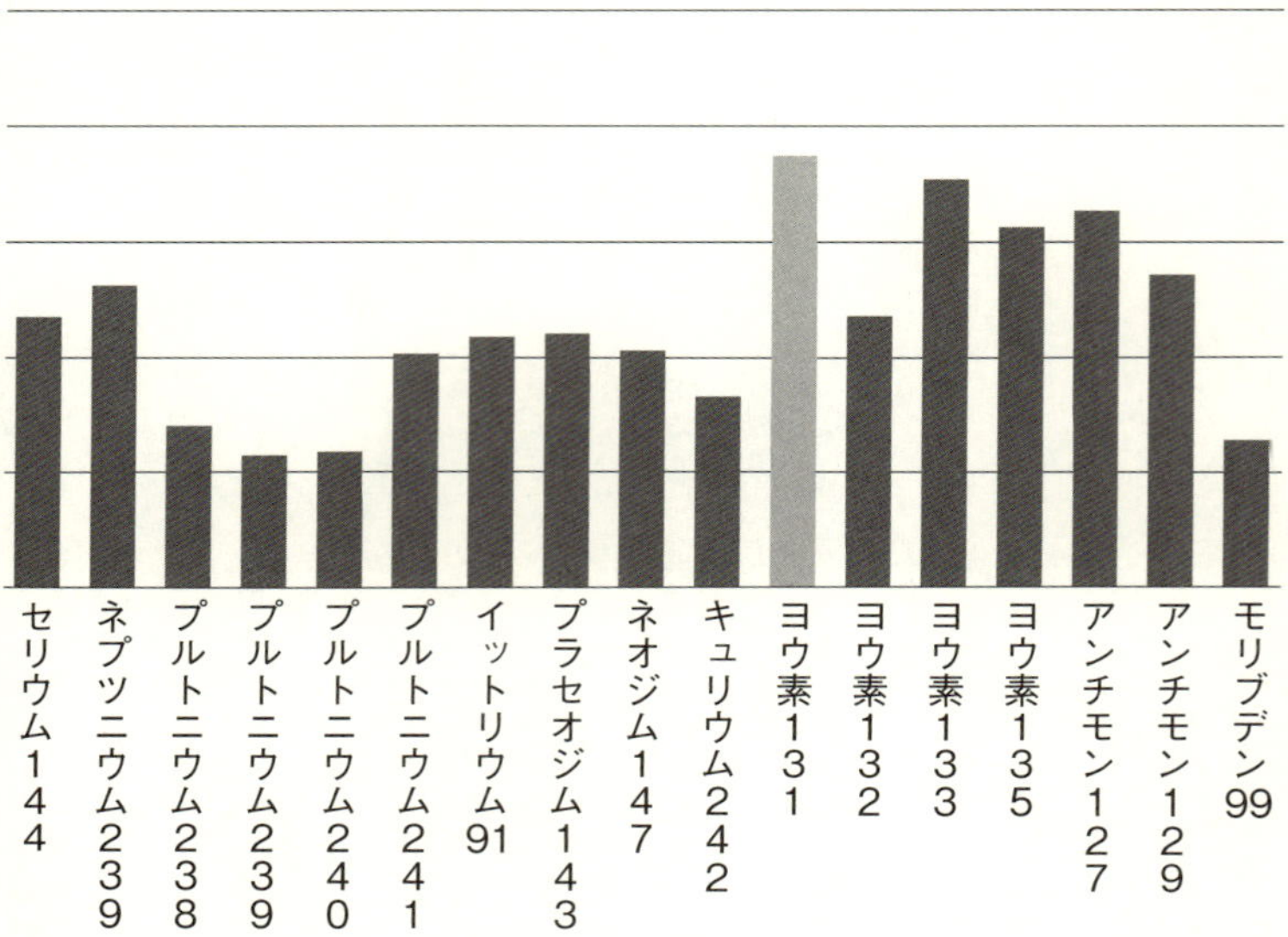

放出されたさまざまな放射性物質

（出典）原子力安全・保安院 2011 から作図。

なお、福島第一原発からの放出量としてはキセノン133が最も多いが、希ガスであるため大気中に揮散し、半減期も短い(五・二五日)ため、その影響はほぼ無視できる。

　ところで、放射性物質とはなんだろうか。なぜ、放射線を出すのだろうか。

　ご存じのとおり、この世に存在する物質はさまざまな原子の組み合わせでできている。それぞれの原子の名前を「元素」という。また、原子は原子核と電子から構成され、原子核は陽子と中性子からなる(図2―4にヘリウムの例を示した)。

　陽子と中性子の数の和が「質量数」である。同じ元素の中でも質量数の異なる数種類の「核種」が存在

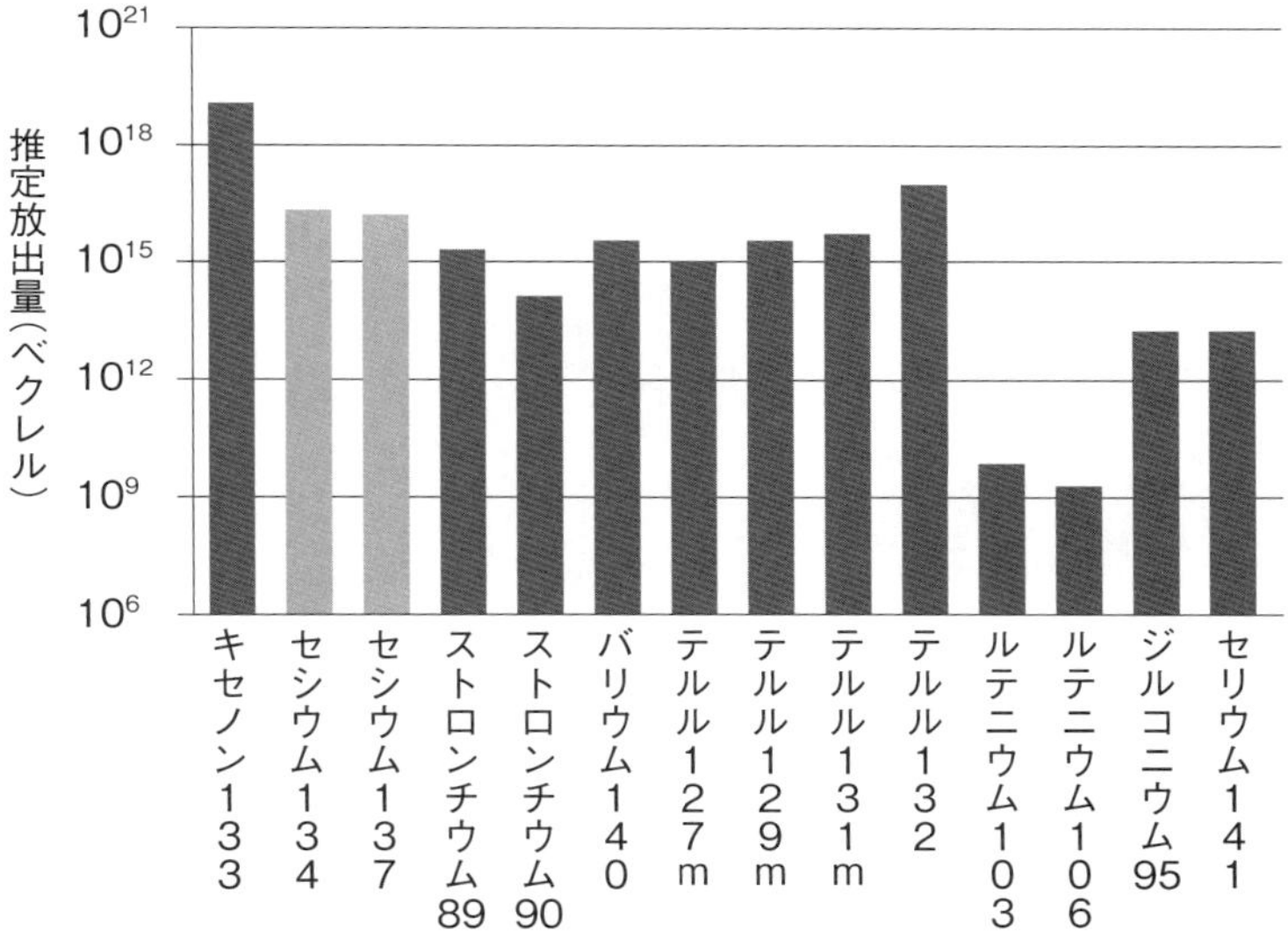

図２－３　福島第一原発事故によって

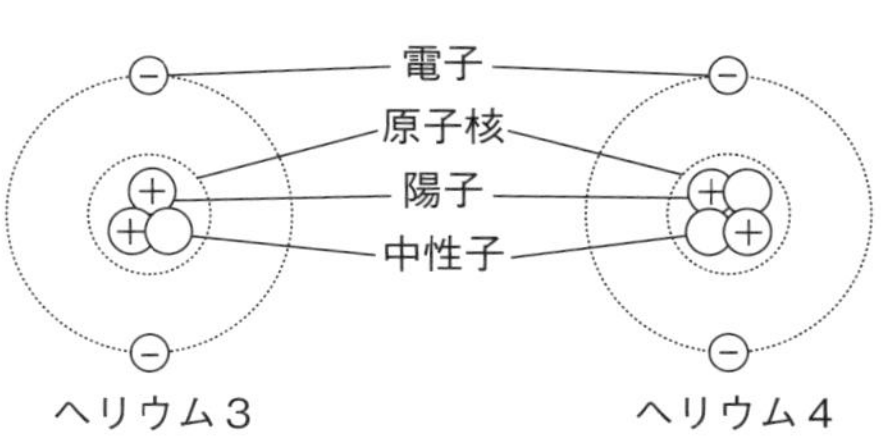

図２－４　ヘリウム原子の原子構造の模式図と同位体

することがあり、これらを互いに「同位体」と呼ぶ。この同位体（核種）の中に安定なものと不安定なものがあり、不安定なものが放射性物質だ（放射性同位体あるいは放射性核種とも呼ばれる）。

この放射性物質には、地球ができ

たときから存在するか、もしくは宇宙線によって生成される自然放射性物質と、核実験や原子力発電などの産業活動によって生成される人工放射性物質がある。しかし、いずれも、放射線を出すことに違いはない。

アルファ線、ベータ線、ガンマ線

ここでいう不安定とは、どういう意味だろうか？

不安定とはすなわち、時間の経過とともに自然に壊れていくということである。この際、放射性物質はエネルギーを放射線として放出する。

放射性物質の種類によって、崩壊したときに出てくる放射線が決まっている。放射線は大きく、アルファ線（α線）、ベータ線（β線）、ガンマ線（γ線）の三種類に分けられる（図２―５）。

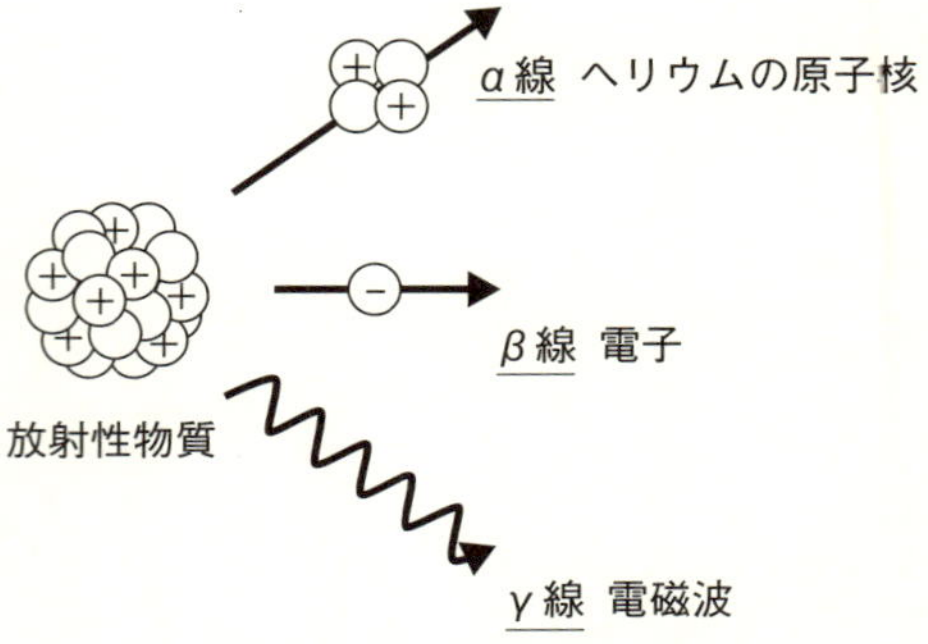

図２―５　放射線の種類

α線を放出する放射性物質の例としてはウラン２３５がある。この核種は原子炉（原子力発電）や核兵器に利用されることで知られ、天然ウランのうちの存在比としては〇・七％を占める。α線の実体はヘリウムの原子核である。つまりウラン２３５が崩壊する際には、ヘリウムという物質が飛び出し、ウラン自身はトリウム２３１（実はこれも放射性物質）に変化する（α崩壊という）。

肥料成分のひとつであるカリウムには、放射性のカリウム40が〇・〇一一七％含まれている。

カリウム40はβ線を放出して（β崩壊）、安定なアルゴンもしくはカルシウムに変化する。α線と違い、β線の実体は電子である。すなわち、崩壊にともなって原子核から外に向かって高速で放出される電子がβ線なのだ。

ちなみに、カリウムは生物にとって欠かせない必須元素のひとつであり、われわれヒトの体の〇・二％（重量あたり）はカリウムである。したがって、もしあなたの体重が五〇kgだとすれば、その体内には常に約三〇〇〇ベクレルのカリウム40が存在する計算となる（カリウム40の比放射能は26×10^5ベクレル／gなので、$50kg\times0.002\times0.000117\times1000\times2.6\times10^5=$約3000ベクレル）。

最後に、γ線はヘリウムでも電子でもなく、電磁波である。電磁波であるという点では、可視光線、紫外線や赤外線と同じで、テレビ・ラジオや通信で利用される電波も仲間だ。しかし、γ線は他の電磁波と違って非常に短波長であり、持っているエネルギーが大きい。γ線は、放射性物質がα崩壊やβ崩壊して生成する新しい核種の原子核から放出される。新しい核種はエネルギー的に不安定である（これを「励起状態にある」という）ことが多く、それを解消して安定な状態になろうとするときにγ線が発生する。

原発事故で問題となっているセシウム１３７の場合、崩壊時にβ線を放出してバリウム１３７に変化し、安定化する。このとき、存在するセシウム１３７のうちの五・六％は直接バリウム１３７になるが、残りの九四・四％は〝バリウム１３７m〟を経由する。この〝バリウム１３７m〟がバリウム１３７として安定化する際に、γ線としてエネルギーを放出するのである。

なお、γ線よりもやや波長が長い電磁波がX線である。X線はγ線と似た性質を持ち、レント

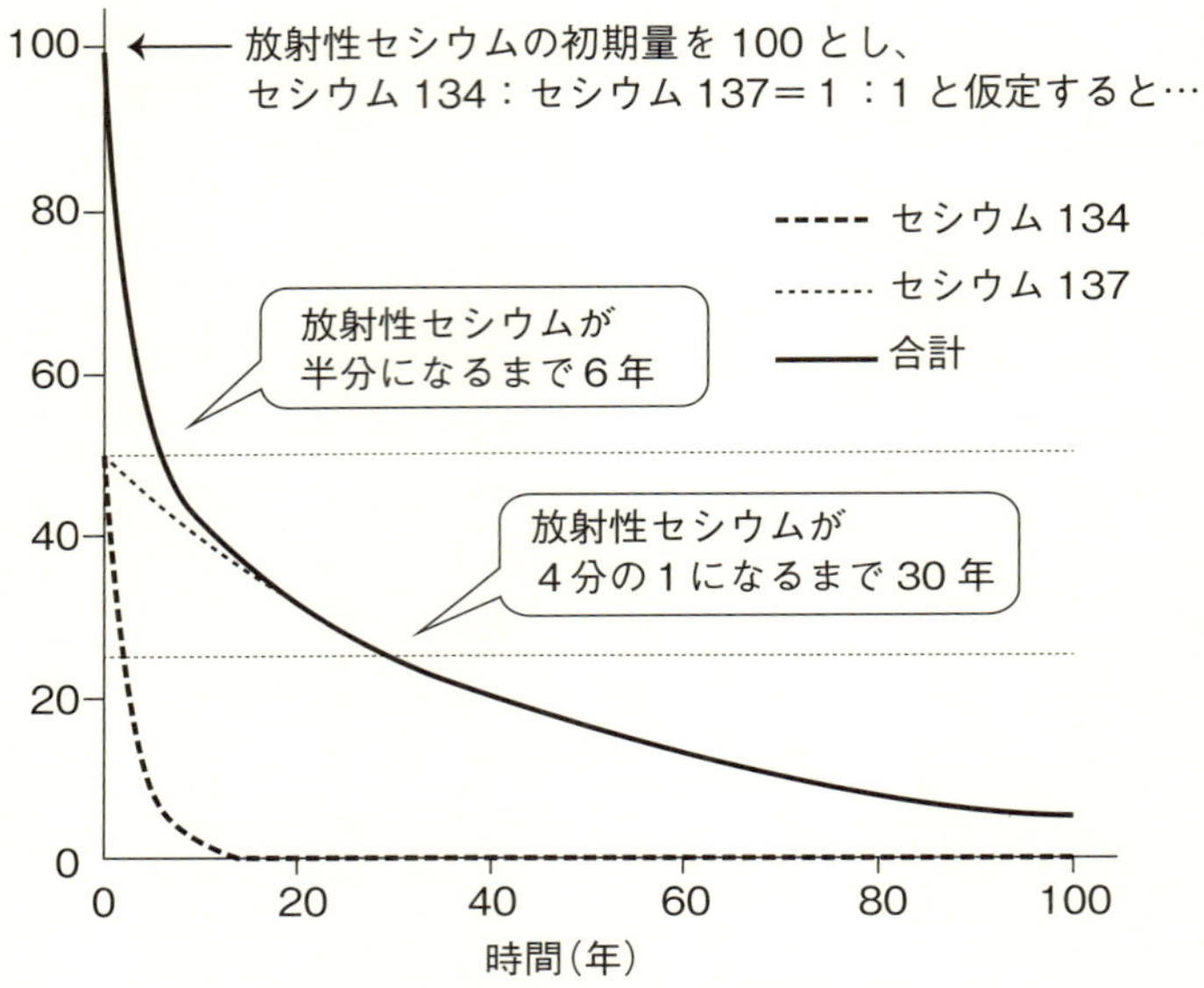

図2－6　放射性セシウムの減衰曲線

ゲン撮影やＣＴスキャンなどの診断や、空港などでの手荷物検査に代表される各種の非破壊検査（対象を破壊せず検出する手段）に利用されている。

放射性物質の壊れやすさと半減期

放射性物質の「不安定さ＝壊れやすさ」も、その種類によってさまざまに異なる。生成してから秒単位以下の速さで素早く崩壊が進み、すぐになくなる核種がある一方で、崩壊速度がきわめて遅く、半減するまで一〇〇京年（京は兆の一万倍）以上かかるものまである。

図2－6に、今回の原発事故で問題となっている放射性セシウムの減衰曲線を示す。この図では、放射性セシウム（セシウム１３４＋セシウム１３７の合計）の初期値を一〇〇、セシウム１３４とセシ

ウム１３７の存在比を一：一と仮定した（福島第一原発事故によって放出されたセシウム１３４とセシウム１３７の割合は、ほぼ等量と言われている）。

すでに述べたように、セシウム１３４および１３７の半減期はそれぞれ二・〇六年および三〇・二年であり、今回の事故によって放出された放射性セシウムの量は、自然崩壊によってこの図のとおりに減っていく。事故直後は半減期の短いセシウム１３４の減衰が寄与するため、半量になるまでの時間は六年だが、さらにその半量になるには三〇年が必要だ。

放射性物質の分解は、こうした自然崩壊以外はあり得ない。とにかく待つしかないのだ。

放射性セシウムの土壌への固定

土壌に降下した放射性セシウムは、その表層に留まりやすいことが知られている。セシウムはカリウムやナトリウムの仲間で、プラス荷電をひとつ持つ陽イオン（一価の陽イオン）になりやすい。一方で、土壌を構成する粘土鉱物の表面や有機物にはマイナス荷電がたくさんある。こうしたマイナス荷電は陽イオンを引きつける性質を持つことから、土壌はセシウムを補足し、そこに留める。

また、土壌に含まれるさまざまな種類の粘土鉱物の中には、セシウムがちょうどはまり込む大きさの穴を持つものがある。「二：一型層状ケイ酸塩鉱物」と呼ばれる粘土鉱物がそれにあたり、たとえば雲母類やイライト、バーミキュライトなどが知られている（図2―7）。

二：一型層状ケイ酸塩鉱物は、二枚のケイ素四面体シートの間に一枚のアルミニウム八面体シ

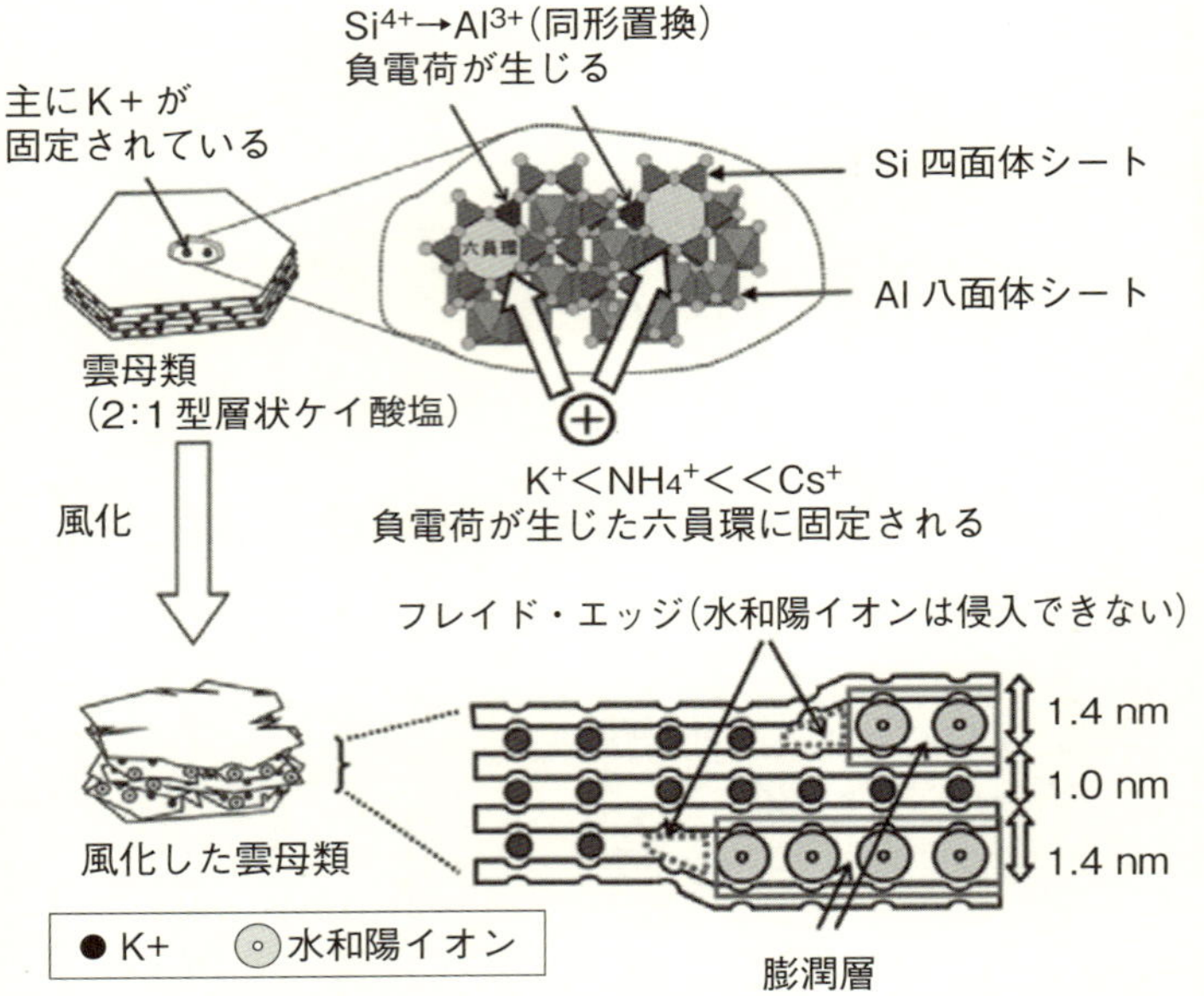

図2－7　雲母類によるセシウムの固定とフレイド・エッジサイト

(注) nm(ナノメーター)は mm(ミリメーター)の 100 万分の 1。
(出典) 中尾 2012。

ートがはさまったサンドイッチ状構造が幾重にも積み重なった、粘土鉱物の総称である。

この粘土鉱物の層をはがして上から見ると、ケイ素四面体が並ぶ構造には隙間があり、それがちょうど窪みのようになっている。ここで四面体シートの一部のケイ素が、たとえばアルミニウムに置換されていることがある。ケイ素はプラスの手が四本あるのに対して、アルミニウムには三本しかないため、そこにマイナス電荷がひとつ生じる。同様に、アルミニウム八面体でもアルミニウムがマグネシウムなどと置き換わるとマイナス荷電ができる。

先に述べたようにセシウムはプ

ラス荷電をひとつ持つため、これらのマイナス荷電はセシウムを引きつける。また、ケイ素四面体表面の窪みがセシウムの大きさにちょうどフィットしているため、セシウムがここにはまり込むと、離れにくい。

さらに、二：一型層状ケイ酸塩鉱物の一部には、風化による末端のほぐれが層と層の間に存在する。このほぐれの境界にあるくさび形の部分はフレイド・エッジサイトと呼ばれ、セシウムイオンを選択的に捕らえる性質を示す（図２—７）。ここにセシウムが捕らえられると風化で開きかけた層間が再び閉じ、セシウムがここに固定される。ただし、この過程が進むには時間が必要である。逆に言うと、土壌へのセシウムの固定は時間が経つにつれて強くなっていく。

このようなセシウム固定能を持つ二：一型層状ケイ酸塩鉱物は、花崗岩質の土壌に多く含まれている。福島県東部を走る阿武隈山系はまさにこの花崗岩質で、ここに降下した放射性セシウムは粘土鉱物にしっかりと保持され、それゆえ、農作物への影響が出にくいと言われている。

三　米は大丈夫なのか——水田の放射性セシウム

二本松市東和地区での調査

米は言うまでもなく日本の主食であり、稲作は農業の中心である。福島県でも農耕地の約七〇％を水田が占める。したがって、水田がどのくらい放射性物質によって汚染され、可食部である米にどれだけ移行するかは、農家や消費者にとって大きな関心事だ。そこで次に、私たちが実際に農家との協働で調べた、水田における放射性セシウムの挙動(動き)とイネへの移行について述べていきたい。

原発事故が起きた二〇一一年、政府は食品の放射性物質の暫定規制値として上限値五〇〇ベクレル/kgを定めた。次いで、いくつかの文献に基づいて土壌から玄米への移行係数を〇・一と仮定し、土壌一kgあたり五〇〇〇ベクレルを基準に水稲作付の可否を判断することとした(原子力災害対策本部 二〇一一)。

そして、旧市町村単位で一水田が選ばれて、土壌放射性セシウム濃度(セシウム134+137)が測定された。その結果、当時の警戒区域(避難指示区域)、計画的避難区域、緊急時避難準備区域を除けば、どこも五〇〇〇ベクレル/kg未満であることが確認され、作付けが認められた。

翌二〇一二年には一般食品の放射性物質の新基準値として上限値一〇〇ベクレル/kgが導入された。その後は、ゼオライト散布やカリ施肥の実施、玄米の全量・全袋検査の導入などの施策を経ながら、現在に至っている。

東和地区は阿武隈山系に位置する典型的な里山地帯であり、稲作の多くは棚田状の小規模水田で行われている。この東和地区で二〇一一年秋、われわれ新潟大学農学部土壌学研究室は、ゆうきの里東和の武藤正敏さん(事務局長)などとともに、水田で土壌と水稲のサンプリングを開始した。放射性セシウム濃度を測定するためである。福島第一原発からの距離や水系などを考慮しつつ、六水田を調査対象として選んだ。

こうした調査では、圃場内の異なる五カ所から試料を採取・混合する場合が多い。これを五点法という。われわれはこれを採用せず、各圃場の水口《みなくち》、中央、水尻《みなじり》部から作土（〇～一五㎝）と水稲試料を採取し、それぞれ別に放射性セシウム濃度を測定することとした。東和地区では灌漑水のほとんどを天水、つまり湧水に頼っているので、汚染した山地から放射性セシウムが水とともに水田に流入する可能性が懸念されたためである。

二〇一一年に六水田から採取した土壌の放射性セシウム濃度（セシウム１３４＋１３７）を、図２―８ａに示す。福島第一原発からの距離との関係は見られず、平均三〇〇〇ベクレル／kgであった。それぞれの値は、一四〇〇～六六〇〇ベクレル／kgの範囲でばらついている。最大値として水田Ⅳの水口部で六六〇〇ベクレル／kg、次いで水田Ⅵの水口部で四六〇〇ベクレル／kgが検出された。

玄米では図２―８ｂのとおり、水田Ⅲにおいて最大で六九ベクレル／kgの放射性セシウムが検出されたものの、すべて一〇〇ベクレル／kg以下である。一方、水田Ⅰ・Ⅴ・Ⅵでは、ほぼすべての試料が検出限界（一〇ベクレル／kg）以下となった。また、水口、中央、水尻の比較という視点でみると、水口の玄米の値が高い傾向が見てとれる。

玄米では検出限界以下の試料が多かったため、稲わらについて統計学的に比較してみると、やはり水口試料の放射性セシウム濃度は他よりも有意に高いことが確認できた。

では、なぜ水口のイネの放射性セシウム濃度は、他の箇所と比べて相対的に高いのか。

土壌の放射性セシウム濃度もイネの放射性セシウム濃度と同様に、水口で高い傾向がある。水口は文字どおり水田への水の入り口であるから、原発事故後にまだ動きやすい状態であった放射

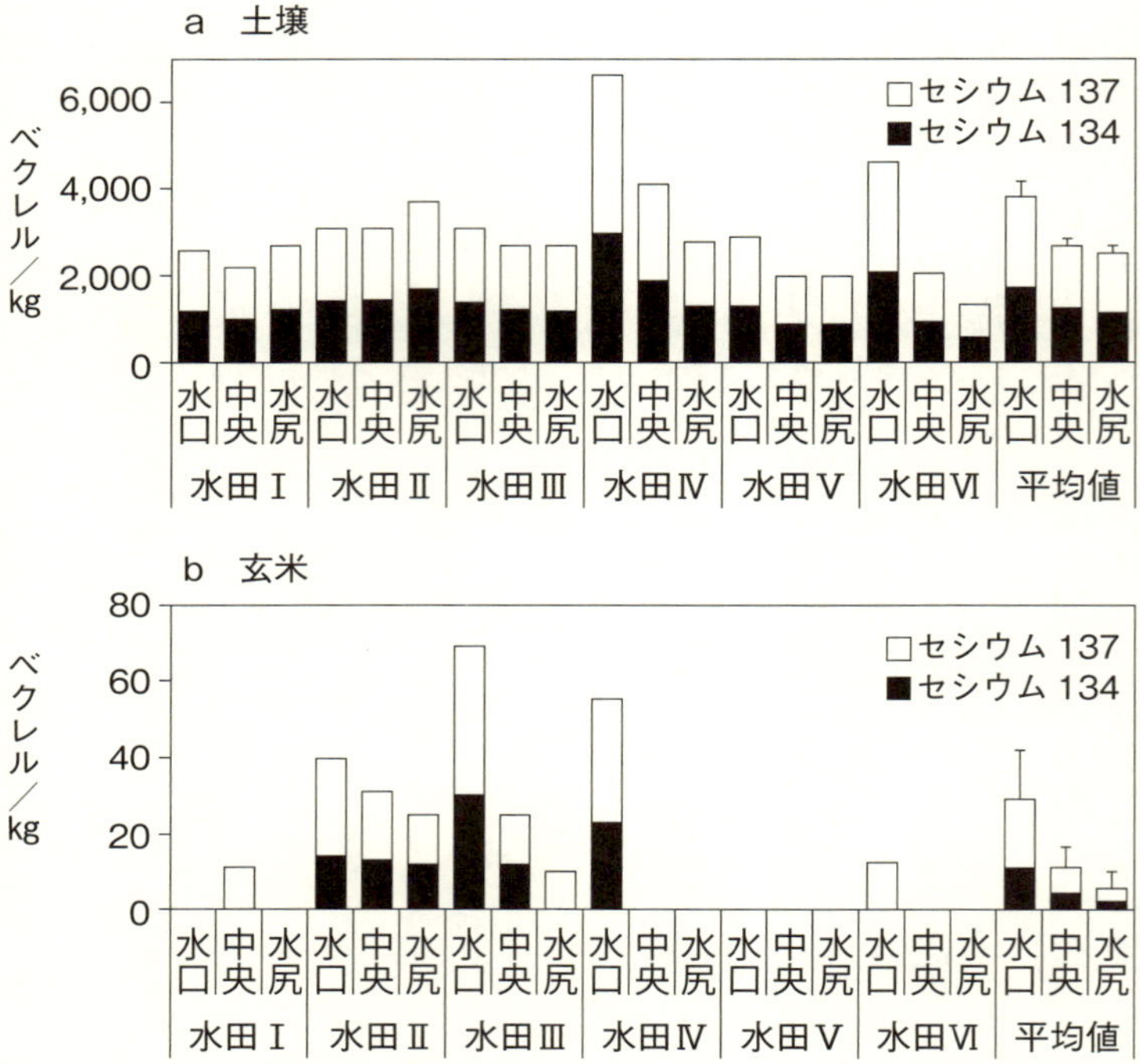

図２－８　2011年に東和地区の６水田で採取した土壌(a)と玄米(b)の放射性セシウム濃度

（注）平均値のエラーバーは標準誤差。また、検出限界以下のデータは０とみなして計算した。

性セシウムが水とともに流れ込み、水口を汚染したためと考えられる。

六水田で二〇一一年に採取した土壌と稲わらの放射性セシウム濃度の関係を調べると、両者には弱いながらも有意な正の相関が認められた。土壌の放射性セシウム濃度が高ければイネの放射性セシウム濃度も高い。これは、しごく当然と言えよう。

ただし、他の理由もいろいろ考えられる。

たとえば、水稲栽培期間中の灌漑水にも微量ながら放射性セシウムが含まれており、それが水口のイネに吸収されたのではないか、灌漑水の流入という現象が土壌の化学性を変化させてイネの放射性セシウム吸収を促進したのではないか。あるいはまた、水口付近のイネでは一般に他地点と比べて生育がやや不良になるから、その影響も想定される。

こうした一つひとつの影響を解明すべく、現在も調査・研究を重ねている（灌漑水がイネ中の放射性セシウムに与える影響については第3章を参照のこと）。

南相馬市原町区での調査

もうひとつ、われわれの調査事例を紹介しよう。

相馬と言えば野馬追が有名だ。南相馬市原町区にある相馬太田神社は、その出陣式が行われる神社のひとつである。この相馬太田神社の近隣水田を対象として、二〇一三年から調査を始めた。太田地区復興会議の奥村健郎さん、福島県有機農業ネットワークの杉内清繁さんら、地元農家からの強い要請を受けてのものである。

ここでも東和地区での調査と同様に、水田内の水口、中央、水尻で土壌や水稲試料を採取し、放射性セシウム濃度を調べた。二〇一三～一六年までの土壌や玄米の放射性セシウム（セシウム１３４＋１３７）濃度の総平均値の経年変化を表2−1に示す（鈴木ら 二〇一八）。

まず、土壌について見てみよう。セシウム１３７濃度は二〇一三年に一kgあたり一六五〇〇ベクレルであったものが、二〇一六年には一〇二〇〇ベクレルにまで減少した。これは先に述べた自然減衰による減衰曲線（四六ページ図２―６）におよそ従っている。採取地点ごとに比較すると、いずれの採取年でも水口で採取した土壌試料のほうが、中央や水尻の試料よりも高い傾向があった。

一方、玄米の放射性セシウム濃度は二〇一三年、驚きの値を示した。採取した九試料中、なんと五点で一般食品の放射性物質の基準値一〇〇ベクレル／kgを超えたのである。一〇〇ベクレル／kg超玄米の発生は農水省や福島県の調査でも把握されており、太田地区とは水源が異なる南相馬市小高区でも同様の検体が複数見つかったことがプレスリリースされている。

表２－１　南相馬市太田地区の土壌および玄米の放射性セシウム濃度（ベクレル/kg）の経年変化*

	採取年	2013	2014	2015	2016
土壌	水口	1980(4)	1780(12)	1510(14)	1120(9)
	中央	1590(4)	1460(12)	1250(14)	1100(9)
	水尻	1390(4)	1180(12)	1010(14)	854(9)
	平均値	1650(12)	1470(36)	1260(42)	1020(27)
玄米	水口	119(3)	9(12)	10(14)	8(9)
	中央	100(3)	3(12)	3(14)	3 (9)
	水尻	71(3)	2(12)	3(14)	3(9)
	平均値	97(9)	5(36)	6(42)	5(27)

（注）*セシウム134と137の合計（採取日に減衰補正済）。カッコ内は試料点数。土壌は収穫期に採取。検出限界以下の試料については，検出限界値の半値として計算に用いた。

二〇一三年以前はどうだったのかと文献を調べると、南相馬市内の福島第一原発から二二・五kmに位置する三水田を二〇一一年に調査した結果では、玄米から三八～八八ベクレル／kgの放射性セシウムが検出されていた(Endo et. al. 2012)。次いで二〇一二年には、南相馬市内の福島第一原発から二〇・八km地点で水稲へのゼオライト施用試験が行われており、収穫された玄米の放射性セシウム濃度は六・三～一六・六ベクレル／kgであった（後藤・蜷木二〇一四）。さらに、米の全量全袋検査結果によると、二〇一二年の南相馬市産玄米約一三〇〇袋のうちで一〇〇ベクレル／kgを超過したものはなかった。
また、二〇一四年以降のわれわれの調査結果（表２－１）では、玄米中の放射性セシウム濃度は一〇ベクレル／kg以下で推移し、二〇一三年の一〇分の一以下にとどまった。

このように二〇一一〜一六年に南相馬市で生産された玄米の放射性セシウム濃度の測定結果をまとめると、二〇一三年のみが異常に高い値を示したと判断できる。

われわれの調査データから二〇一三〜一六年の土壌と玄米のセシウム１３７濃度の関係を表してみると、二〇一三年のデータのみがはずれ値のごとく現れることが分かる（図２－９）。土壌に吸着・保持された、または灌漑水からの放射性セシウムの水稲への供給が、二〇一三年にのみ急激に増えるとは考えにくい。したがって、二〇一三年の玄米での一〇〇ベクレル／kg超えの原因は同年でのみ発生した何らかの「異常」によると思われた。

Steinhauser et. al.(2015)による調査で、二〇一三年八月一九日に福島第一原発に由来する放射性物質を含むプルーム（放射性雲）が、調査対象水田がある南相馬市付近を通過したことが推定されている。このプルームは、同日に福島第一原発三号機で行われたがれき撤去作業にともなって発生したと考えられている。

これに対して原子力規制委員会は、定時降下物モニタリングの結果やSPEEDI（緊急時迅速放射能影響予測ネットワークシステム）を用いた放射性セシウム降下量の推定値をもとに、南相馬市への新規のフォールアウト（放射性物質の降下）はほとんどなかったという立場だ。すなわち、がれき撤去と南相馬市一帯で発生した玄米の放射性セシウムの食品基準値超過の関連性を否定したの

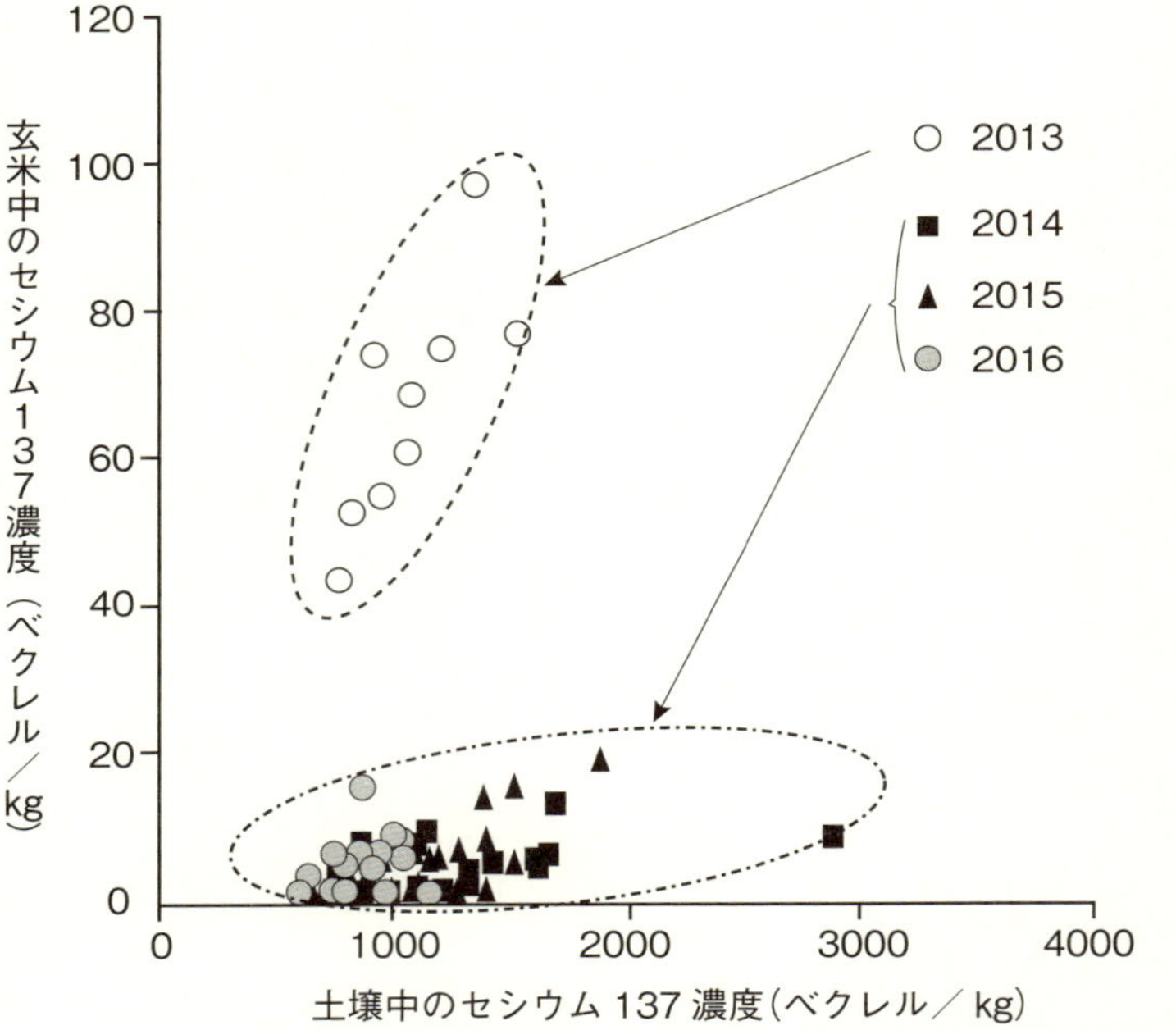

図2－9　土壌および玄米のセシウム137濃度の関係（南相馬市太田地区、2013～2016年）

である。

しかし、水田内やその周囲からの汚染が原因であれば、二〇一三年だけ玄米の放射性セシウム濃度が高く、他の年では同じ現象が再現されない理由は説明できない。また、二〇一四年に採取した稲わらをイメージングプレート（IP）と呼ばれる装置にかけ、放射性物質を可視化してみると、二〇一三年産稲わらでのみ、放射性物質の付着を示すスポットがくっきりと浮かび上がった。

最近、農業・食品産業技術総合研究機構のグループが、二〇一三年と一四年に南相馬市で採取した玄米や土壌で検出された放射性セシウムの、セシウム１３４とセシウム１３７の濃度比から、二〇一三年産米に含まれる放射性セシウムは福島第一原発からの新規フォールアウトに由来するものと推定した論文を発表した(Matsunami et. al. 2016)。やはり、がれき撤去で舞い上がった放射性物質が南相馬市周辺に降下して、イネ地上部に直接的汚染を引き起こしたと考えざるを得ないのだ。

こうした福島第一原発からの新たな放射性物質の飛散は、政府にとってみれば「あってはならない」事態である。だが、決して想定外の事態とは言えない。

玄米の基準値超過が発覚した二〇一三年以来、福島第一原発周辺では大気から降下する放射性物質のモニタリング体制が強化された。福島第一原発が完全に封鎖、あるいは廃炉されるまで、放射性物質の再放出のリスクは残る。今後も、長期にわたって監視を続けていく必要があろう。

四　全村避難と農地除染

までいライフの飯舘村

飯舘村は阿武隈山系の北部に位置する農村である。「丁寧に」「時間をかけて」「じっくりと」といった意味を持つ「までい」という方言に意を込めた、「までいライフ」の提唱で知られる高原の村だ。「までいライフ」とはスローライフの重視であり、効率一辺倒の現代社会とは一線を画する心の豊かさの体現である。

この美しい村に福島第一原発事故によって放出された放射性物質が降下したのは、三月一五日と考えられている。今中哲二らが三月二九日に実施した調査(今中ら 二〇一二)によると、飯舘村内の空間線量率は、一時間あたり二〜最大二〇マイクロシーベルト前後にも達した。文部科学省が実施した調査(文部科学省 二〇一一)でも、飯舘村には一㎡あたり一〇〇〇〜三〇〇〇キロベクレルの放射性セシウムが沈着し、南部では三〇〇〇キロベクレルを超える地域もあることが報告されている。

こうした深刻な汚染によって人への年間積算放射線量が二〇ミリシーベルトを超える恐れが生じたことから、政府は二〇一一年四月二二日、飯舘村の全域を計画的避難区域に指定した。こうして約六〇〇〇人の村民のほぼ全員が村外への避難を余儀なくされ、慣れない土地での不自由な生活を強いられた。

その後、飯舘村は国が放射性物質による汚染を低減する「除染特別地域」に指定され、環境省によって除染事業が進められた(環境省 二〇一二)。二〇一二年五月に策定された除染実施計画によると、村の総面積約二万三〇〇〇haの二五%程度、すなわち森林内部を除いた約五六〇〇haが除染実施対象とされた。

除染事業は二〇一七年三月までに完了し、帰還困難区域とされた長泥地区を除いて同年三月三一日に避難指示が解除された。村民は帰還できるようにはなったが、実際に帰還した村民は二〇一八年三月現在で六一八名と、まだ原発事故前の人口の一割程度にとどまっている(飯舘村 二〇一八)。

農地除染

飯舘村の最大の産業は農業である。だが、平均標高四五〇ｍの高原に位置することから、やませによる影響を受けやすく、冷害発生時にいかにその影響を軽減して生活を守るかが最大の課題であった。そのため一九六〇年代から本格的に畜産に力を入れて「飯舘牛」ブランドを確立し、またトルコギキョウに代表される花卉栽培を育成して産業化するなど、特徴的な農業が展開されてきた。原発事故は、この豊かな農の営みのほぼすべてを奪った。

環境省による除染事業の対象には、村の総面積の約一割(水田五七％、普通畑一七％、牧草地一六％)を占める農地も含まれ、農業復興への環境整備は着実に進んでいる。除染作業によって多量に発生した汚染物質はフレコンバッグに詰め込まれ、いまもなお農地を占拠しているが、二〇一七年から中間貯蔵施設(双葉町)への搬出が始まり、いずれは農地として再生される場所も多くあるものと思われる。

農地除染では、深さ五㎝までの表土剥ぎ取りと、山土による客土が、主たる作業内容とされた。これは、原発事故によって大地に降下した放射性セシウムは土壌表層に留まりやすく、地下浸透しにくい性質を持っているためである。

しかし、農地にはふつうデコボコがあるし、畑地であれば斜面が利用されることもあるため、剥ぎ取りの際に取りこぼしが生じ得る(深く剥ぎ取ればその可能性は低減できるが、汚染土壌が増える)。また、除染前の耕起やイノシシなどの動物による掘り起こしは表土の攪乱を招き、深さ五㎝以下の土壌への放射性セシウムの拡散をもたらす。さらに、客土に用いられた山土は近隣から供給されていることから、放射性セシウムを含む可能性も捨てきれない。豊穣な表土と貧栄養な山土の入れ替えによる土壌肥沃度の低下も懸念された。

除染後農地の土壌中放射性セシウム

こうしたなかで新潟大学土壌学研究室では、二〇一五年四月に飯舘村大久保・外内《よそうち》地区において、除染後農地の実態調査を行った。主たる目的は、土壌中放射性セシウムの分布を調べることである。また、土壌化学性の分析や大豆栽培試験も行った。ちょうど、前年九月から年度末までに農地を含めた除染事業が完了したタイミングである。長正増夫さん(飯舘村元副村長)をはじめとする地元のみなさんと土壌学研究室の教員・学生が、一緒に地区内各地の圃場を歩き、ハンディタイプの土壌採取器を用いて土壌を採取して回った。

採取した土壌を観察すると、除染終了後どの圃場でも耕起がされておらず、白い客土層がはっきりと区別できる。その厚みを測定すると、ほとんどの圃場で五㎝以上で、平均約一〇㎝であった。表土五㎝を剥ぎ取り、その分を客土するのが除染の仕様である。だが、除染現場ではやや厚めに排土・客土が行われているものと推察された。

客土の放射性セシウム濃度は、土壌一kgあたり最少五六ベクレル、最大二五〇〇ベクレル、平均八五〇ベクレルであった。圃場間のばらつきは大きく、各圃場に搬入された客土の由来によって異なると考えられる。客土直下の土壌を調べると、土壌一kgあたりの放射性セシウム濃度は四九ベクレル～七九一〇ベクレルを示し、やはり圃場間のばらつきはきわめて大きかった。

今回は除染前の土壌についての調査をしていないので、除染事業によってどの程度放射性セシウムが除去されたのか不明である。しかし、飯舘村内の未攪乱土壌（掘り起こされていない状態の土壌）では、放射性セシウムのほとんどは表層〇～五cmに存在するという報告（Lepage et. al. 2015）がある。したがって、高めの値を示した圃場では、除染開始前に何らかの土壌の攪乱があったのではないかと推定される。

除染後農地での大豆栽培

除染後農地の放射性セシウムによる汚染の実態把握とともに、客土された土壌できちんと作物が栽培できるのか、栽培した作物からどの程度放射性セシウムが検出されるのか、を検証することは非常に重要である。そこで二〇一五年には、大久保・外内地区の四カ所で大豆の栽培試験も行った。大豆を選んだのは、可食部に放射性セシウムを溜めやすい作物として知られているためである。

この際も地元農家のみなさんには耕起、除草、防鳥網の設置および試験後の作物残渣の処理などでたいへんお世話になった。ただし、試験圃場とした四カ所のうち一カ所ではイノシシによる食害にあい、収穫できなかった。残った三カ所で収穫した大豆についてその放射性セシウム濃度を調べると、ほとんどの試料で一kgあたり一〇ベクレル以下であった。食用としてもまったく問題のない値である。各圃場の土壌には、一〇〇g乾土あたり二〇mg以上の交換性カリウム（K_2Oとして）を含んでいたことから、このカリウムの存在が大豆の放射性セシウム吸収を抑えたものと考えられた。

他の作物の土壌から可食部への放射性セシウムの移行は、一般的に大豆よりも低い。よって、この試験結果は、除染後農地の農作物の栽培に力を与えるものと言えよう。こうしたデータは、二〇一六年二月一四日に大久保・外内地区の集会所で開かれた実証事業関係者集会などで、地元農家のみなさんに詳しく説明した。

その後飯舘村では、二〇一七年に村内で収穫された米の安全性が確かめられ、食用に販売されるまでになった。それぞれの農家が自分の農地で好みの作物をさまざまに栽培すること、そして収穫物の放射性セシウムを測定し、安全性を確認しながらデータを積み上げていくことが、確かな地域復興・農業再生の芽となり、住民の帰村促進と本格的な営農再開につながると確信する。

五　今後の課題

福島県では二〇一二年以降、約六〇億円もの費用をかけて毎年一〇〇〇万袋（一袋三〇kg）以上の米の放射性セシウム濃度を検査している。費用の八～九割は東京電力からの損害賠償でまかなわれ、残りは国からの補助金だ。とはいえ、東京電力には国から莫大な公的資金が投入されていることを踏まえると、結局すべては国民が負担しているのである（なお、二〇二〇年以降は避難指示区域を除いて、抜き取り検査に移行する方針）。

この全量・全袋検査の検査結果は、ふくしまの恵み安全対策協議会のホームページで公開されている（三七ページ参照）。これを見ると、二〇一五年以降の全検体が、一般食品の放射性物質の基準値である一kgあたり一〇〇ベクレル以下におさまっていることが分かる。県の施策である、放射性セシウムの吸収抑制対策としてのカリ施肥や、収穫乾燥調製時の汚染防止の徹底が、功を奏していると言えよう。しかし、各圃場の実態に寄らない一律のカリ施肥には批判も多い。

また、その励行に農家がプラスアルファの労務を負担しているのが現実だ。今後は、現在の一律のやり方から、地域や圃場の個性に応じた、よりきめ細やかな対策（たとえば、圃場ごとのカリ施肥量の調整）への転換が求められていくと思われる。

一方、カリ施肥をしても作物の放射性セシウム濃度の吸収を抑えることができない、いわゆる「カリ抜け」圃場の存在も知られている。このような圃場は一筆ごとに把握されており、高リスク圃場として隔離されている。「カリ抜け」の原因については、東北農業研究センター内の農業放射線研究センターなどで粘土科学的な観点から解明が続けられている。こうした基礎的な研究は一見、地味であるが、その積み重ねがより安心・安全な農業につながっていく。今後の研究の展開に期待したい。

さらに、飯舘村の事例のような、圃場内での土壌中の放射性セシウム濃度のばらつきへの対策（われわれの経験では、耕起や代かきを数年繰り返してもなかなか均一化されない）や、除染で対象外であった畦畔に残る放射性セシウムの影響など、未解決な問題が残っている。

農学に携わるわれわれには、農家との対話を忘れることなく、基礎から現場的な課題まで、その解決に役割を果たすことが求められよう。

〈謝辞〉

われわれの調査の実施にご協力いただいたゆうきの里東和のみなさま、福島県二本松市東和地区、南相馬市、飯舘村の農家のみなさまに厚く御礼申し上げます。

本研究の一部は、南相馬市からの受託業務「放射性セシウム水稲吸収抑制対策(二〇一四~二〇一六年度)」、三井物産環境基金二〇一一年度東日本大震災復興助成・研究助成「里山森林から水・農地土壌・生産物・食事を通した放射性セシウムの動態とその低減対策の提案」(研究代表者:野中昌法)、三井物産環境基金二〇一四年度研究助成「福島県中通り・浜通り地域資源循環型農業による放射性物質からの地域復興・再生研究」(研究代表者:野中昌法→原田直樹)として実施しました。

〈参考文献〉

Endo, S., Kimura, S., Takatsuji, T., Nanasawa, K., Imanaka, T., Shizuma, K. (2012) Measurement of soil contamination by radionuclides due to the Fukushima Dai-ichi Nuclear Power Plant accident and associated estimated cumulative external dose estimation. *Journal of Environmental Radioactivity*, 111, pp.18-27.

原子力安全・保安院(二〇一一)「東京電力株式会社福島第一原子力発電所の事故に係る一号機、二号機及び三号機の炉心の状態に関する評価について」(平成二三年六月六日付)および「放射性物質放出量データの一部誤りについて」(平成二三年一〇月二〇日付)

原子力災害対策本部(二〇一一)「稲の作付けに関する考え方、二〇一一年四月八日付」。

後藤逸男・蜷木朋子(二〇一四)「水稲への放射性セシウム吸収に対する天然ゼオライトの施用効果」『日本土壌肥料科学雑誌』第八五巻、一二一~一二四ページ。

飯舘村(二〇一八)「平成三〇年三月一日現在の村民の避難状況について」。

今中哲二・遠藤暁・菅井益郎・小澤祥司(二〇一一)「福島原発事故にともなう飯舘村の放射能汚染調査報告」『科学』

第八一巻、五九四〜六〇〇ページ。

環境省(二〇一二)「特別地域内除染実施計画(飯舘村)」。

神山和則・小原洋・高田裕介・齋藤隆・佐藤睦人・吉岡邦雄・谷山一郎(二〇一五)「二〇一一年高濃度放射性セシウム汚染玄米発生の土壌要因」『農業環境技術研究所報告』第三四号、六三〜七三ページ。

Lepage, H., Evrard, O., Onda, Y., Lefèvre, I., Laceby, J. P., Ayrault, S. (2015) Depth distribution of cesium-137 in paddy fields across the Fukushima pollution plume in 2013. *Journal of environmental radioactivity,* 147, pp.157-164.

Matsunami, H., Murakami, T., Fujiwara, H., Shinano, T. (2016) Evaluation of the cause of unexplained radiocaesium contamination of brown rice in Fukushima in 2013 using autoradiography and gamma-ray spectrometry. *Scientific reports,* 6, 20386

文部科学省(二〇一一)「文部科学省による放射線量等分布マップ(放射性セシウムの土壌濃度マップ)の作成について、二〇一一年八月三〇日付」。

中尾淳(二〇一二)「セシウムの土壌吸着と固定」『学術の動向』第一七巻、四〇〜四五ページ。.

農林水産省・福島県(二〇一四)「南相馬市における玄米の全袋検査結果と基準値超過の発生要因調査(平成二六年二月一四日)」。http://www.maff.go.jp/j/kanbo/joho/saigai/fukusima/pdf/genmai_h26_0214.pdf

Steinhauser G., Niisoe T., Harada K. H., Shozugawa K., Schneider S., Synal H. A., Walther C., Christl M., Nanba K., Ishikawa H., Koizumi A. (2015) Post-Accident Sporadic Releases of Airborne Radionuclides from the Fukushima Daiichi Nuclear Power Plant Site, *Environ. Sci. Technol.*, 49, pp.14028-14035

鈴木啓真・荘司亮介・弦巻貴大・松原達也・田巻翔平・中島浩世・鶴田綾介・吉川夏樹・石井秀樹・野川憲夫・野中昌法・原田直樹(二〇一八)「福島県南相馬市における水稲及び土壌放射性 Cs 濃度の経年変化—二〇一三〜二〇一六年の調査結果から—」*Radioisotopes*(投稿中)

第3章　いま川と農業用水はどうなっているのか

吉川　夏樹

一　水への不安

水は人間が生命を維持するのに不可欠であり、農業にとっても最も重要な生産要素である。福島の原発事故は、その水の安全性を脅かしたとも言える。当たり前の存在であった安全な水のありがたみを、あらためて痛感する機会となった。

私は東日本大震災発生直後、テレビに映し出される津波の驚異を呆然と眺めており、水という物質がもつ抗いがたいほど大きなエネルギーに、ただ恐怖を感じていた。四月二日には被災状況をこの目で把握すべく、農業土木分野の教員三名と現場に足を運んだ。農業水利学という水を扱う分野の研究者として、水利施設の復旧・復興での貢献を考えたのだが、すべてがことごとく破壊された現場を前に自らの無力さを感じた。

一年弱が経過して、勤務する新潟大学農学部の野中先生と原田先生から福島の原発事故による農地汚染に関する研究への協力要請を受ける。放射性物質の農業への影響把握と対策の立案には、農業用水の評価が必要ということであった。私自身、これまでの研究で放射性物質を扱った経験はなかったが、私の専門は農業用水と物質循環である。ようやく被災地で進行中の惨事に対して貢献できるという思いも強く、その場で協力を約束した。それから約六年、福島で活動を続けてきた。その間に現地調査や文献調査を通じて得た知見から、河川水とそれを源とする農業用水の安全性について記したい。

福島第一原発事故によって大量の放射性物質が環境中に放出され、その約三割が陸域に降下・沈着したとされる(Katata et. al. 2015)。とくに高濃度に汚染された地区は、当時の風向きから原発の北西側に長さ七〇㎞にわたって分布した。こうした状況に対し、国は汚染の著しい地域を「除染特別地域」と定める。そして、一一市町村の約八七〇〇haにおいて、建物用地については屋根や壁の拭き取り、雨樋やコンクリート部分の高圧水洗浄など、農地については表土剥ぎ取りや反転耕などの除染計画を進めてきた。

市町村が中心となって除染を実施する「除染実施区域」も含めて、二〇一八年三月一九日に宅地、公共施設、道路、農地の面的な除染が完了したとされている。その結果、除染直前と比較して大幅に空間線量率が低下し、二〇一三年八月に一一五〇㎢あった避難指示区域は、二〇一七年四月時点では三七〇㎢まで縮小された。

一方、汚染地区の約七割を占める森林については、居住や農作物の生産がないことから、住居近傍を除いて除染の対象となっていない。大量の放射性物質が手付かずのまま残る森林を水源とする福島の河川水は、本当に安全なのだろうか？　これが飲料水や灌漑用水として水を日常的に使う市民の不安の源泉であり、しごく当然の疑問であろう。

河川の放射性セシウム濃度は安全なレベルなのか？　筆者らの研究グループは福島県二本松

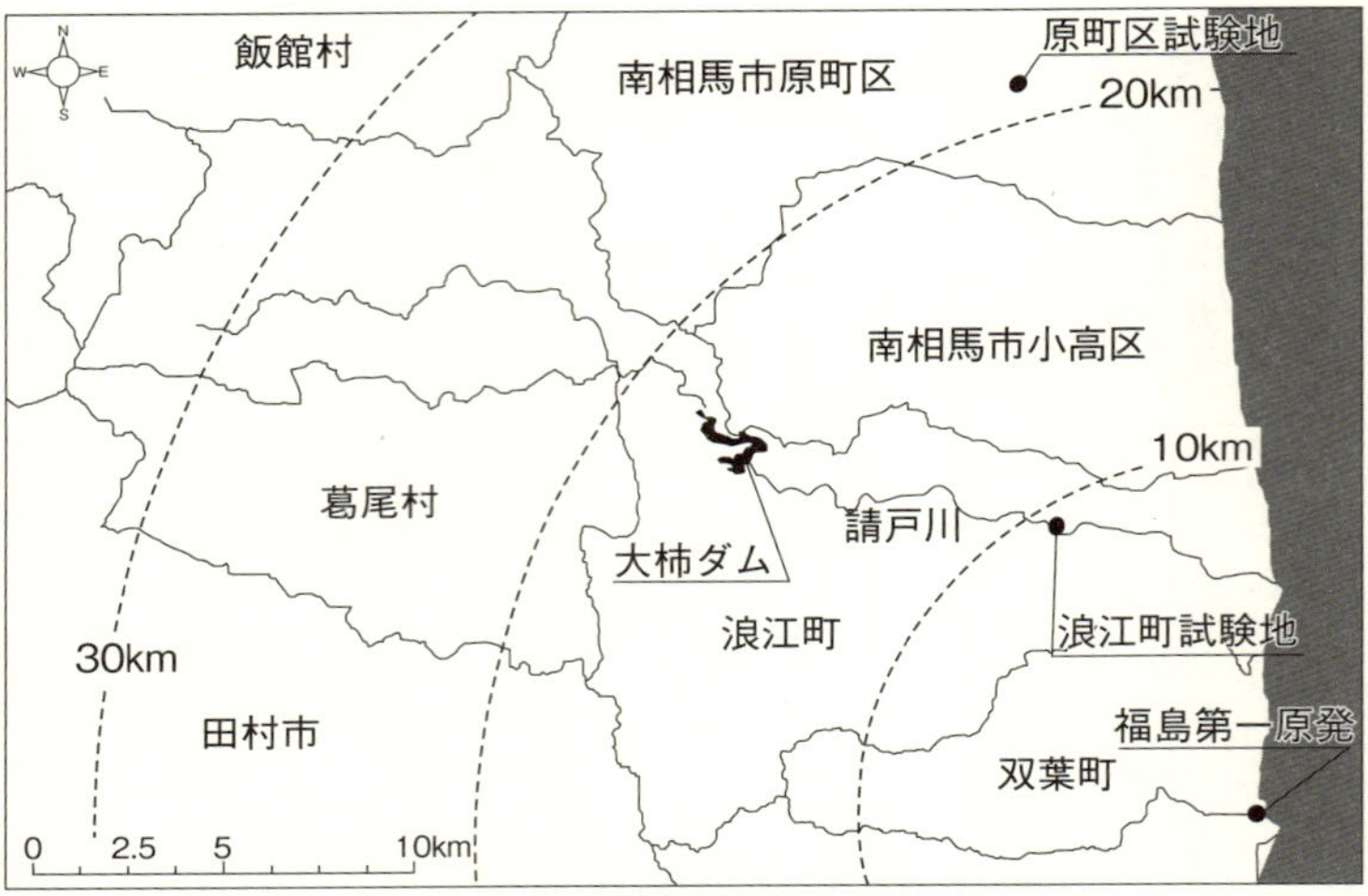

図3―1　研究対象地の位置図

市、南相馬市、浪江町で、灌漑水の取水元である河川水を測定してきた。その中で最も汚染度の高い流域を水源とするのが、浪江町の請戸《うけど》川である（図3―1）。

大柿ダムを通過した請戸川の放射性セシウム137濃度を測定した結果、二〇一六年の平水時（洪水のない期間）の平均は〇・三一ベクレル／Lであった。放射性セシウム134の半減期は二・〇六年であるので、フォールアウトから五年経過した二〇一六年には事故直後の概ね二〇％にまで減衰している。したがって、これを加えた濃度は〇・三七ベクレル／L程度となる。

この値は、どのような意味をもつのか。二〇一二年四月以降の日本の食品衛生法に基づく飲料水の放射性セシウムの基準値は、一〇ベクレル／L（放射性セシウム134と137の合算値）とされており、世界保健機関（WHO）の基準に準拠している。もちろん、基準値以下なら絶対に安全だというわけではないが、基準値より二桁小さい請戸川の河川水を仮に飲料水として利用しても、問題のないレベルと言えるのではないだろうか。

二　山地の放射性セシウム沈着量とその流出

文部科学省の航空機モニタリング結果をもとに農林水産省が試算した結果では、大柿ダム流域の放射性セシウム１３７の沈着量は三億九三〇〇万メガベクレル[1]である。福島で研究を開始した当初は私自身、山地に沈着した放射性セシウムが最も厄介だと考えていたし、多くの方もそう考えていたであろう。これだけ膨大な量があるにもかかわらず、河川水の濃度がそれほど高くないのは、なぜだろうか。

これまでの調査・研究で、山地に沈着した放射性セシウムは、その表層の土壌や有機物に吸着・固定されるという特徴をもち、ほとんど移動しないことが明らかになっている。山地からの流出量を調査した研究によると、流出源のセシウム沈着量に対して、河川を通じて流出するのは一年間にわずか〇・一〜〇・三％である(日本原子力研究開発機構　二〇一七)。

こうした放射性セシウムの特徴に加えて、ダムの役割も大きい。福島県の浜通り地域は、東側に太平洋、西側に南北に延びる阿武隈山系が広がり、東流する河川の流域が小さいことから、安定的な水資源確保のため多くのダムが建設されてきた。

河川を通じて流出する放射性セシウムは平均的に見れば少ないが、大雨時には山地斜面や河床に溜まった放射性セシウム濃度の高い土砂が流出する。たとえば、二〇一三年九月の台風一八号では、高濃度の放射性セシウム（ピーク時に八一〇ベクレル／L）が濁水とともにダム湖に流入した（東北農政局 二〇一八）。また、東北農政局が毎月行っている調査では、ダム湖底には平均二〇万ベクレル／kgの土砂が堆積していること明らかになっている（東北農政局、二〇一五a）。このことを理由に、汚染による危険性を指摘する報道もあった。しかし、ダムがあったからこそ、大雨時の濁水に含まれる放射性物質が下流へ流出するのを抑えていたと言うべきである。

事故によって環境に沈着した放射性物質の扱いが難しいのは、その汚染箇所が局所的ではなく、薄く広く拡散したことが理由である。宅地や農地では多大な費用をもって除染作業を行い、仮置場や中間貯蔵施設と言われる狭い施設に、高濃度化した廃棄物を集約して保管する。また、有機性の瓦礫や植物残渣であれば、これを燃焼して灰にすることで最終処分量を減らし、貯蔵を容易にする。これを「減容化」と呼ぶ。事故後は、減容化を進めるため、数多くの減容化技術が提案されてきた。

一方、広大な森林を除染することは、経済的・物理的に困難を極める。しかし、自然の水循環と位置エネルギーがもたらす水流によって、大雨時に濁水とともに流入する流域の放射性物質を、ダム湖という流域面積から見れば小さい器（大柿ダム湖の面積は流域面積の〇・九％程度）に集積している。こうした意味で、ダムは巨大な減容化装置と言える。

流速が大きければ大きいほど、流水の物質を運搬する力が大きい。山地の傾斜を流下する水は、ダム湖で急激に速度を落とすため、土砂を運搬する能力を失い、ダム湖に土砂が沈降する。

前述の台風の際に観測されたダムの放流水のピーク濃度は一八ベクレル／Lで、流入水（八一〇ベクレル／L）との比較では二％程度にとどまる。すなわち、ダム湖の底泥の濃度が高ければ高いほど、量が多ければ多いほど、減容化機能を発揮していることを証明しているのである。

三　灌漑水中の放射性セシウムの農作物への影響

飲料水の基準を十分に満たしているのだから、その河川水を農地に取水したとしても、農作物への影響が限定的であるのは容易に想像できる。農地土壌に沈着した放射性物質の量に対し、灌漑水経由で流入する量はわずかであるからだ。私たちが南相馬市原町区の試験圃場で二〇一四～一五年に観測した結果、灌漑期間中に新たに水田に流入する放射性セシウム１３７は四〇〇～七〇〇ベクレル／㎡で、水田土壌の放射性セシウム１３７濃度（一六万～二三万ベクレル／㎡）の〇・三～〇・四％にすぎない。[2]

実際に、原発事故翌年以降に実施されている福島県の全量全袋検査では、食品衛生法の基準値である一〇〇ベクレル／kgを超過した玄米の割合は、事故後二作目の二〇一二年産で全体のわずか〇・〇〇〇七％で、二〇一五年には非検出。それ以降、超過米は検出されていない。

作付制限区域の面積についても、二〇一三年時点での六〇〇〇haから、二〇一四年には二一〇〇haまで緩和された（農林水産省 二〇一四）、それ以降、居住制限区域にも除染後農地の保全管理や市町村の管理の下で試験栽培を行う「農地保全・試験栽培区域」が設けられるなど、営農再開に向けた環境は整いつつある。

一方で、原発事故当年の二〇一一～一五年の四年間で増加した福島県内の水稲作付面積は一二〇〇haである(東北農政局 二〇一五b)。それは、原発事故前年から当年にかけて減少した一万六二〇〇haの七%にとどまっている。さらに、二〇一六・一七年においては、再び減少に転じた。その背景には、福島県産農産物に対する風評被害による、営農者の耕作意欲の低下が考えられる。消費者庁(二〇一五)による風評被害に対する消費者意識の実態調査の結果では、食品中の放射性物質を気にする人のうち、福島県産品の購入をためらう人の割合は一七・二%にのぼる。

こうした風評被害の払拭には、農産物の安全性を具体的根拠によって示すことが重要であると考える。そのためには、除染対策を示し、その有用性を評価するばかりでなく、いまだ不明瞭な点が残るイネへの放射性セシウム移行メカニズムそのものの解明が不可欠である。

四　灌漑水の影響に関する調査・実験

水稲は他の畑作物と比較して、栽培において大量の水を取水するため、灌漑水の濃度が低くても、何らかの影響がある可能性は否めない。一般的に水稲栽培は、水田一〇aあたり一・八～二・〇㎥もの水を必要とする。私たちは、灌漑水中の放射性セシウムのイネへの影響を検証するため、これまで調査および試験を行ってきた。

灌漑水の影響と言っても、①水に含まれる放射性セシウムが水田に流入し、直接的にイネに吸収される可能性だけではなく、②放射性セシウムの吸収を抑制するカリ分がとくに水流の強い取水口近傍で下流側に流亡する現象、③局所的な低水温あるいは水流によるストレスで生じた生育不良に伴う植物生理的な現象など、多面的な検討が必要である。私たちは野中先生と原田先生の研究室とともに、これらの可能性について南相馬市原町区の水田を用いて実証試験を行ってきた。

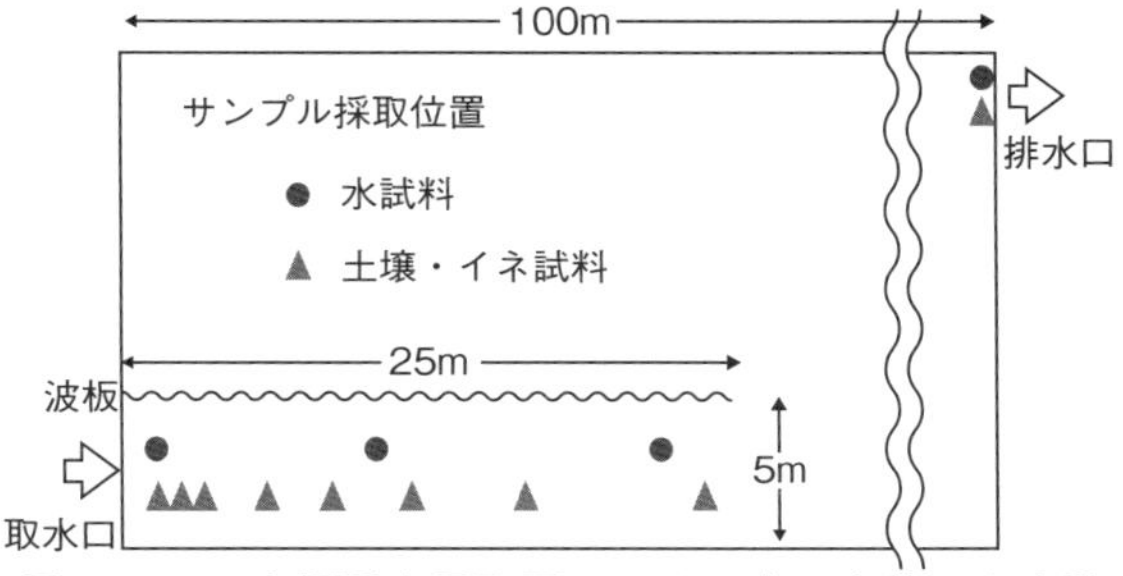

図3－2　南相馬市原町区における水田を使った実験

写真3－1　波板を設置した水田(南相馬市原町区)

試験では水流の拡散を抑制するため、水田内の取水口から二五m地点まで、流れの方向に対して平行に波板を設置し、水田内に流入した灌漑水を上流から下流へと一方向になるように流した(図3−2、写真3−1)。そして、取水口から排水口への距離ごとに、田面水(取水後の水田の表面水)、土壌およびイネ(籾、葉、茎のすべて)を採取。水試料の溶存態・懸濁《けんだく》態(3)の放射性セシウム濃度、および水に運ばれる懸濁物質の濃度、土壌試料およびイネ体試料の単位重量あたりの放射能濃度、土壌中の交換性カリ濃度、イネの不稔歩合をそれぞれ測定した。

福島第一原発から北北西二〇km強にある南相馬市原町区の圃場で二〇一四～一六年に行った試験で得られた、土壌、イネと灌漑水の放射性セシウム137濃度の空間的な傾向と土壌中の交換性カリ濃度をまとめると、以下のとおりである。

①玄米の放射性セシウム137濃度は、取水口付近でも基準値の四分の一程度と低い。ただし、相対的には他の地点より高く、取水口から一〇m地点の間で急激に低下する(図3―3)。

②水田土壌中の放射性セシウム137濃度は、取水口付近でばらつきは大きい。平均値で見ると、取水口から三m地点までがそれより下流側よりも高く、五m地点以遠はほぼ変化がない(図3―4)。

③放射性セシウム137の水田土壌から稲わら(玄米)への移行係数(玄米と土壌の濃度の比、数値が高いほど、土壌からの移行が大きいことを示す)は取水口付近で高く、取水口から二〇m地点までに急激に低下する(図3―5)。

④溶存態(水に溶け込んだ形態)放射性セシウム137濃度は、取水口から排水口にかけて緩やかに低下し、取水口から直線距離で約一〇〇m地点の排水口付近では、取水口における濃度(平均〇・一二七ベクレル/L)の約三割の濃度(平均〇・〇四ベクレル/L)であった(図3―6)。溶存態放射性セシウム137は水田内を下流に移動する過程で、イネに吸収されるか、土壌に吸着・

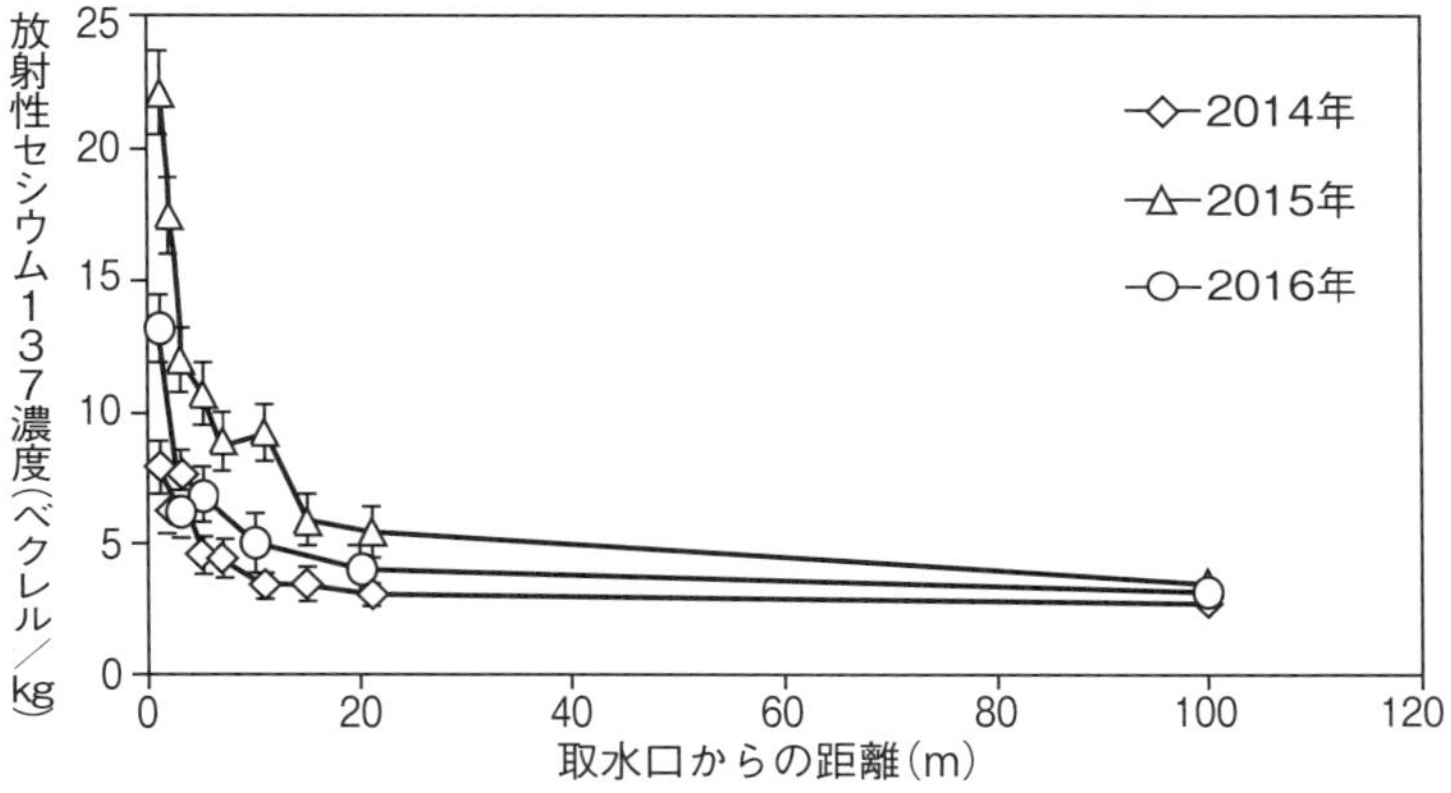

図３－３　玄米の放射性セシウム 137 濃度
（南相馬市原町区の試験水田）

（注）エラーバーはサンプル間の標準誤差。

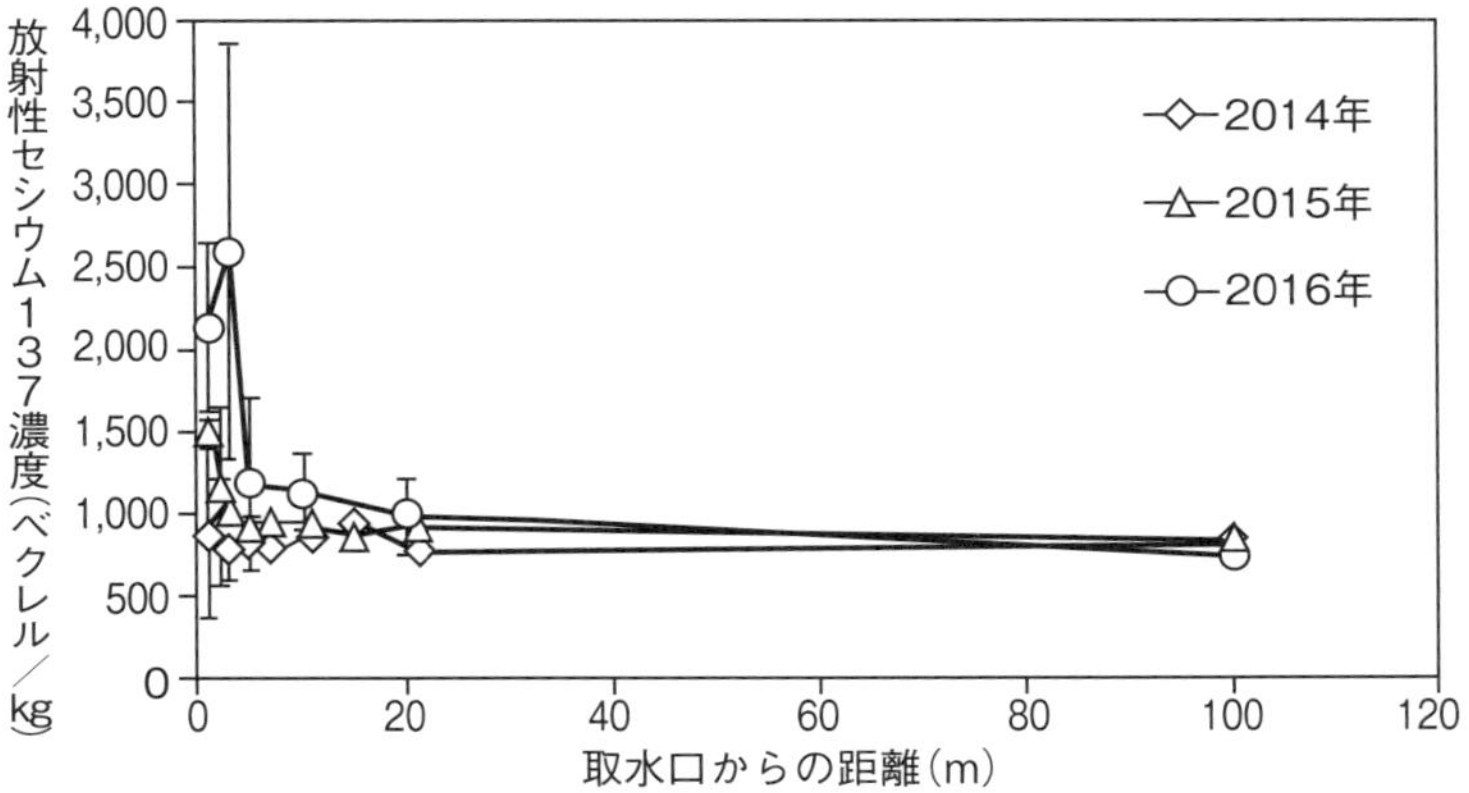

図３－４　水田土壌の放射性セシウム 137 濃度
（南相馬市原町区の試験水田）

（注）エラーバーはサンプル間の標準誤差。

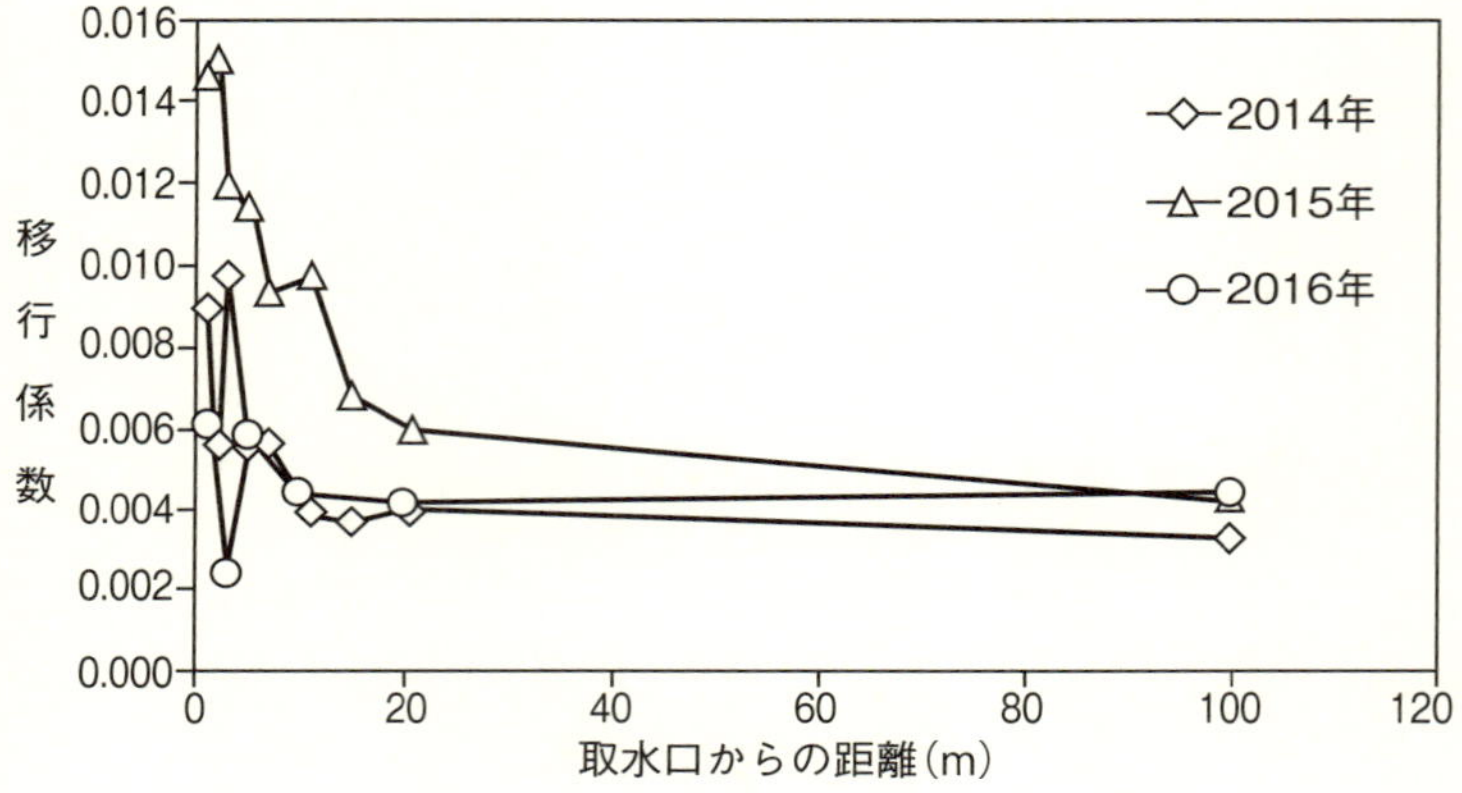

図3－5　放射性セシウム 137 の土壌から玄米への移行係数
（南相馬市原町区の試験水田）

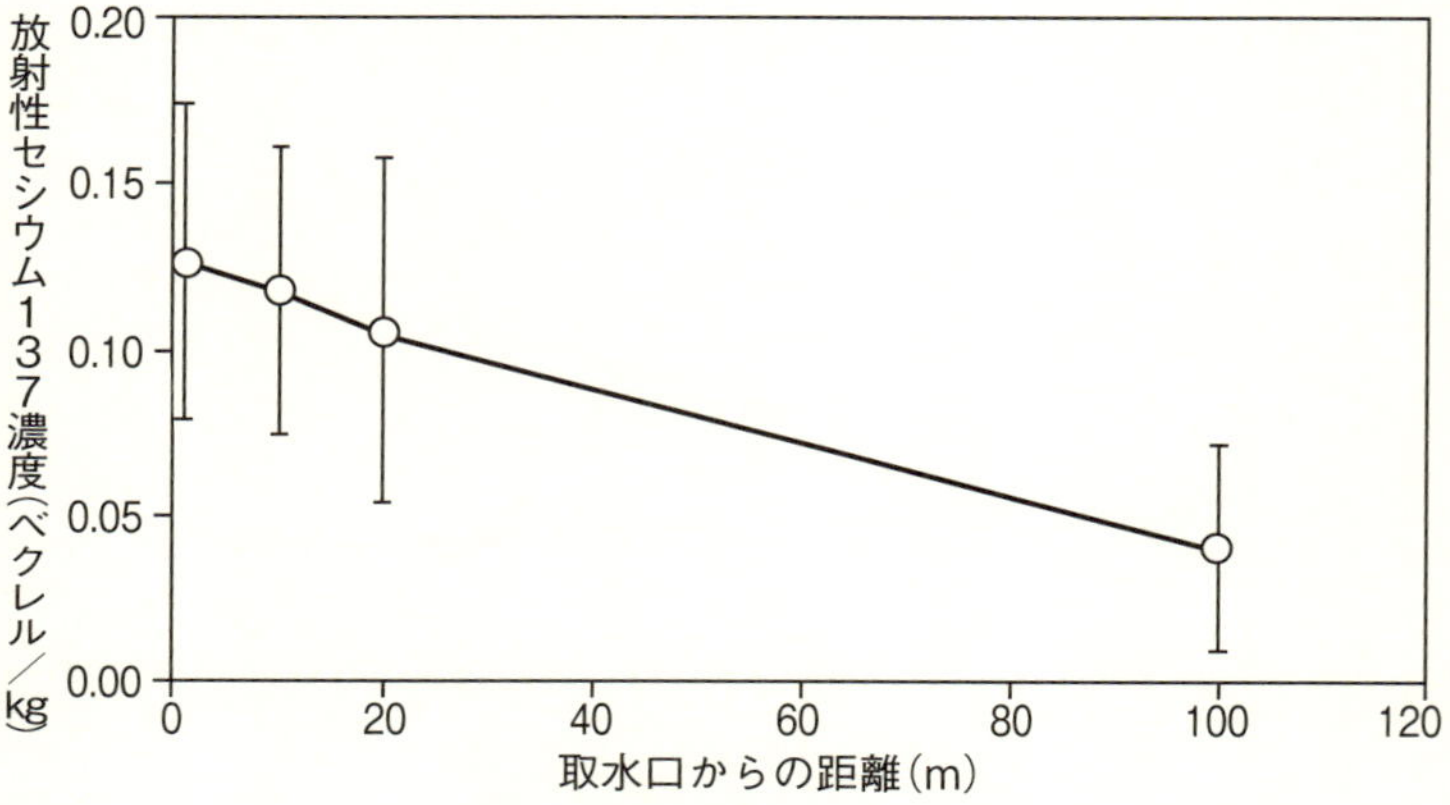

図3－6　田面水の溶存態放射性セシウム 137 濃度
（2014～2016 年の 13 回の採水の平均値）

（注）エラーバーはサンプル間の標準誤差。

固定するかのいずれかによって、濃度の低下がもたらされている。

⑤懸濁態（土粒子や有機物に取り込まれた形態）放射性セシウム１３７濃度は、取水口から二〇m地点までは急激に低下し、それより下流側の濃度低下は小さい（図3－7）。

⑥田面水から懸濁物質のみを取り出して、単位重量あたり放射性セシウム１３７濃度を測定した結果、取水口付近では水路のそれと同じ二万ベクレル／kg程度であったが、排水口付近では七〇〇〇ベクレル／kg程度であった（図3－8）。すなわち、灌漑水が水田内を流れる過程で、水によって運搬された比較的大きな懸濁物質を水田の取水口付近に落とし、その代わりに粒子の細かい水田土壌を巻き上げて運んでおり、下流側では、水田土壌に入れ替えるといった現象が生じていることを示している。

⑦土壌中の交換性カリウム（植物に吸収されやすい形態のカリウム）濃度は、取水口付近で低い。対象水田のうち一つ（J圃場）では、農研機構が公表したイネの吸収抑制対策に必要とされる水準である基準値の二五㎎Ｋ$_2$Ｏ／一〇〇gを下回った（図3－9）。

⑧取水口付近では、不稔歩合（籾の中で実らず、空になっている籾数の割合）が高い。取水口から一m地点で、二〇一五年度産米は六〇％以上、二〇一六年度産米は二〇％程度であった（図3－10）。

以上を総合すると、玄米と土壌の放射性セシウム１３７濃度と、これらから求められる移行係数は、取水口付近で急激に低下するのに対して、比較的吸収されやすい溶存態放射性セシウム１３７は緩やかに濃度低下することが明らかになった。つまり、比較的吸収されやすいと言われて

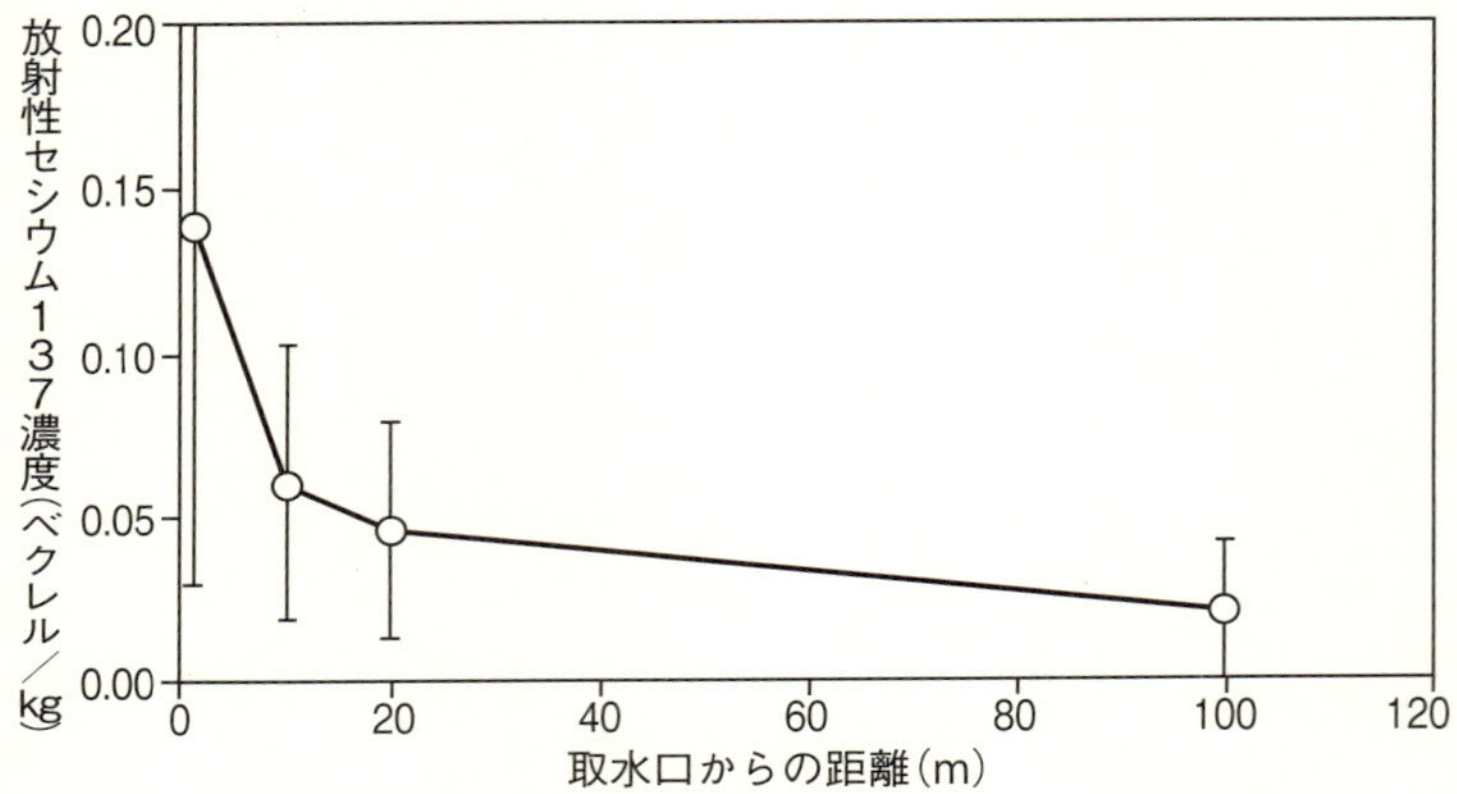

図３－７　田面水の懸濁態放射性セシウム 137 濃度
（2014 ～ 2016 年の 13 回の採水の平均値））

（注）エラーバーはサンプル間の標準誤差。

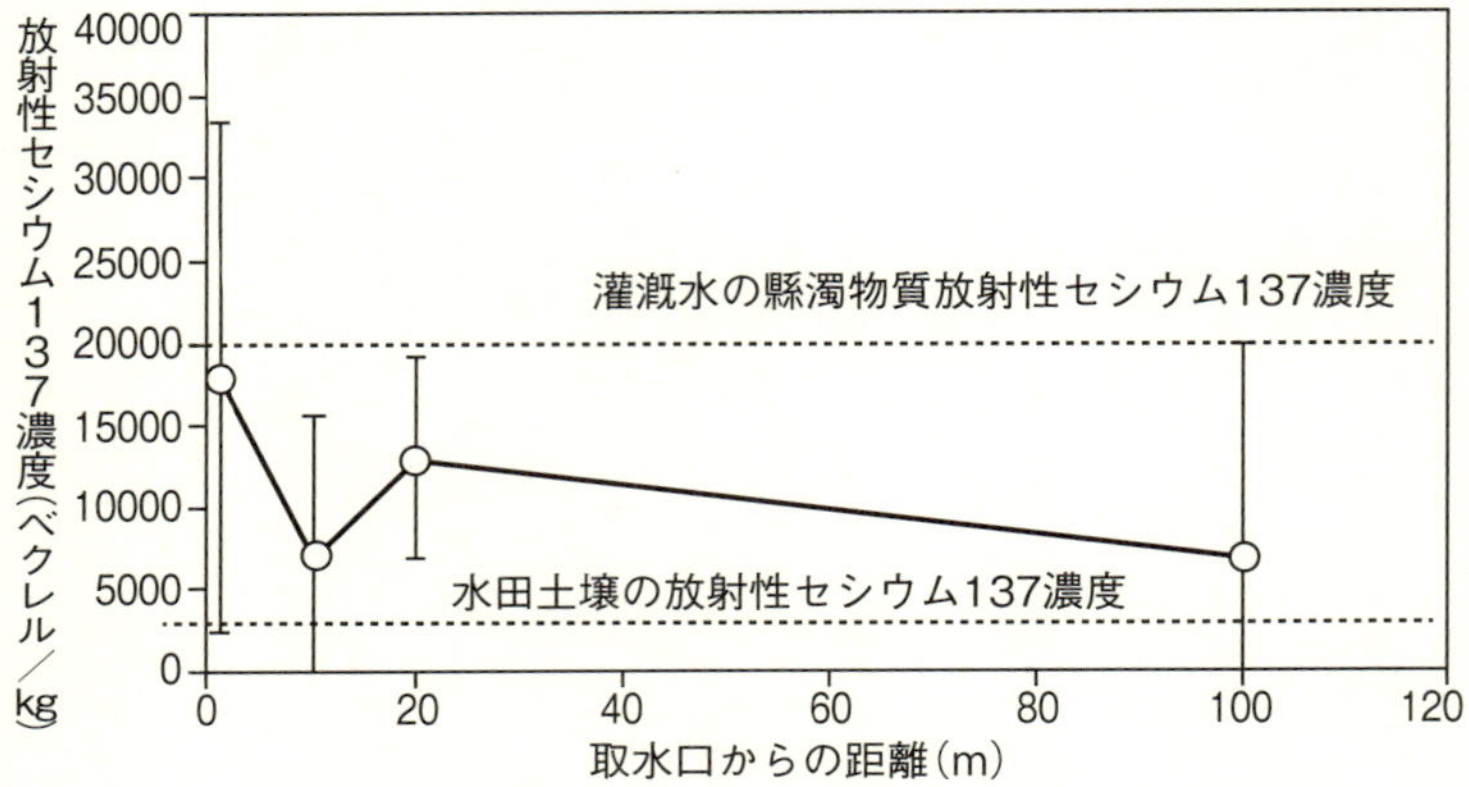

図３－８　田面水から取り出した懸濁態物質の単位あたり放射性セシウム 137 濃度（2014 ～ 2016 年の 13 回の採水の平均値）

（注）エラーバーはサンプル間の標準誤差。

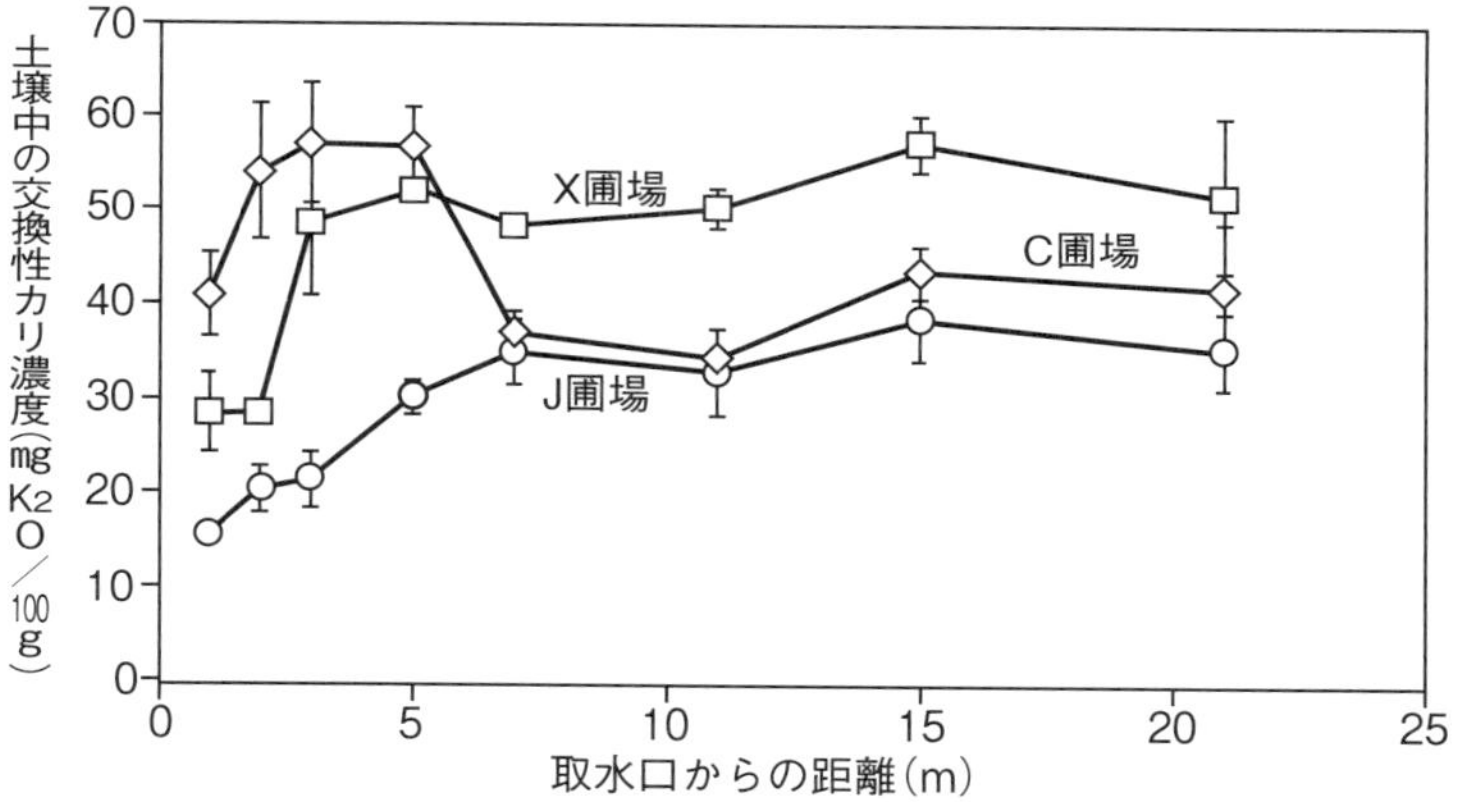

図３－９　収穫時における取水口付近の土壌中の交換性カリウム濃度

（注）エラーバーはサンプル間の標準誤差。

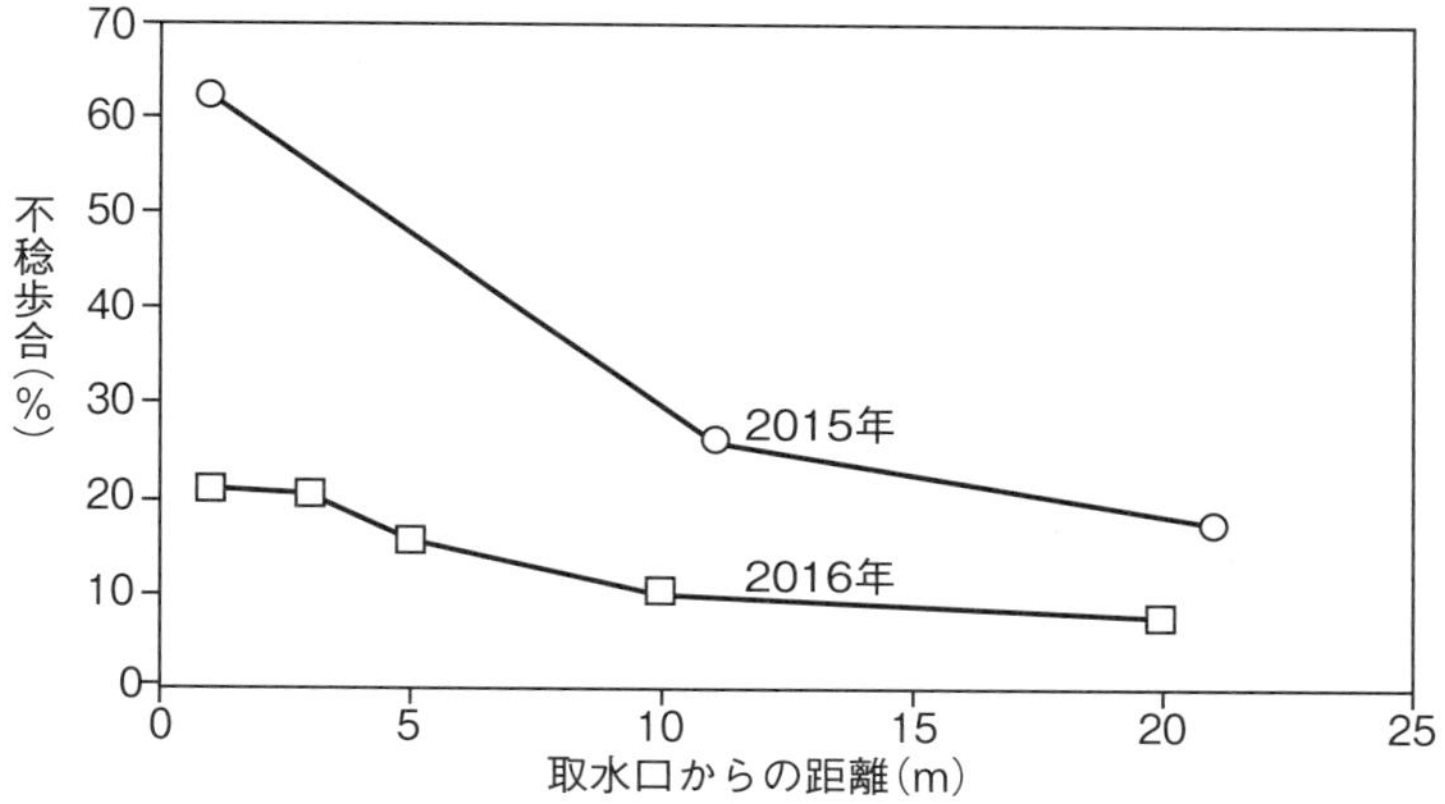

図３－10　取水口からの距離別の不稔歩合

いる水中の溶存態放射性セシウム濃度のみで取水口付近の高いイネの放射性セシウム濃度を説明することはできない。むしろ、吸収されにくいとされている懸濁態放射性セシウム１３７と懸濁物質の重量あたりの放射性セシウム１３７の傾向に類似していたことから、懸濁態セシウムの影響も疑われる。

また、水中の放射性セシウム濃度による影響とは別に、水流による力学的な影響も示唆された。すなわち、土壌中の交換性カリウムが下流側に流され、取水口付近の交換性カリウム濃度が低くなり、その結果、イネが放射性セシウムを吸収しやすい環境が整ったということである。一方、交換性カリウムが十分ある水田においても、取水口付近の玄米の放射性セシウム１３７濃度が高い。したがって、必ずしもこれだけが高濃度米の発生要因ではない。

さらに、取水口付近の高い不稔歩合は、水田に流入直後の速い水流や低水温によるストレスがイネの登熟に影響を与え、何らかの生理的作用によって玄米中の放射性セシウ１３７濃度を高めた可能性がある。この影響については、今後さらなる検証が必要である。

取水口から排水口にかけて、水の流れに沿って玄米に蓄積した放射性セシウムの量が減少するという事実から、いずれの要因もその機構こそ違えど、灌漑水の影響は間違いないであろう。おそらく影響因子は一つではなく、検討した項目のすべてであるいは複数の因子が複合的に作用しているものと思われる。より安心な米の生産には、どの因子がどの程度寄与するのかを明らかにして、吸収抑制の対策を提示することが、営農再開に向けて重要となる。

五　さらなる生産者と消費者の安心を求めて

ここまで述べたように、基準値というものさしで測れば、少なくとも避難指示が解除された区域の河川水は、十分に安全と言える。また、大量の水を利用する水稲栽培においても、放射性セシウムのイネへの影響は限定的である。しかし、近年の被災地区における耕作面積の変遷をみると、農家が自信をもってこの地で農業を再開しようと思うまでには至っていないようだ。

行政や農家を対象とした説明会で、水田取水口付近の玄米の放射性セシウム濃度が高くなる現象を説明した際、ある農家から「なぜそのようなことが起こるのか、分かっていないのでしょ？」といった発言があった。たしかに本稿を執筆している段階で、イネの吸収メカニズムが解明されたとは言えない。農家にとって、これが分からなければ対策のしようがないのである。

言い換えれば、影響因子と吸収メカニズムさえ分かれば、これまで培われてきた経験に基づいて農家自らが対策を立てられるという自信があるのであろう。分からないということが不安の源であり、科学的知見に基づきそれを解明して、結果を伝えるのが研究者の役割であることを実感している。汚染度の高い地域での営農再開に向けて、現在は試験地を浪江町に移し、放射性セシウムの移行メカニズムの解明と対策案の立案のための試験を行っている。

福島における研究プロジェクトに参加して、野中先生の徹底した現地調査に基づく現象の理解と「被害者である農家に寄り添う」姿勢に、私は強い共感をもった。農家の悩みを聞き、必要と考える事項を調査・分析し、都合の良い結果のみを公開するのではなく、すべてを包み隠さず伝える。農家の不安を取り除くには、当事者意識をもって、共にこの先の方針を練ることが重要であり、それが真の復興につながることを野中先生から学んだ。『農と言える日本人』（コモンズ、二〇一四年）を読んで、あらためて野中先生の農学の研究者としての信念を確認した。このことを胸に、今後も研究活動を続けていきたい。

（1）メガは一〇〇万倍を意味する。

（2）水田一㎡あたりの放射性物質の濃度。土壌のサンプリングの深さ（一五㎝）にすべての放射性セシウムが含まれ、土の密度一・三g／㎤と仮定した場合の換算値。一般的に土壌の放射性セシウム濃度はベクレル／kg、水はベクレル／Lで表すが、水田土壌と灌漑水からの新規流入量を比較するために、単位を変換した。

（3）河川水などの環境水中の放射性セシウムを大きく分けると、溶存態と懸濁態の二種類の形態がある。溶存態は水に溶け出した形態で、懸濁態は土粒子や有機物に取り込まれている形態である。

〈引用文献〉

G. Katata, M. Chino, T. Kobayashi, H. Terada, M. Ota, H. Nagai, M. Kajino, R. Draxler, M. C. Hort, A. Malo, T. Torii, and Y. Sanada (2015) Detailed source term estimation of the atmospheric release for the Fukushima Daiichi Nuclear Power Station accident by coupling simulations of an atmospheric dispersion model with an improved deposition scheme and oceanic dispersion model, Atmos. *Chem. Phys*., 15, 1029-1070.

日本原子力研究開発機構（二〇一七）「福島における放射性セシウムの環境動態研究の現状－根拠となる科学的知見の明示をより意識した情報発信の一環として－」https://jopss.jaea.go.jp/pdfdata/JAEA-Review-2017-018.pdf

農林水産省（二〇一四）「避難指示区域等における二六年産米の作付に係る取り組みについて」http://www.maff.go.jp/j/press/seisan/kokumotu/140307.html

消費者庁（二〇一五）「風評被害に関する消費者意識の実態調査（第六回）について」http://www.caa.go.jp/safety/pdf/150930kouhyou_1.pdf

東北農政局農村振興部（二〇一五ａ）「大柿ダムにおける放射性セシウムの調査結果の概要（～Ｈ二六年度）」http://www.maff.go.jp/tohoku/osirase/higai_taisaku/hukkou/pdf/151030_gaiyou1.pdf

東北農政局（二〇一五ｂ）「農林水産統計東北　平成二七年産水稲の作付面積および予想収穫量（一〇月一五日現在）」http://www.maff.go.jp/tohoku/press/toukei/seiryu/pdf/151015_to.pdf

東北農政局（二〇一八）「大柿ダムの放射性セシウムの実態と対策―請戸川地区の農業復興に向けて―第２版」。

第4章　いま里山はどうなっているのか

金子　信博

東日本大震災から七年が経過し、避難解除となった地域も多いが、森林の除染は手つかずのままである。せっかく故郷に帰還しても、農地や里山は利用できず、荒れている。一見何の変化もないような森林が、放射性物質という見えない汚染物質で汚染され、立ち入りや利用が制限されることは、避難から戻った人びとの士気を下げる。慣れ親しんだ風景が眼前にあるのに、以前と違ってしまった悲しみは大きい。

本稿では、放射性物質が森林の中でどのように動き、将来どうなるのか、あらためて里山を農業や暮らしにどう位置づけたらよいかについて、述べる。

一　放射性物質による森林の汚染

原発事故による大量の放射性物質の放出は、農地や住宅だけでなく、原発から遠く離れた広い範囲の森林も汚染した。幸い、汚染の最も主要な核種である放射性セシウムは、森林の場合、降下した場所を中心に土壌に多くがとどまり、とくに地下水を汚染することがないことが分かっている。したがって、第2章と第3章でみた水田の場合のように、森林から放射性セシウムが移動する経路や量の観測によって、汚染のリスクが推定できる。

これらの事実と、農地や住宅と違って面積が広大であり、住居や食料生産との関係が少ないという理由から、森林は大規模な除染の対象とされていない。しかし、事故から時間が経過し、住居や農地の除染が広範囲に行われ、避難解除が進むにつれて、住居のまわりの里山を除染してほしいという声が多くの住民からあがってきた。福島県も国に要望を続けている。

また、森林を生産の場とする林業関係者も、汚染対策と林業生産の再開について強い要望をもってきた。利用再開にはさまざまな困難を伴うが、まず放射性物質の環境動態を理解したうえで、現実的な対策を考える必要がある。

原発事故や大気圏核実験では、一般の感覚をはるかに超えた遠方まで汚染物質が飛散する。一九五〇～六〇年代にアメリカ、ソ連、イギリス、フランス、中国などが行った核実験の際には、放射性セシウムが大気を経由して地球全体に降り注いだ(グローバル・フォールアウト)。日本の森林土壌を測定すると、現在でも放射性セシウムが土壌の表層に集積していることが分かる。なぜ、このような現象が起こるのだろうか？

きわめて遠距離から飛来した放射性セシウムは、土壌表層にある粘土鉱物に強く吸着され、長い間雨水にさらされても水に溶けず、ほとんど移動しない。そのうち、わずかな量は根から樹木に吸収され、やがて落葉や枯死した木から再び土壌へ戻ることを繰り返す。

こうした長期にわたる生態系内での放射性セシウムの残存は、福島原発事故でも同じように確かめられつつある。すなわち、降水や粉塵の降下によって森林に飛来した放射性物質は、物理的な半減期で、自身が放射線を出しつつ崩壊していく。森林全体としては、原発から飛来した放射性セシウムは樹冠から地表面に移動し、地表面では落葉層から土壌層へと移動する。土壌層には、セシウムを吸着する能力の高い粘土鉱物が多量にある。したがって、土壌表層に移動するとそこで吸着され、それ以上動かないため、集積している。

放射性物質による森林の汚染として、ここで三点を考えていきたい。第一に土壌表層に集積した放射性セシウムから放出される放射線の強さ（空間線量率で評価できる）、第二に土壌から植物やきのこ、土壌生物などへどれくらい取り込まれるか（移行係数）、第三に汚染が時間とともにどのように変化するかである。

二　チェルノブイリの森林から分かること

広域に森林が放射性物質で汚染された例として、一九八六年のチェルノブイリ原子力発電所の事故がある。汚染された日本の森林がこれからどうなるかに関しては、この事故後に野外で得られた環境データが参考になる。

私は二〇一七年八月にベラルーシとウクライナの現地を視察する機会があり、原発周辺と、事故後に営農を行っている村や小学校などを見学できた。チェルノブイリ原発は、ポプラやカバノキ、アカマツが生育している平坦な場所に、そこだけ巨大な塊として立っている。原発は、ベラルーシ国境に近いウクライナ北部にあり、周辺はドニエプル川を囲む広大な平野である。原発は

写真４－１　旧チェルノブイリ市にある避難区域の地図。説明者が指しているのが消えた村（2017年８月20日）

ドニエプル川から引いた運河のそばに造られ、かつてはすぐ近くにプリピャチという原発関係者が生活する人工都市があった。当時から周辺の人口密度は低く、畑作と牧畜が生活の中心だったという。

チェルノブイリ原発事故では、原発周辺の約三〇㎞の範囲から住民がすべて避難し、基本的に帰還はしていない（写真４―１）。三〇㎞圏内はきわめて平坦な地形であり、住宅や農地を取り囲むように平地林が成立している（写真４―２）。

福島事故とチェルノブイリ事故の大きな違いは、汚染を引き起こした半減期の長い放射性物質の構成と、自然条件とくに土壌と土地利用である。日本とは異なるきわめて平坦な地形で、三〇㎞圏内の土壌はルビソル（Luvisol）に分類され（写真４―３）、ウクライナ南部に分布するチェルノーゼム（Chernozome）土壌に比べると肥沃でなく、砂質である。また、一部には泥炭土壌が分布して

写真４－２　道路沿いのヨーロッパアカマツの林（2017年８月18日、ベラルーシ・ホイニケ郊外）

写真４－３　ウクライナ・スラヴティティ郊外のヒマワリ畑の地面（2017年８月21日）。ルビソルという土壌型の土と思われ、有機物が少ない

いた。現地を訪れてみて、土壌の肥沃度の低さが原発周辺の人口密度の低さにつながっているのではないか、という感想をもった。

原発事故による環境への放射性物質の放出量は、さまざまな仮定に基づいて推定されている。チェルノブイリ事故で環境中に放出された放射性物質を放射能の強さの順に四位まで並べると、キセノン１３３（半減期五・二四日）、ヨウ素１３１（半減期八・〇四日）、テルル１３２（半減期三・二五日）、そしてネプツニウム２３９（半減期二・三六日）であった。一方、福島事故では、キセノン、ヨウ素、テルル、セシウム１３４とセシウム１３７（半減期それぞれ二・〇六年と三〇・二年）である。

半減期の短い物質は比較的似ている。だが、チェルノブイリでは半減期の長いストロンチウム90（二八・八年）とプルトニウム２３９（二万四〇〇〇年）が土壌汚染を引き起こした（環境省、二〇一四）。一方、福島事故ではストロンチウム90は一〇〇分の一、プルトニウム２３９では一〇〇万分の一程度であった（UNSCEAR 二〇一五）。

このような汚染物質の構成の違いは、二つの原発事故の性格の違いによる。すなわち、チェルノブイリ事故では核燃料そのものが飛散してストロンチウムやプルトニウムが広範囲に飛散したのに対し、福島事故では水素爆発とベント放出によって主に揮発性物質が飛散し、核燃料の飛散はほとんど起こっていない。

チェルノブイリ原発に近い地域では、セシウム以外にストロンチウムとプルトニウムの汚染を強く受けており、これらの物質を森林土壌から除去することはきわめて難しい。そのため、旧チェルノブイリ市には原発の廃炉や除染関係の施設があり、関係者が生活していて、売店や食堂もあるが、三〇㎞圏内での住民の復帰に向けた除染はほとんど行われなかった。福島事故に関する国際原子力機関(IAEA)の勧告で、森林は除染しないほうがよいとの意見が出された背景には、チェルノブイリの汚染と森林の状況の影響があるかもしれない。しかし、汚染物質の違いは考慮されていない。

福島事故では、チェルノブイリ事故に比べて、避難区域は狭く、事故後の住民復帰が推進されてきた。だが、非避難区域がまったく汚染されなかったわけではなく、長距離に飛散する放射性セシウムによる汚染が広がっている。また、汚染レベルは低いが、ゼロではない地域で、セシウム汚染とどう付き合うかという問題が住民に突き付けられた。

三　福島の森林の状況と里山の被害

森林は福島県の面積の約七一%を占める。福島県は「森林文化」をキーワードとして林業振興を推進してきており、二〇〇六年には森林環境税が導入されている。

福島県には大きく分けて、奥久慈、会津、いわき、阿武隈山地の四流域がある。県の西側を占める奥久慈と会津には、会津盆地を除くと起伏の大きな山地が広がり、日本海気候の影響を受けて冬期の積雪量が多い。一方、東側を占めるいわきと阿武隈山地は緩やかな地形で、人口も比較的多い。スギを中心とした用材生産に加え、シイタケの原木となる広葉樹の生産が盛んで、原木生産は日本のトップであった。

こうした森林利用は、原発事故の影響を受けて大きく後退する。とくにシイタケ原木の利用は、セシウムという元素の特性のために福島県以外も含めて大きな制限を受けている。原木に利用されるコナラのような広葉樹は事故当時、葉を展開していなかったので、葉が直接汚染されることはなかったものの、樹幹と地表面が汚染された。残念なことに、コナラの樹皮はセシウムを強く吸着する性質をもつ。

シイタケの原木栽培は、原木の樹皮を保ったままシイタケ菌を接種し、主に森林内で栽培を行う。汚染された森林では樹冠から移動するセシウムが事故後しばらくの間多かったため、栽培の継続によって汚染が増幅した。シイタケは他のきのこの仲間と同じように、放射性セシウムをよく吸収する。きのこ類は一般にカリウムを多く利用する。アルカリ元素と呼ばれるカリウムとセシウムは、環境中でよく似た動きをする。これらのアルカリ元素は、生物体のなかで化合物をつくらず、イオンの形で水に溶けた状態にある。生物の細胞はカリウムイオンの移動を生理的に制御しているが、少量の放射性セシウムはカリウムと区別されずに、生物に取り込まれる。

日本で始まったシイタケの原木栽培は、森の恵みの優れた利用法である。菌床栽培が主流となった現在でも、原木栽培は品質の高さが評価されている。しかし、大気から放射性セシウムが森林に降下するという事故に対しては、シイタケとコナラは残念ながら、最悪の組み合わせとなってしまった。

森林に生活する生物は、汚染の悪影響を受けることなく、さまざまな営みを続けている。したがって、山菜やきのこの成長が悪くなるわけではなく、一見して事故前と変わらない状態で生育

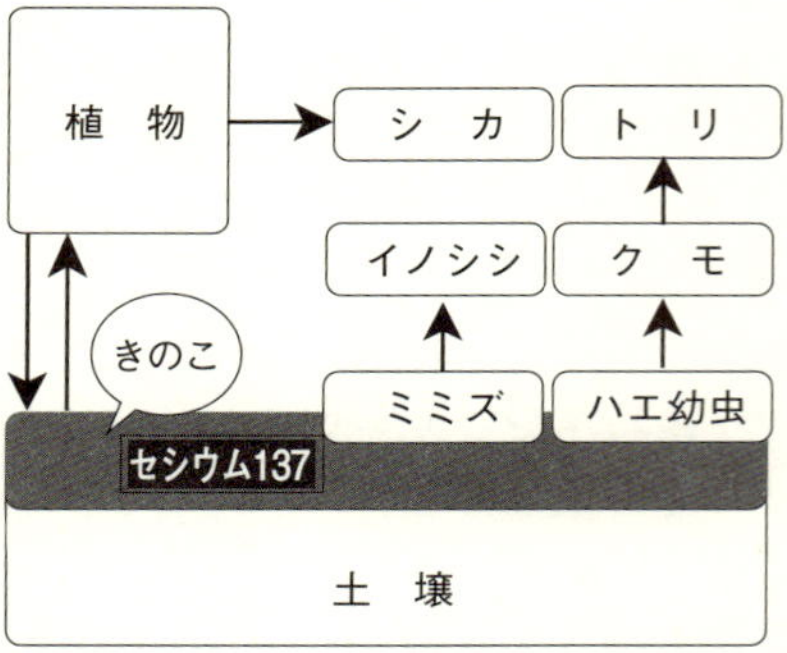

図4—1　森林土壌から森林の生物への放射性セシウムの主要な経路

している。福島事故で森林を汚染した放射性セシウムは、その多くが土壌の表層に集積する。その土壌からきのこやミミズ、土壌で生育して羽化後は地上に飛び出るハエのような昆虫が汚染され、樹木とともに森林内の生物を汚染する窓口となる(図4—1)。

森から得られる恵みの利用は、放射性セシウムの降下によって大きな制限を受けている。薪と木炭の指標値(放射性セシウムの濃度の最大値)は、それぞれ四〇ベクレル／kgと二八〇ベクレル／kgである。これは、燃焼後に発生した灰の濃度が八〇〇〇ベクレル／kg以下となる濃度から算出されている。きのこ原木とほだ木の指標値は五〇ベクレル／kg、きのこ栽培に用いる菌床培地と菌床は二〇〇ベクレル／kgである。これは、シイタケなどのきのこを栽培した場合に、食品の基準値である一〇〇ベクレル／kgを超えないようにするためである。

森林から落ち葉を採取して堆肥として農地に投入する営みは、里山の利用法として古くから行われてきた。堆肥の汚染に関しても、肥料や培土の指標値である四〇〇ベクレル／kgが適用される。肥料や培土は、栽培に使用した際に含まれていた放射性セシウムがどれくらい作物に吸収されるかに基づいて決められている。

山菜やきのこには食品の基準値が適用される。コシアブラやタケノコ、野生きのこ類では、福島県外も含めて広い範囲で出荷制限が行われ、現在も利用できない地域が多い。コシアブラはとくに放射性セシウムの濃度が高いことが分かり、研究者の注目を集めた。コシアブラは根のまわりの細菌が有機酸を分泌することでカリウムを吸収し、セシウムも取り込むことが明らかにされている(Yamaji et al. 2016)。さらに、根に共生する菌根菌もセシウムの吸収を促進しているようだ(Sugiura et al. 2016)。

このように、栽培方法の変更などで汚染対策ができない林産物は、広域汚染によって利用を制限される状態が続いている。阿武隈山地の多くの地域では、近い将来シイタケ原木としての伐採再開は難しいだろう(三浦 二〇一七)。

森林では、毎年地面に落ちた落ち葉は土壌生物によって分解され、時間が経つとなくなっていく。しかし、汚染が強かったチェルノブイリ原発周辺では、落ち葉の分解速度が依然として低い状態にある(Mousseau et al. 2014)。これは、落ち葉の分解を担う土壌に生息する生物が強い汚染の影響で減少しているためと考えられている。一方、旧ソ連の先行研究と福島事故の汚染状況から考えると、土壌生物の活動が低下した結果として、福島事故の影響で落ち葉の分解速度が低下することはない(Zaitsev et al. 2014)。

本来の里山は、中山間地域の人びとの暮らし、とくに農業生産を支える側面が大きかった。こうした利用は、汚染によって大きく制限を受けている。生態系の中にとどまり、わずかながら生物の間を移動、循環する放射性セシウムへの対策には、まず移動経路を知って濃度に応じた利用を考え、次に移動経路によって何らかの方法でセシウムを除去することを考える必要がある。

だが、よく考えてみると、現在の福島原発周辺の農家や一般市民による里山利用は、放射性物質による汚染によって生活が成り立たなくなるレベルではない。燃料や堆肥の材料を里山から調達していた時代ならば、汚染によって薪や炭、そして落ち葉堆肥が利用できなければ、直ちに生活と生産が成り立たなくなっただろう。現在では、薪で風呂を沸かす家庭はあるだろうが、化石燃料が中心だ。肥料にも落ち葉ではなく、化学肥料や畜産堆肥、あるいは購入堆肥を使用している。その意味で、シイタケ原木生産以外はそれほど大きな打撃とはなっていない。

全国的に、里山の利用は燃料革命と化学肥料の導入でこの五〇年ほどで激減した。農地が森林に侵蝕されるような景観が広がっている。

四　行政と住民、そして研究者

放射性物質に汚染された陸域の環境を除染する作業は、住居、学校や道路などの公共施設、そして農地で、強力に推進されてきた。その結果、時間の経過による放射線の自然減衰とも相まって、住環境の空間線量は事故直後に比べると大幅に減少している。

一方、放射性物質による森林汚染の除去は、面積が広大であり、急峻な地形が多いため難しい。しかし、日本の森林は集水域の上流部を占め、陸域の水利用の出発点である。森林に降った雨は水田の水源となり、地下水を涵養する。また、木材以外にも山菜やきのこ、野生動物といった自然資源を供給し、登山やハイキングなどのレクリエーションの場としても重要である。

林野庁は森林総合研究所と連携して、汚染の程度の異なる川内《かわうち》村、大玉《おおたま》村、只見《ただみ》町に調査地を設け、二〇一一年から森林の汚染状況を継続して調査してきた。また、福島県林業センターも、県内各地の空間線量率を継続して測定している。すでに多くの研究で明らかにされてきたように、森林に飛来して降下した放射性セシウムは、時間の経過とともに土壌の表層に集積し、地下水を汚染することはない。森林から流出する河川水に流れる量も、きわめてわずかである。

これらの知見を踏まえて、森林は汚染物質を一時的に保持する存在として認識されている。一方、福島県は森林の利用再開を強く要望し、森林を「封じ込め」の場所とすると同時に、林業や自然資源の利用促進も図るという矛盾した行動をとってきた(早尻 二〇一五)。現在では、除染と言わずに「森林再生事業」と称して、作業道の開設、除間伐の促進などの事業を拡大している。それは、森林組合の事業量を確保して雇用の場となってはいるが、シイタケ原木の利用再開にはつながっていない。

中山間地域の住民には、里山を除染してほしいとの要望が強い。そこで復興庁は、森林除染を正式には行わないが、住民の要望の強い地域(川俣町、広野町、川内村、葛尾《かつらお》村など)で、試験的に里山再生モデル事業を実施している。ただし、除間伐や地表面の処理など事故直後と同じような施業が行われているにすぎない。

事故から間もない時期は、除間伐や落ち葉・表土剥ぎによって空間線量を最大三割程度下げられた。しかし、時間の経過とともに汚染物質が表層土に集積すると、表土剥ぎ以外の方法では空間線量率は下げられなくなる。誰もが、今後根から樹木や山菜が放射性セシウムをどのくらい吸収し、時間が経つと増加するのか減少するのか知りたい。だが、チェルノブイリ事故をもとに長期予測を正確に行うことは、自然条件や生物相が異なるため困難であると考えられている。

五　里山の汚染対策

樹木の伐採や地表面の攪乱、汚染物質の大量の移動を伴う除染は、現実的ではない。住居や農地の除染によって発生した廃棄物の処理は、事故後七年を経過してもほとんど進んでいない。そのため、汚染濃度が低い除染土壌は造成地の地盤に使うという案が生まれた。とはいえ、土壌のもつ本来の機能を利用するわけではない。単なる地盤の材料として使われるだけだ。

汚染された里山の利用を再開するには、①樹木や山菜、きのこ、野生動物などによる放射性セシウム吸収を抑制し、②除染によって森林から放射性セシウムを除去することが考えられる。

①の場合、農地で行われたようにカリウムを散布し、樹木による土壌からの放射性セシウムの吸収を抑制する研究が行われている。伐採した樹木の切り株から萌芽更新させ、新たな樹木の汚染が低下するかどうかについても調査が行われている。しかし、これらは経営期間の長い林業の時間スケールに対して、将来の林産物の汚染状況を正確に予測する精度では行われていない。②の場合、放射性セシウムの森林内の動きから分かるように、事故直後の除間伐や落ち葉・表土剥ぎに比べると、時間が経つほど効果が少なくなる。

これに対して私たちは、生物を使って土壌からセシウムを除去する方法のなかで、菌類の利用が最も効率がよいことを明らかにしてきた。

二〇一二年三月に二本松市東和地区のコナラ・クヌギ林を伐採、四月の終わりから五月の初めにかけて、木材チッパー（粉砕機）で樹皮ごと木材をチップ化し、林床に敷き詰めた（写真４－４（a）（b））。このチップを連続して測定していくと、チップ中の放射性セシウム濃度が上昇するだけでなく、チップに含まれる放射性セシウムの総量も増加していった。試験の結果、土壌にある放射性セシウムのうち、一年で約七％、二年で約一五％をチップに移動させることができた（口絵参照、金子 二〇一八；金子ほか二〇一五）。この方法は、ヒマワリやアマランサスといったセシウムをよく吸収する植物を栽培して土壌から汚染物質を集める方法として知られているファイトレメディエーションに比べると格段に効率がよい。

この現象は、きのこと同じくチップに生育する菌類が放射性セシウムを集めることを利用している。落ち葉の分解過程を追跡すると、放射性セシウム濃度の上昇が多くの研究で確かめられている（Huang et al. 2016）。チップは森林で得られる最も量の多い有機物であり、林床に設置すると写真４－４（c）のように菌糸が発達する。チップ自身は菌類に分解されるので、やがて重量が減少して、チップに保持される放射性セシウムの量は減少していく。だが、林床に設置してしばらくは濃度上昇のほうが重量減少の割合より早いので、放射性セシウムの量が増加する。減少に転じる前に回収すれば、土壌から放射性セシウムを除染できるというわけだ（金子 二〇一八）。

水分を大量に保持する川内村の森林で福島県が実施した試験では、広葉樹のチップを二〇㎝の厚さに敷設することで、〇・五七マイクロシーベルト／時から〇・四〇マイクロシーベルト／時

(b) キャベツ収穫用のナイロン袋に詰めたチップを林床に並べる（5月4日）。

（d）

(d) 地元と各地から駆けつけたボランティア（5月4日）。

（2013年5月2、4日、二本松市東和地区）

(a) 木材チッパーによるチップ作成と袋詰め作業（５月２日）。

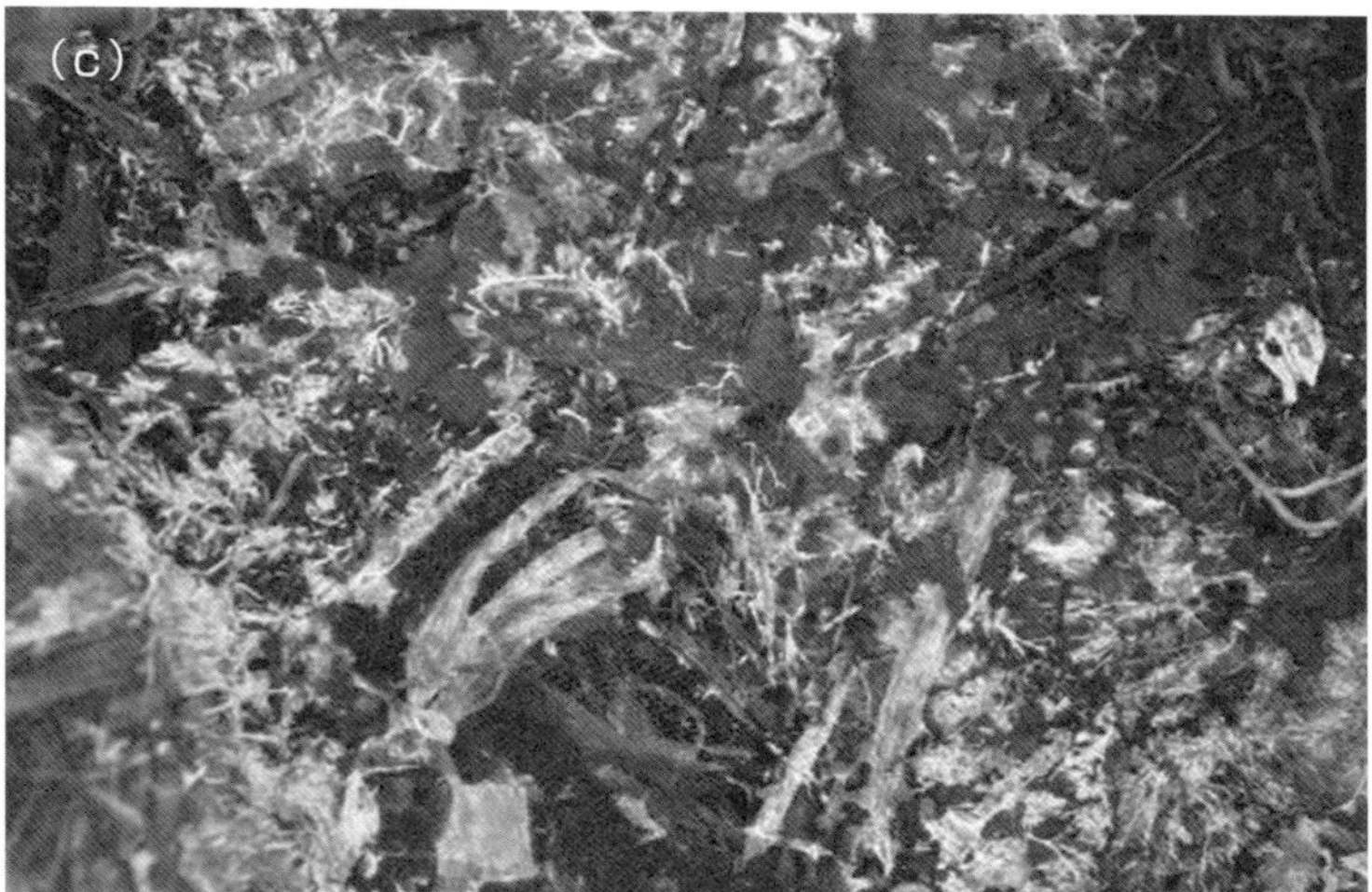

(c) 袋をめくると菌糸の束が白く見える（11月29日）。

写真４－４　木質チップによる森林除染の野外試験

へと、空間線量は三割程度低下した。林床をチップで覆うことで、林業作業者やハイカーの被曝低減の効果もある。

この試験は、多くの偶然とボランティアのサポートで実行できた。写真4－4（a）の木材チッパーは野中先生の知人が新潟県から社員とともに派遣してくださり、地元、大学、鎌倉市（神奈川県）のNPOといった多彩な人びとがチップ散布作業を手伝ってくれた。それでも、作業は予定期間で終了せず、最後はたまたま現地を訪れたアメリカの大学生グループを動員し、なんとか人力で敷き詰めたのである（写真4－4（d））。

六　福島の里山の将来を日本の里山の将来のこととして考える

放射性セシウムによる軽度の汚染に対して、早期に里山の利用再開を行うかどうかは、福島県における汚染対策にとどまらず、広く里山の資源利用をどうしたらよいかに関係がある。一九六〇年代の燃料革命以降、日本では燃料としての里山利用は急速に減り、薪や炭を使う家庭はほとんどなくなった。一方、近年は再生エネルギー利用推進のために買い取り価格が高く設定されたため、大型の木質バイオマス発電所が大量に建設されている。

バイオマスの燃料としての利用は、光合成によって固定された二酸化炭素を燃焼によって大気に戻すことである。栽培を再開した農地や伐採した森林で植物が光合成をして生育すれば、炭素の収支に関しては釣り合うと考えられている（カーボンニュートラル）。では、里山の活用として、木質バイオマス発電は有効なのであろうか？

実際には、燃料の運搬や発電所の運転にエネルギーを使うので、大気中からの二酸化炭素吸収と釣り合うわけではない。それにしても、化石燃料の利用に比べればましである。ただし、木質バイオマス発電の問題点は、発電に転換されなかったエネルギーを熱として捨てていることだ。また、発電のために規模を拡大すれば、燃料用に広い森林を必要とする。遠距離からの燃料運搬はコストがかかる。近隣で燃料が調達できず、海外から輸入するケース(たとえば大船渡発電)さえ出てきた。だが、二酸化炭素の収支面がいくら優れていても、海外の森林破壊につながるような資源利用は持続可能ではない。

ここで紹介したチップによる除染は、除染に使ったチップを小規模分散型で燃料として利用することで、里山にある木質バイオマスの燃料利用につながる。もちろん、伐採した木材はすぐに乾燥させ、燃料として使うほうがよいが、林床で一年程度腐朽させたチップでも乾燥させれば十分に燃料になる(口絵参照)。

里山からエネルギーを得ていけば、日本全体でみてもエネルギー自給率を高め、山村に活力をもたらす。そして、木材の伐採利用は、里山としての森林利用の継続につながる。農作物とちがって、木材は収穫期間に数年から数十年という幅をもたせることができる。したがって、汚染が生じた森林では、とりあえず利用を停止し、放射線量が低下してからの利用も可能である。一方、まったく伐採利用を停止すれば、雇用を生まなくなるし、森林を利用する技術の維持継続も難しくなる。

また、かつてのように森林から落ち葉を集めて堆肥化することは、里山の資源利用として有効であろうか？　化学肥料が導入されるまでの里山は、伐採利用以上に落ち葉を収奪されて土壌が劣化し、森林の生長も悪かった。かつての里山には貧栄養な土壌に生育するアカマツが多く生えており、土壌浸食も深刻であった。そのため、山地から土砂が河川に流れ、海岸に砂が堆積してクロマツが生育したのだ。白砂青松の景観は、その結果である。

化学肥料が安価に手に入る現在では、落ち葉を堆肥化するメリットは、土壌有機物量を増やす効果であろう。もっとも、この点に関しては、保全農業で重視される不耕起・省耕起や、有機物によるマルチ（樹木の落ち葉ではなく、農作物の残渣やカバークロップでよい）、輪作を同時に行うことで土壌有機物の増加が確かめられている（Hobbs et al. 2008）。現在のように、耕運機で頻繁に耕す管理を行うのであれば、堆肥を投入してもすぐに分解し、土壌有機物の増加につながらない。

環境を放射性物質が広範囲に汚染した福島第一原発事故は、きわめて不幸なことであった。だが、仮にこの事故がなかったとしても、中山間地域の人口は減少し、農林業の担い手は減っていく。本稿で取り上げたチップ除染は一つの例にすぎない。この事故をきっかけとして、新たな里山の利用について、さらなる知恵が求められている。

〈引用文献〉

早尻正宏（二〇一五）「森林汚染からの林業復興」濱田武士・小山良太・早尻正宏『福島に農林漁業をとり戻す』みすず書房。

Hobbs PR, Sayre K, Gupta R (2008) The role of conservation agriculture in sustainable agriculture. Philos Trans R Soc Lond B Biol *Sci* 363: pp. 543-555. DOI: 10.1098/rstb.2007.2169

Huang Y, Kaneko N, Nakamori T, Miura T, Tanaka Y, Nonaka M, Takenaka C (2016) Radiocesium immobilization to leaf litter by fungi during first-year decomposition in a deciduous forest in Fukushima. *Journal of Environmental Radioactivity* 152: pp. 28-34.

金子信博（二〇一八）「菌糸を用いた放射性セシウムの森林からの除染」『水利科学』第六二巻第一号。

金子信博・中森泰三・黄よう（二〇一五）「土壌の生物多様性と機能を活用した森林土壌の放射性セシウム除染」『日本森林学会誌』第九七巻、七五〜八〇ページ。

環境省（二〇一四）「福島第一原子力発電所外の広範囲に汚染された地域の環境回復に関するIAEA国際フォローアップミッションの最終報告書」。

三浦覚（二〇一七）「林業——都路できのこ原木生産を再び」根本圭介編『原発事故と福島の農業』東京大学出版会。

Mousseau Ta, Milinevsky G, Kenney-Hunt J, Møller AP (2014) Highly reduced mass loss rates and increased litter layer in radioactively contaminated areas. *Oecologia*. DOI: 10.1007/s00442-014-2908-8

Sugiura Y, Kanasashi T, Ogata Y, Ozawa H, Takenaka C (2016) Radiocesium accumulation properties of Chengiopanax sciadophylloides. J *Environ Radioact* 151 Pt 1: pp. 250-257. DOI: 10.1016/j.jenvrad.2015.10.021

ＵＮＳＣＥＡＲ（二〇一五）「電離放射線の線源・影響およびリスクＵＮＳＣＥＡＲ二〇一三年報告書」。

Yamaji K, Nagata S, Haruma T, Ohnuki T, Kozaki T, Watanabe N, Nanba K (2016) Root endophytic bacteria of a 137Cs and Mn accumulator plant, Eleutherococcus sciadophylloides, increase 137Cs and Mn desorption in the soil. *Journal of Environmental Radioactivity* 153: pp. 112-119. DOI: https://doi.org/10.1016/j.jenvrad.2015.12.015

Zaitsev AS, Gongalsky KB, Nakamori T, Kaneko N (2014) Ionizing radiation effects on soil biota: Application of lessons learned from Chernobyl accident for radioecological monitoring. *Pedobiologia* 57: pp. 5-14. DOI: 10.1016/j.pedobi.2013.09.005

第5章　東和地区における農業復興の展開と構造
――集落・人・自治組織にみる山村農業の強さ

飯塚　里恵子

はじめに

七年前、阿武隈の農山村は原発事故によって放射能で汚染されてしまった。当時は、その深刻な汚染実態が明らかになるにつれて、この地域で農業復興など考えられるのかという諦めと絶望の思いが広がっていた。放射性セシウム１３７の半減期は約三〇年であるから、復興は一〇年あるいは二〇年先のこととして考えるしかない。復興への意志を持つことは大切で、復興に向かっての取り組みはとても貴重なことである。その意志と取り組みへの協力と支援も大切な行動だった。しかし、現実的展望は見通せるのか、そんな危惧がみんなのなかに強くあったことも事実だった。

しかし、七年を経たいま、原発事故当初に強制避難を免れた地域では、農業復興がみごとに進みつつある。たしかに、なお深刻な汚染が続き、復興の緒にも就いていない地域もある。だが、多くの地域で農業を軸とした暮らしの復興は、しっかりと進められつつある。復興をとげている地域での決定的な鍵は、放射性セシウムを固定吸着していく「土の力」と、この地で生きる、ここで暮らし続けるという「人びとの意志と取り組み＝人びとの力」「人びとが結び合い取り組む

＝地域の力」のたゆまぬ協働であった。

野中昌法氏をリーダーとする私たち日本有機農業学会有志のチームは、そうした地元の農家、農業、暮らしに寄り添い、その取り組みに学びながらできるだけの支援と協力を続けてきた。それらの経過と成果の技術的プロセスについては、他章に詳しい。同時に、この七年間は技術的なプロセスのみならず、社会的な、さらに言えば暮らしのプロセスでもあった。私は、その側面から活動に参加してきた。本章では、私たちの主なフィールドであった東和地区の復興過程における社会的側面について、「人びとの力」と「地域の力」を跡づけてみたい。

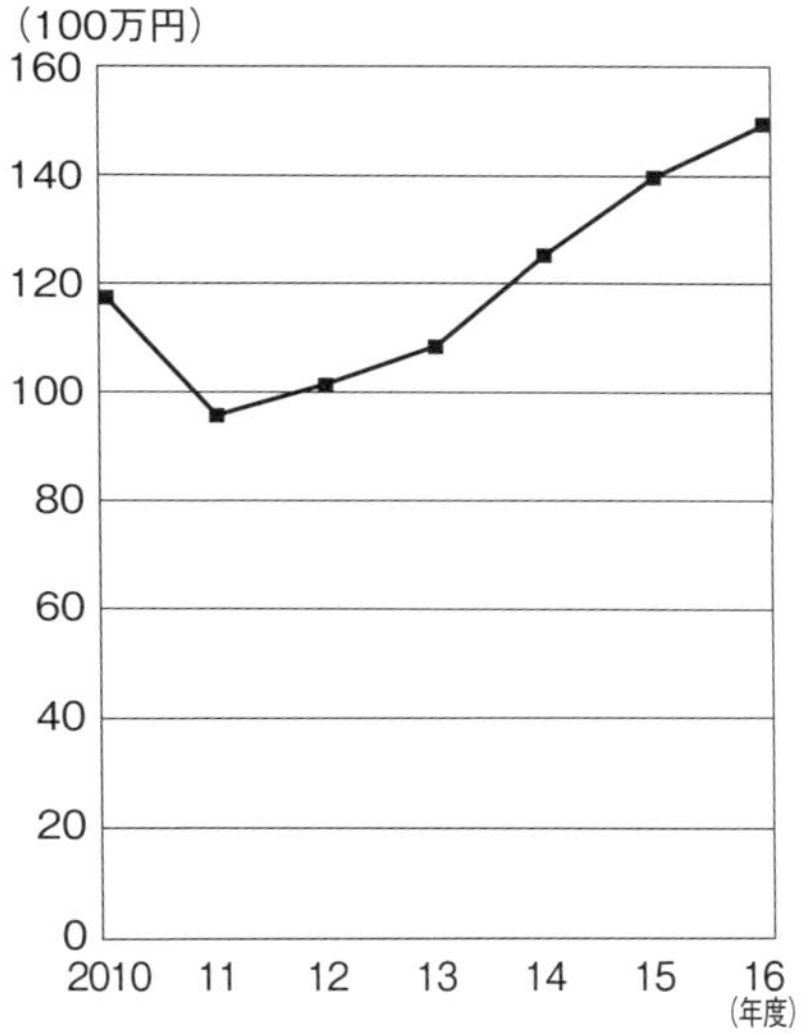

(出典)ゆうきの里東和の資料から筆者が作成。

図５―１　道の駅「ふくしま東和」における年間売上金額の推移

一　福島農業復興の実体

図５―１は東和地区にある道の駅「ふくしま東和」の売り上げ推移である。その年間売上金額は二〇一一年度を下限に、三年間でＶ字回復した。しかも、二〇一四年度は震災前年度の売り上げを越えて実績を伸ばしている。この回復の背景を明らかにすることが本章のねらいである。

農業復興は地域内消費から

ふくしま東和の売り上げの回復は、東和地区だけで偶然に達成されたものではない。二〇一五年六月二七日に開催された日本有機農業学会主催の公開フォーラムの基調報告で、小松知未氏（福島大学うつくしまふくしま未来支援センター）は「原発事故後の福島県農業の現状と課題」を詳細なデータとともに提示した。その要点は二点であった。第一は、福島県産農産物は徹底した放射能測定体制が構築されているということ。第二は、それに支えられて地域農業の復興が着実に進んでおり、それによって地域内流通・消費が回復していることである。

第一の放射能測定体制における米については、七一ページで吉川氏が述べているように、福島県では二〇一二年から全量全袋検査を続けており、二〇一五年度産以降は国の基準値一〇〇ベクレル/kgを超える放射性セシウムは検出されていない。二〇一七年度産米は検査した約一〇〇〇万点すべてが五〇ベクレル/kg以下である。野菜や果樹についても、各ＪＡや出荷業者など、さまざまな組織が自主検査をしてきた。

農業の再建に支えられて、県内の流通・消費も復興の一歩を踏み出した。小松氏のデータによると、農協直営農産物直売所の売上金額は二〇一一年度に落ち込むものの、その後はＶ字的に回復している。たとえば、福島市内を主な管轄とするＪＡ新ふくしまの売り上げは二〇一〇年度を一〇〇%とすると、一一年度には七七・七%に落ち込んだが、一三年度には九二%に回復した。地産地消が戻ってきたのである。

これは、福島住民の多くが県内産の農産物を正しく評価し、食べるようになったことを意味す

表５－１　福島県の規模別農家数の推移

（単位：戸）

区分		総農家	自給的農家	販売農家計	例外規定	0.3～0.5	0.5～1.0	1.0～2.0	2.0～3.0	3.0～5.0	5.0以上
実数	2010	96598	26078	70520	238	9994	21276	21965	8701	5357	2989
	2015	75338	23068	52270	285	7386	15275	15463	6554	4276	3031
構成比（%）	2010	100	27	73	0.2	10	22	22	9	5	3
	2015	100	30	69	0.3	10	20	20	8	5	4
増減率（%）	15/10	－22	－11	－25	19	－26	－28	－28	－24	－20	1

（出典）農業センサス。
（注）増減率は小数点以下切り捨て。

る。福島県農業の生産・流通・消費の県内回復傾向の基礎には、各地農村で繰り返し続けられた放射性物質測定と、そこから得られた福島県産農産物の安全性への自信の回復があった。福島農業の次の課題は全国流通の本格的再建である。

福島県の農業構造の特徴と推移

では、県内農業の復興を果たし、地産地消の回復にまで持ち込んだ福島県の農業構造は、どのようなものだろうか。「農業センサス」による二〇一〇年と一五年のデータから分かったことを端的に言えば、福島農業は原発災害によってもその構造は大きく崩れることはなかったということである。つまり、福島農業は原発事故に粘り強く耐えたのである。

福島県の総農家数は、二〇一〇年の九万六五九八戸から一五年の七万五三三八戸へ、二二%減少した（表５－１）。これを東北六県と比較してみると、東北六県平均の総農家数は二〇一〇年の四〇万六二六六戸から一五年

表５－２　福島県の年齢別基幹的農業従事者数の推移

（単位：人）

区分		基幹的農業従事者	15～19歳	20～29	30～39	40～49	50～59	60～69	70～79	80以上
実数	2010	81778	12	695	1470	3382	13311	24427	29592	8889
	2015	65076	30	529	1361	1954	6672	22304	22337	9889
構成比(%)	2010	100	0.01	0.8	2	4	16	30	36	11
	2015	100	0.05	0.8	2	3	10	34	34	15
増減率(%)	15/10	－20	150	－23	－7	－42	－49	－8	－24	11

（出典）農業センサス。
（注）増減率は小数点以下切り捨て。

の三三万三八四〇戸へ、一八％減少している。原発事故を経て福島県の総農家数の減少率は東北六県平均よりも若干高いものの、極端に崩れたとは言えない。

その福島農業の構造的特徴を挙げれば、小規模農業、自給的農業、高齢者農業の三点である。

表５―１の福島県の規模別農家数からは、福島県の販売農家の一般的規模は〇・五～一・〇ha層と一・〇～二・〇ha層にまたがっていることが示されている。二〇一五年の総農家に占めるそれぞれの構成比は、ともに二〇％である。東北六県平均の販売農家の一般的規模は一・〇～二・〇ha層で、次いで〇・五～一・〇ha層となっており、二〇一五年の総農家に占めるそれぞれの構成比は二八％と二五％なので、東北六県の中では福島県のこの規模層の比率は低い。

一方で福島県の値で目をひくのは、経営耕地面積が三〇a以下の自給的農家の割合である。福島県の二〇一五年の自給的農家数は二万三〇六八戸で、総農家に占める構成比は三〇％である。東北六県平均では二〇一五年の

表5－3　福島県の類型別農家数の推移

（単位：戸）

区分		総農家計	主業農家	準主業農家	副業的＋自給的	副業的農家	自給的農家
実数	2010	96598	12746	23617	60235	34157	26078
	2015	75338	9026	13628	52684	29616	23068
構成比（%）	2010	100	13	24	61	35	26
	2015	100	11	18	69	39	30
増減率（%）	15/10	－22	－29	－42	－12	－13	－11

（出典）農業センサス。
（注）増減率は小数点以下切り捨て。

自給的農家数は九万三七五二戸で、総農家に占める構成比は二八％であり、福島県の自給的農家の比率は高い。福島県では、こうした自給的農家層を基盤として、全体的に小規模な農業が営まれている。

表５－２の年齢別基幹的農業従事者数からは、福島県の二〇一五年の総基幹的農業従事者数が六万五〇七六人に対して、三〇歳未満が五五九人と、一％にも満たないのに対して、六〇歳以上の高齢者層が五万四五三〇人と圧倒的に多く、八三％を占めていることが示されている。**表５－３**の類型別農家数では、福島県の二〇一五年の副業的農家数が二万九六一六戸で、総農家に占める構成比は三九％である。副業的農家の比率も自給的農家とあわせて高いということが特徴である。副業的農家の定義は「一年間に六〇日以上自営農業に従事している六五歳未満の世帯員がいない農家」であり、副業的農家の中心的担い手は六五歳以上であるということも分かる。福島農業を担っているのは六五歳以上の高齢者層である。

本章のフィールドである東和地区でも、この三点の特

表5－4　東和地区の規模別農家数の推移

（単位：戸）

区分		総農家	自給的農家	販売農家計	例外規定	0.3～0.5	0.5～1.0	1.0～2.0	2.0～3.0	3.0～5.0	5以上
実数	2010	1171	411	760	4	203	353	139	38	18	5
	2015	950	435	515	2	154	222	97	24	14	2
構成比(%)	2010	100	35	65	0.3	17	30	12	3	1	0.4
	2015	100	46	54	0.3	16	23	10	2	1	0.2
増減率(%)	15/10	－19	6	－32	－50	－24	－37	－30	－36	－22	－60

（出典）農業センサス。

（注）増減率は小数点以下切り捨て。

表5－5　東和地区の年齢別基幹的農業従事者数の推移

（単位：人）

区分		基幹的農業従事者	15～19歳	20～29	30～39	40～49	50～59	60～69	70～79	80以上
実数	2010	860	0	5	12	25	105	265	347	101
	2015	593	0	2	8	17	42	197	242	85
構成比(%)	2010	100	0	0.6	1	3	12	31	40	11
	2015	100	0	0.3	1	3	7	33	41	14
増減率(%)	15/10	－31	0	－60	－33	－32	－60	－26	－30	－16

（出典）農業センサス。

（注）増減率は小数点以下切り捨て。

表5－6　東和地区の類型別農家数の推移

(単位：戸)

区分		総農家計	主業農家	準主業農家	副業的＋自給的	副業的農家	自給的農家
実数	2010	1171	77	269	825	414	411
	2015	950	57	161	732	297	435
構成比(%)	2010	100	6	22	70	35	35
	2015	100	6	16	76	31	45
増減率(%)	15/10	－19	－26	－40	－11	－28	6

(出典) 農業センサス。
(注) 増減率は小数点以下切り捨て。

徴が表れており、より鮮明である。表5－4の規模別農家数をみると、二〇一五年の総農家数は九五〇戸で、販売農家の一般的規模は〇・五～一・〇ha層で、次いで〇・三～〇・五ha層となっており、二〇一五年の総農家数に占めるそれぞれの構成比は二三％と一六％である。より小規模層に集中している。一方で、東和地区の二〇一五年の自給的農家数は四三五戸で、総農家に占める構成比は四五％ととても高い。表5－6の類型別農家数では、二〇一五年の副業的農家が二九七戸と経営農家のなかでは最も多く、総農家数に占める構成比が三一％であるが、それ以上に自給的農家の二〇一〇年から一五年の五年間での増加が目立つ。

表5－5の年齢別基幹的農業従事者数からは、東和地区の二〇一五年の総基幹的農業従事者数が五九三人に対して、三〇歳未満は二人で、一％にも満たないのに対して、六〇歳以上の高齢者層が五二四人で八八％を占めることが示されている。

二　道の駅「ふくしま東和」の七年間──復興先進の主体ゆうきの里東和

道の駅「ふくしま東和」(以下「道の駅」)を運営するのは、地元の地域組織「ゆうきの里東和ふるさとづくり協議会」である(一三ページ参照)。協議会は二〇〇五年の町村合併に際して、旧東和町の住民が協議を何度も重ねるなかで、それまで培われてきていた地域自治や地域農業をこれからも東和として守り育てたいという思いが結集していき、その母体組織として設立された。組織結成は、それまで地域にさまざまに展開していた既存組織がひとつとなり、循環型農業を推進していた「ゆうきの里東和」を発展改組する形で行われた。

地域組織が結集されたことによって東和が目指したい地域像はより明確になり、二〇〇九年には地域像を五年計画のプログラムにした「里山再生プロジェクト」が策定された。地域像の柱を地域コミュニティの再生・農地の再生・里山の再生の三点とし、二〇一一年までに表5－7のように東和独自の地域事業を展開してきていた。

こうした背景をもつ協議会が東和地区の原発災害復興プロジェクトの実行主体となった。野中氏の福島復興支援もこの協議会に呼応して始まった。

以下では道の駅の七年間を、運営母体である協議会(以下「ゆうきの里東和」)と野中研究チームとの連携に焦点を当てつつ紹介したい。取り組みはその社会的意味によって体制づくり、体制の展開、地域的展開の三期に分けた。

表５－７　NPO 法人ゆうきの里東和ふるさとづくり協議会の歩み

年	月	できごと
2000	7	東和町活性化センター「道草の駅あぶくま館」開所
	12	つどいあい（農産物展示販売運営会）発足
2003	7	関連会社（有）ファイン設立（げんき堆肥製造販売）
	8	「ゆうきの里東和」設立（地域資源循環センターを核とした循環型農業の推進）
2004	8	国交省が道の駅ふくしま東和を登録
2005	1	和食処「みちくさ亭」営業開始・道の駅下田（下田商友会）営業開始
	4	「ゆうきの里東和ふるさとづくり協議会」設立（つどいあい、有機農業生産団体、東和町特産振興会、東和町桑薬生産組合、とうわグリーン遊学などが中心となり、「ゆうきの里東和」を発展的に改組）
	10	ゆうきの里東和ふるさとづくり協議会 特定非営利活動法人認証
	12	新制二本松市誕生（旧二本松市、東和町、安達町、岩代町）
2006	7	道の駅ふくしま東和と東和活性化センターの指定管理受託
2007	6	地産地消スイーツの店ジェラート「ＮＡＴＵＲＥ」開店
	7	地域資源循環センター製造の堆肥「げんき１号」発売
	11	農業用水水源地域保全対策事業「あぶくまふるさとウォーク」開催
2008	3	福島県認証「福島ふるさと暮らし案内人」（定住・二地域居住の窓口サポート）
	9	二本松市東和グリーンツーリズム推進協議会設立
2009	3	安全・安心、地域活性事業「東和げんき野菜」報道発表
	4	里山再生プロジェクト５カ年計画開始
	5	「東和げんき野菜」生産畑地土壌検査および販売開始 第１回耕作放棄地発生防止・解消活動表彰「農村振興局長賞」受賞
	7	平成 21 年度過疎地域自立活性化優良事例表彰「総務大臣賞」受賞
	11	平成 21 年度耕作放棄地再生モデル事業
2010	7	新農業人育成事業
2011	4	二本松市新規就農者研修支援事業
	7	里山再生計画・災害復興プログラム始動

（出典）ゆうきの里東和ふるさとづくり協議会パンフレットより作成。

第一期　二〇一一年　混乱と混迷の中での復興体制づくり

①生産者会員は農業を続けた

四月一四日、原発災害の混乱の中で、ゆうきの里東和の生産者会議が開催された。このとき農家の状況は切迫していた。農家が最も心配していたのは、放射性物質に汚染されているかもしれない状況の中で農業を続けてもよいのか、住み続けていてもよいのかということだった。農家は春の仕付けの時期を迎えて、田畑を耕し、種を播く最中だったのである。放射能に関するさまざまな情報が飛び交うなかで、いつもどおりに種を播いた人もいれば播かなかった人もいたが、高齢者たちは自給畑を続けたケースが多かった。

②研究者との協同による放射能測定体制づくり

生産者会議で、リーダーは農家に営農継続を呼び掛けた。ゆうきの里東和はこのころから、放射能の自主測定体制づくりを模索していく。当時、個別に簡易的な線量計を購入して身のまわりを測定する動きが起きており、ゆうきの里東和でも数値を把握していたという。東和地区で農業を続けることは可能だという認識をもつ人たちはいたが、このとき必要とされたのは、その認識が会員たちみんなに形成されることであった。そのための体制づくりが模索されていく。

そのような最中、生産者会議の約三週間後の五月六〜七日に日本有機農業学会有志が視察に訪れ、意見交換の場で野中氏を中心とする協力チームを組むことが提起され、復興プロジェクトへと展開した。プロジェクトが先にあったわけではない。科学的知見を求めていた現場と、現状を知りたいと求めていた研究者が結びついたことが、このプロジェクトの第一の特徴であり、こうした地域復興への動きは県内でも先駆的だった。

③主体は農家

ゆうきの里東和と野中研究チームは相談を重ね、「ゆうきの里東和　里山再生・災害復興プログラム」を策定した。プログラムの概要は野中氏によって四〇ページ図2―2のように整理された。

このプログラムの特徴は、ゆうきの里東和が二〇〇九年から地域モデルとして取り組んでいた「里山再生プロジェクト」の延長として原発災害復興を位置づけ、里山・農地・家庭（暮らし）という三本柱が踏襲されたことである。以降、復興プログラム遂行の主体はゆうきの里東和の会員＝地元農家であり、研究者はそれをサポートするという位置づけが貫かれた。

④民間支援による体制強化

復興資金は野中氏の助言を受けて三井物産環境基金に申請し、助成を得ることができた。また、ゆうきの里東和では多くの民間支援にも助けられて、その年の夏にはガイガーカウンターやベクレルモニターを配備することができ、放射能測定体制を早急に整えることができた。

⑤放射能測定の成果

支援を受けたベクレルモニターは道の駅店舗内の給湯室を改装した測定室に設置された。七月からゆうきの里東和の職員が測定方法を教わり、八月から生産者会員の農産物を測定していった。生産者は農産物を直接持ち込み、測定した結果を直接知ることができた。二〇一一年度だけで、ゆうきの里東和が測定した農産物の点数は一五〇〇点を越える。そのうち、生鮮食品の放射能測定分布をまとめたものが表5―8である。二〇一二年三月三一日まで国が定めていた暫定規

表５−８　生鮮食品（イモ・マメ類を含む）の放射能測定値分布と約１年間の推移

	2011 年 7 月 29 日〜2011 年 12 月 6 日				
ベクレル／kg	検出限界以下	〜100	101〜500	501〜	計
点　数	129	491	30	0	650 点
割　合	20	75	5	0	100%

（注）使用機材は簡易測定器ベクレルモニター LB200。測定時間 30 分間、検出限界 10 ベクレル。値にはカリウムも含まれる。

	2011 年 12 月 7 日〜2012 年 3 月 31 日				
ベクレル／kg	検出限界以下	〜 100	101 〜 500	501 〜	計
点　数	47	44	1	0	92 点
割　合	51	48	1	0	100%

（注）使用機材は FNF−401 および AT1320A。測定時間 30 分、検出限界 10 ベクレル。

	2012 年 4 月 1 日〜 2012 年 8 月 26 日				
ベクレル／kg	検出限界以下	〜100	101〜500	501〜	計
点　数	360	51	0	0	411 点
割　合	88	12	0	0	100%

（注）使用機材は FNF−401 および AT1320A。測定時間 30 分、検出限界 10 ベクレル。

制値五〇〇ベクレル／kgを超えるものは検出されなかった。さらには、基準値が一〇〇ベクレル／kgに定められた四月一日以降は検出限界一〇ベクレル／kg以下が八八％と、放射性セシウム濃度は前年に比べて急速に下がっていったことが示されている。

⑥心の納得に向けた取り組み

このように早急な放射能測定体制がつくられ、営農継続はされたが、当時、原発事故や放射性物質をめぐる住民の認識は一般的にはまだ混乱の状況にあった。とくに衣食住をともにする家族間での苦悩は大きく、自家野菜を食べることへのためらいも広がっていた。こうした悩みをそれぞれが心にしまい込んでいた。

そのような状況を危惧したゆうきの里東和は、復興プログラムの柱として、放射能測定とともに心の復興を当初から置いた。具体的な取り組みとしては、七月と八月に座談会を開いた。座談会で参加者が自分たちの心を行きつ戻りつみんなで語るなかから、少しずつ心がほぐされていった。

第二期　二〇一二～一五年　懸命な復興努力

復興プログラムの初動一年に支えられ、道の駅では二〇一二年から懸命な経営再建が図られた。たとえば、道の駅を盛り上げるべく、秋の収穫祭をはじめ多くの企画が逐次開催された。これらは原発事故以前から取り組まれていた催しではあるが、原発事故が起きた二〇一一年にも三月以外は継続された。

道の駅はまた、商品の柱ともなってきた、地域特産の桑の葉の加工事業を再建した。原料となる桑は放射性セシウムの値が高く、一〇〇ベクレル／kgを越えるものも当初はあった。野中研究チームはこの事態を重く受け止め、その原因の解明に力を尽くした。ゆうきの里東和と野中研究チームの試行錯誤の結果、二〇一二年から徐々に桑の改植へと踏み切り、二〇一三年と一四年で一万四六〇〇本を新たに植えた。

こうした努力によって、道の駅の売り上げは一〇五ページにも示したように、震災前よりも伸ばすことになったのである。

この間、野中研究チームは現地の農家のための調査研究姿勢を徹底して貫き、そのための現地報告会にはとくに力を入れた。

第三期　二〇一六年〜　新しい前進へ

そしていま、道の駅は新たな前進の時を迎えている。たとえば、ゆうきの里東和の主力事業である桑事業が展開したことが挙げられる。それまで県外に委託していた桑の葉パウダーの加工を二〇一七年からすべて東和地区内の施設で、東和地区の住民を主に雇用し、完全自前で行うようにした。

ゆうきの里東和が以前から熱心に取り組んできた新規就農者や移住者支援も展開した。現在東和地区には約三〇人が移住しており、二〇一一年にも七人が移住した。その多くが農ある暮らしをしている。

また、農家民宿組合の設立とグリーンツーリズムも展開した。二〇一二年の農家民宿組合の設立とともに登録農家が増え、一八年度までに二二軒の農家民宿が開業した。原発事故後、東和地区には野中研究チームを中心に、多くの研究者が滞在するようになった。農家民宿はそのような人たちを受け入れ、研究だけではない人としての信頼関係を築く場として機能した。農家民宿組合の設立によって地区内の農家民宿が組織化され、地域として運営する体制が整えられた。

これらはどれも二〇〇九年に策定した「里山再生プロジェクト」の基本課題だった。それらは原発災害で挫折してしまっていたが、復興プログラムを地域ビジョンとしての「里山再生プロジェクト」の延長に位置づけたことで、ゆうきの里東和は放射能測定組織にとどまることなく、地域づくりの重要拠点として、放射性物質に負けずに地域の夢を実現させた。

表５－９　調査集落の立地と家族構成別および農業形態別戸数

集落名	N 集落	S 集落	Z 集落
地　区	東和地区（山間部）	東和地区（街道筋）	旧二本松市
地　形	急傾斜	緩傾斜	平場
戸　数	20	25	20
主な家族構成別戸数	多世代同居 13 二人暮らし 4 一人暮らし 3	多世代同居 20 二人暮らし 1 一人暮らし 4	多世代同居 15 一人および二人暮らし 5
農業形態別戸数	専業農家 1 兼業農家 17 非農家 2	専業農家 1 兼業農家 21 非農家 3	専業農家 1 兼業農家 12 非農家 7

三　農山村集落にとっての原発災害

以下では、東和地区のより具体的な社会的状況を追いたい。まず、集落構造について検証する。ここで取り上げるのは、東和地区で調査を実施した二集落（N集落、S集落）がメインであるが、比較のために二本松市の別地区で調査を実施した一集落（Z集落）も含む。三集落の概要は表５－９のとおりである。なお、調査方法は、各集落でのヒアリングに基づいている。

東和地区の急傾斜地帯に位置するN集落

地域全体が山間立地条件にある東和地区であるが、その典型とも言える急傾斜地帯に位置するのがN集落である。N集落二〇戸の概要をまとめたものが表５－10である。

①農業経営

自給的農業も含めて、まったく農業を行っていない家が二戸あるが、それ以外の一八戸は農地の耕作を続けている農村地帯である。

農業経営概況と家族構成

家族構成	備考
本人、妻、子、子の妻、孫二人	土建業勤務
本人(男性)	大工業
本人、妻、子、子の妻、孫二人	農地所有なし
本人(女性)	子は市外で世帯持ち
本人、妻、父、母、子一人	会社勤務
本人、妻	大工業、子は市外で世帯持ち
本人、妻	兼業、子は市外で世帯持ち
本人、妻	建築業
本人、妻、母、子一人	専業農家(農産加工)
本人(男性)、父、姉	会社勤務
本人(男性)	会社勤務
本人、妻、母、子一人	会社勤務
本人、妻、子、孫一人	兼業
本人(女性)、子一人	子が土建業勤務
本人、妻、父、母、子二人	会社勤務、父・母が農業従事
本人、妻、子一人	会社勤務
本人、妻、母、子、孫一人	土建業勤務
本人、妻、子、子の夫、孫二人	兼業
本人、妻、父、母	会社勤務
本人、妻、子、子の妻、孫三人	兼業

畑を耕作している一八戸のうち、五戸は販売作物を栽培しているが、一三戸は自給用作物のみで、農業のあり方は自給的農業が主となっている。

水田では一三戸が稲作を続けており、耕作面積は三〇a以下が七戸、四〇a〜一haが四戸、一・五ha以上が二戸であり、この集落の平均耕地面積は三〇aと小規模であることが分かる。一方で、稲作を続けることが難しくなった家の水田が農家9に集積してきているために、この集落では圧倒的な規模の三haとなっているようだ。

②家族構成

多世代同居が主で一三戸、二

表５－10　東和地区Ｎ集落の

	世帯主の年齢	現在の農業経営	2012年度の作付制限指示時に稲作を一時中断
1	60～69	水田 80a／自給畑自作	
2	60～69	水田貸／畑貸	
3	60～69	自給畑小作	
4	70～79	水田貸／畑貸	
5	60～69	水田貸／自給畑自作	
6	70～79	水田 30a／自給畑自作	
7	80～89	水田 20a／畑（大豆）・自給畑自作	○
8	50～59	自給畑自作	
9	50～59	水田 3ha ／畑（大豆・野菜）1.5ha	
10	50～59	水田貸／自給畑自作	○
11	60～69	水田貸／自給畑自作	
12	60～69	水田 30a／自給畑自作	○
13	70～79	水田 30a／自給畑自作	○
14	70～79	水田 90a／自給畑自作	○
15	50～59	水田 40a／畑（ネギ・エゴマ）・自給畑自作	
16	60～69	水田 40a／畑（大豆）・自給畑自作	
17	60～69	水田 1.5ha／畑（花・大豆）・自給畑自作	
18	70～79	水田 30a／自給畑自作	○
19	50～59	水田 20a／自給畑自作	
20	60～69	水田 30a／和牛４頭、自給畑自作	

人暮らしが四戸、一人暮らしが三戸である。

世帯主の年齢は五〇代五人、六〇代九人、七〇代五人、八〇代一人であるが、五〇代の世帯五戸のうち四戸は親世代が同居しており、家族構成は比較的高齢化の傾向にある。種播きや草刈りなど農地の日常的管理は、親世代の働きが大きい。

③稲作の再開

野中氏はこの集落の農家の信頼を得て、二〇一一年八月から実証試験を始めた。その直後に、この集落にそう遠くない二本松市小浜地区の予備検査で五〇〇ベクレル／kgの放射性セシウムを含む玄米が見つかった。

翌年は、この集落の三割となる六戸が稲作を見合わせた。しかし、六戸のうち五戸は後に稲作を再開した。原発災害に負けることなく、農業がしっかりと継続されている。

④農家事例

農家9の菅野正寿氏(一九五八年生まれ)は集落で唯一の専業農家である。菅野家では原発事故当時、夫婦と七〇代の両親夫婦、そして原発事故の前年に大学を卒業して自家の有機農業に取り組む長女の五人暮らしだった。

長女は原発事故を受け、東京の友人の伝手を頼って一時避難をしたが、一週間ほどで家に戻った。長女は考え抜いた結果自家農業に取り組むことが大事だと考え、二〇一三年には「きぼうのたねカンパニー株式会社」を設立して、ブログやイベントを通じてつながった福島県内外の援農者の受け入れもしている。

また、菅野氏は集落みんなで農業を続けることが大事だと考え、集落営農に力を入れる。菅野家の家族ぐるみでのこうした取り組みは、集落の農地を守り、若者から高齢者まで、集落農家みんなが前向きに農業を続けていく道をつくりだしてきている。

東和地区の緩傾斜地に位置するS集落

①農業経営

東和地区の中では比較的傾斜が緩やかで、幹線道路沿いに位置するS集落は、道の駅にもほど近い。かつては相馬街道の重要な宿場町として栄えた。集落戸数は二五戸である。

形態別農家数は、専業農家一戸、兼業農家二一戸、非農家三戸である。約四〇年前から菌床なめこの産地として取り組んできた。最盛期には五戸の農家が取り組み、現在は三戸が続けている。

②家族構成

三世代・四世代同居が主で二〇戸、二人暮らしが一戸、一人暮らしが四戸と、N集落に比べて多世代同居が多い。

③農家事例

農業を営む武藤長衛氏（一九六一年生まれ）をとおして、集落の農家像の一端を明らかにしたい。自家農業は水田三〇a、畑二〇～三〇aで、経営の中心は施設内での菌床なめこである。米は少量を出荷するが、ほとんどは自家米である。畑は主に自給野菜を栽培し、夏野菜などを道の駅に少量出荷するときもある。畑の日常的管理は両親夫婦が行う。

武藤家の原発事故当時の家族構成は、夫婦と七〇代の両親夫婦、次男と三男の六人であった。三男は東京での就職が決まっており、四月に家をでた。次男は会社に勤務しており、原発事故後しばらく旧安達町のアパートで生活してきた。

武藤氏は自家農業を経営しながら、道の駅の店長も務めてきた。この七年間は原発災害対応と子育て期が重なり、負担は大きかったという。それでも、武藤氏自身は農業をやめようと考えたことはなかった。七年が経ったいま、次男が結婚し家を継ぐ予定である。S集落では、武藤家のように一時的に家を出た若い世代が数戸あったが、後に戻ってきており、それが農業を続ける家族にとっての心の安心と家の安定につながっているとも考えられる。

二本松市の平場地帯に位置するZ集落

東和地区から二本松市街方面に山を下ると、阿武隈川の両側に比較的平坦な農地の広がるZ集落がある。集落戸数は二〇戸である。Z集落をさらに阿武隈川へ向かえば旧二本松市街地に入る。

①農業経営

七〇歳以下の中核的農業者がいる家は五戸で、稲作のみを何とか続けている状況のようである。原発災害以前は稲作を行う農家が厚い層として残っていたが、現在はこの五戸に減少した。原発事故直後は、高齢者層には稲作を続けたいと思う人たちはいた。しかし、若夫婦が放射性物質の影響を心配したために諦めた人たちがかなりいたようである。

荒れてしまった畑も多い中で、いまも耕しているのはみな平均年齢八〇歳を超える高齢者で、自給的に野菜を栽培している。ただ、若い世代はその自給野菜を食べることを倦厭する傾向も少し強いようであった。

②家族構成

多世代同居が多く、若い世代が会社勤務で家計を支えている世帯が多い。二〇戸のうち、多世代同居が一五戸ある。福島市と郡山市のほぼ中間に位置し、交通や生活の便も良いことから、若い世代が家に残るのであろう。

③農家事例

唯一の専業農家である斉藤登氏（一九五九年生まれ）の家族は両親と妻、娘である。両親は主に自給畑を管理し、農場経営は斉藤氏がほぼひとりで従事し、社員三人とパート二人を雇用している。水田を六ha耕作し、畑は夏に路地できゅうりを七〇a栽培している。農産物の販売は首都圏への産直が中心である。

自家農場とは別に、原発事故後福島県内の五〇戸以上の農家らとネットワークを組み、産直販売やインターネット販売の組織「がんばろう福島 農業者等の会」を立ち上げ、代表を務めている。風評被害に悩む福島農業にあって、斉藤氏は首都圏の流通に切り込んできた。そこで開拓したのは、「顔の見える関係」から築く消費者市場であった。現在は福島支援でつながった首都圏の直営店と直売市場、そして宅配によるセット農産物の一般消費者三〇〇人、企業のCSR（社会的責任）として農産物を購入する社員消費者一〇〇〇人の市場をもつ。

二〇一七年からは、集落の高齢者が栽培した野菜を全量買い取り、首都圏の消費者に売る取り組みも始めた。すると、高齢者が毎朝野菜を持ち込むようになった。現在二三人が登録しているという。高齢者が栽培した野菜は味が良く、評価も高い。

東和地区三集落と二本松市平場集落の比較

この項の最後に、以上三集落を、原発災害の影響と対応という視点から比較してみたい。原発事故における大きな社会現象のひとつに、若夫婦やその子どもたちの他地域への避難があった。この三集落においても、それは一般的な対応であった。だが、東和地区とZ集落とで様子が少し異なっているようにみえるのは、その後避難した人たちが戻ってきたかどうかという点である。

東和地区ではN集落・S集落ともに、避難は一時的な危機回避として行われ、その後集落に戻ってきた人たちがほとんどだった。しかし、同じ二本松市内でも、Z集落ではいまだ戻ってこない人たちがいるという。

また、Z集落では集落農業の衰退が顕著である。一方、東和地区の二集落では大きな崩れは認められない。ただし、どの地域でも高齢者の自給的農業はしっかりと続いているようだ。

一般的に見れば、Z集落は東和地区よりまとまった農地が得られ、市街地が近く、販売条件にも恵まれている。これまでの農業政策の認識では、Z集落のほうが東和地区よりも農業経営有利地とされてきた。ところが、Z集落では原発災害を経て農業をやめる人が多く、地域農業が力を落としている状況である。

それに対して、東和地区では一時的に耕作をやめた農家があってもなお、再開し、農業構造は原発災害以前に戻っている。

四　東和に生きる人びとの群像

ここでは、東和地区で七年を生きてきた人びとに焦点をあてる。表5－11は個別事例対象者の一覧である。

在村農家として生きる——東和の未来は我が子の未来

女性Aさんは、針道集落で、夫と、夫の両親と叔母と息子二人の七人で暮らし、主業農家を営

表５－11　ヒアリング対象者の一覧

対象者	性　別	生　年	出身地	主な仕事
A	女性	1974	福島県外	農業
B	女性	1969	福島市	飲食店勤務
C	女性	1939	東和地区	農業
D	男性	1950	東和地区	農業
E	女性	1960	二本松市	ワイナリー事務社員
F	男性	1971	福島県外	農業
G	男性	1973	福島県外	農業・農家民宿

む。二〇一七年の農業経営は、ハウス四〇ａできゅうりと春菊を栽培し、露地四〇ａで主に義父の担当で菊を栽培する。原発事故前は義父が春先の野菜苗作りもしていたが、放射性物質に汚染されてしまった山から腐植土を取ることができなくなり、諦めた。水田は原発災害前に四〇ａほど耕作していたが、コストがかかることと、ハウス野菜に労力がかかることとの理由で、震災後は委託に切り替えた。冬の収入源として夫がスキー場で働く。

Ａさんは原発事故後、県外に住む親戚にアドバイスされて、夫と当時一歳に満たない子どもとともに実家（近畿）へ避難した。避難は夫とふたりで決め、夫の両親も賛成し、その日に出発した。

夫は三～四日で自宅へ戻ったが、Ａさんと子どもは約一年間を実家で過ごした。帰宅は実父が勧め、Ａさん自身も、東和地区に戻ってみれば、家族がそろったという安心を感じられたという。ただ、実家では気にすることのなかった被曝の心配を東和地区では突き付けられた。子どもが飲む水は購入し、子どもやＡさんが食べる食材はしばらく県外産を買っていた。

しかし、道の駅で自家野菜を何度か測定すると、放射性セシウムの値はごく低く、これであれば食べても大丈夫だという安心が得られ、Ａさんも家族も、ほどなくして自家野菜を食べるようになった。いまは、自分の家で育てた野菜が一番おいしいと感じる。

Aさんは二〇一七年から地域の子育て世代の仲間とともに、放射能勉強会を二カ月に一回のペースで、継続して行っている。親が未来を担う子どもたちと一緒に放射能問題や地域の問題を考えていくべきだと、Aさんご夫婦は感じている。

農村に支えられて　農村の暮らしが大好きになったお嫁さん

女性Bさんは、太田集落で夫と義母の三人で暮らしている。福島市で育ったBさんは結婚してしばらくは福島市に住んでいたが、一九九九年に夫の祖父母の看病のため、東和地区の夫の実家に帰ってきた。

当初約一年は看病に専念していたが、近所の方の強い薦めで一年間の臨時職員として旧東和町役場で働いたことがきっかけで、さまざまな活動に声をかけられるようになった。なかでも大きかったのが、「東和海外研修友の会」でアメリカからの研修者を自宅に受け入れ、また自らも「県民のつばさ」事業でドイツを訪ねたことである。研修で環境問題に関心を持ち、東和に戻ってからは渡独の経験を活かして、さまざまな地域活動に参加していった。ゆうきの里東和設立からのメンバーとしても活躍した。

一方で、Bさんは里山の豊かな暮らしに関心を深めていく。そして、親戚を中心に周りの人たちに教えてもらいながら、夫とともに自給的農業を営んでいる。Bさんは小さいころから偏食で、福島市に住んでいたころは季節が違っても冬にきゅうりやトマトを買うことは普通だったが、東和地区に来てからは原発事故前は自家野菜を何でも食べるようになり、旬の野菜が一番おいしいと思うようになった。

ところが、原発事故直後の一時期は、スーパーで頻繁に野菜を購入した。自家農業は、管理を手伝ってくれていた親戚が「作る」と言ったので中断するということはなかった。だが、野菜の産地を神経質に確かめて買った時期もあった。

畑の耕作はやめなかったBさんは、その後道の駅で測定をし、安全を確かめながら自家野菜を食べるようになると、不安は解消されていった。現在は、農業や里山とともにある暮らしにますます魅力を感じている。そうした暮らしを築くにあたって、Bさんが故義祖父母や地域の高齢者から教わった経験は大きいという。

高齢女性と農業

N集落に住む高齢女性Cさんは、十数年前に夫を亡くした。子どもは五人いるが、みな独立している。息子と同居はしているが、実質的にはひとりで家を守り、現在は水田九〇ａと、畑で自給用野菜を作り続けている。原発事故が起きたときも、放射能の心配はあったが、いつもどおりに田畑をつくり続けた。

農産物への放射性物質の影響を本格的に心配するようになったのは、野菜が育ち、収穫を迎えた夏のころだった。Cさんも、たとえ自分が作った野菜であっても放射能が気になり、食べることをためらった。だが、道の駅で測定してもらえることが分かると一kg分を刻んで持ち込み、放射性セシウムの値が低いことが分かると安心できた。ただ、東京に住む娘家族に定期的に送っていた農産物は遠慮して止めてしまった。

Cさんの農業は、野菜がたくさんできてもほとんどが自家用やお裾分けに消費され、むしろ稲作作業の委託費や資材費がかさみ、収入があるわけではない。それでも野菜や稲に手をかけ、育つ姿を見ることが何よりも楽しみだという。だから、野菜作りをやめようと考えたことはない。

Cさんは農業とともに山菜採りも生きがいだった。しかし、放射性セシウムが検出される山菜を食べることができないのは残念だという。Cさんにとっては農業や山菜採りは暮らしそのものである。

地域産業づくりを目指す「ふくしま農家の夢ワイン」の挑戦

東和地区ではいま、原発災害からの立ち直りからさらに豊かな展開が広がっている。なかでも大きな取り組みに、「ふくしま農家の夢ワイン株式会社」(以下「ワイナリー」)がある。

ワイナリーは震災前の二〇一〇年に男性D氏(現社長)が声をあげ、共鳴した仲間八人でスタートした。一一月にブドウの苗木を注文し、翌春にいよいよ定植という段階で、原発事故に見舞われた。それでも苗木を定植し、二〇一二年に「東和ワイン特区」として構造改革特別区域の認定を受け、同年九月に会社を設立した。八人の農家が出資し、役員になった。

ワイナリー構想は資金や設備が最初から用意されていたわけではなく、すべてを一からつくりあげていく取り組みだった。ブドウの苗は役員のひとりが果樹農家の伝手で調達し、製造所は木幡集落に暮らす友人に相談して仲間に加わってもらうとともに、彼が所有する稚蚕共同飼育所を借りた。しばらく使用していなかった建物の修繕は床や壁などを自力施工し、敷地内の竹藪を農地に整備した。

酒類製造免許が交付されたのは二〇一三年である。そのころ、役員のひとりの果樹農家のリンゴが風評被害で販売できず、約四〇トンを廃棄処分しなければならない状況に追い込まれていた。役員たちはそのリンゴをどうにか活かしたいと思案し、シードル（リンゴ酒）を仕込むことにした。シードルの箱やラベルのデザインは東和地区の若い新規就農者が手がけ、地域の伝統的な祭りにヒントを得るなどして、こだわりがある。

二〇一一年に植えたブドウもまた、一三年秋から収穫が始まった。この年の五月に二本松市内在住の女性Eさんを専従の事務員としてむかえ、八月には若い農家後継者を醸造担当として雇用した。最初の三年間は、復興支援関連事業の資金を雇用の財源に充てた。ブドウ生産量がまだ少なかったこの時期には支えとなった。四年目の二〇一六年からはワイナリー独自で雇用している。醸造を一手に引き受ける若手職員は以前に県内の酒蔵で杜氏の仕事の経験をもつが、ワイン造りの経験はなかった。それでも、五年間でワイン造りの知識や技術を独自にみがいて腕をあげ、ワイン醸造の柱となっている。

女性事務員Eさんは東和地区の友人から誘われて、旧市内の働いていた会社を辞めてワイナリーに就職した。旧市内からワイナリーに通い、事務仕事だけでなく、ワインを販売する道の駅や農家民宿との連携、イベントの企画も行って、ワイナリーを盛り上げる。Eさんはワイナリーで働きだしてから東和地区の人と農業に関心を持つようになり、東和地区の仲間と一緒に地域史の聞き取りなどもしている。

ワイナリーでは二〇一四年にオリジナルワイン「一恵」を出して以来、生産者のブドウごとにオリジナルワイン＝マイボトルを製品化し、家族にちなんだ名前が商品名となっている。役員が互いにブドウ作りの技術と一番おいしいワインを競い合う。ワイン製造量は現在までに、受託分を除いた自家ワインのみで、二〇一三年の一二五ℓから一六年の三九三二ℓへと大幅に増えた。

ブドウの栽培農家は二四戸である。かつて桑畑だった耕作放棄地約三haに六〇〇〇本のブドウ（主にヤマソーヴィニオン種）が植栽され、二〇一七年にはワイナリーの敷地一・五ha内にも六〇〇〇本（六品種を一〇〇〇本ずつ）が植栽された。D氏たちのワイン造りの夢はかつての桑畑をブドウ畑に再生させ、地域農業の展開へとつながった。二〇一七年に植えたブドウは一九年秋に収穫が可能となり、ワイン製造はさらに展開していく見通しである。

ワイナリーの次の目標は、地域雇用の創出、若い人材の育成、そして地域の活性化、さらに次の世代へのバトンタッチへと広がりつつある。

新規就農者と地元農家の協力によるさまざまな地域組織の展開

ワイナリー役員の中では唯一の四〇代と若い男性F氏は、地元の先輩農家のワイナリーへの夢を政策力で支えた。D氏からワイナリー構想がだされると、F氏はそれを文章に起こし、行政や他組織にプレゼンをして、実現に向けて働きかけた。自家農業の傍ら、膨大な申請書や書類を作成し、事業の採択に至る。こうした努力が、ワイナリーを軌道に乗せるまでの設備投資や、職員や事務員の雇用といった会社経営組織の土台づくりに大きく貢献した。

Ｆ氏は東京都出身で、農水省在職中に人事交流で旧東和町役場に二年間勤務し、東和地区の農家に魅かれて、農水省の同僚だった妻とともに退職し、二〇〇六年に移住して、新規就農した。自家農園では二〇〇八年に野菜で有機ＪＡＳ認証を取得し、一一年には発泡酒の製造免許を取得して自家製ビールも製造する。発泡酒の製造免許取得の経験は、ワイナリーへと活かされた。

野菜の有機ＪＡＳ認証の実績は、その後二〇一〇年に地域の若手農業者や新規就農の農家とともに「オーガニックふくしま安達」を組織し、出荷体制づくりへと進んだ。原発災害ではそれまでの取引先が離れていくという窮地に立たされたが、福島市を中心とする大手スーパーいちいの物流を一手に引き受ける流通会社の若手社長にかけあい、その縁からスーパーとの有機野菜の取り引きが決まった。

また、Ｆ氏が事務局となって、二〇一三年春に「あぶくま農と暮らし塾」(塾長：中島紀一氏)が開講した。塾は農学コース、コミュニケーションコース、地域文化コースという柱を立てる。農学コースでは若い新規就農者らが中心に集まり、中島氏や野中氏、さらに縁のある研究者を呼んで連続講座を開催し農学を学び、地域の篤農家の圃場に出向いて栽培技術を学んできた。コミュニケーションコースや地域文化コースには女性が中心に集まり、東和地区の食や文化について地域の年輩者から継承を試みてきた。

こうした塾の活動は、東和地区で個別に展開していた人たちの関心を巻き込んで、仲間づくりの場に一石を投じた。塾は定置の施設を持たないが、F氏のつながりでワイナリーの製造所に事務局を置き、活動の場をつくりだした。

その仲間づくりがきっかけとなり、塾生が中心となって公民館事業「とうわ地元学」を創ろうと、地元の麹屋での味噌の仕込み、木幡集落にある隠津島神社の社務所で昭和時代の「祝言」や「祝言料理」を再現して着物姿を楽しむなど、個性豊かな取り組みが行われてきた。

東和の群像にみる地域復興の特質

以上、原発災害後の東和地区での七年の復興過程を、個別事例から追った。東和地区のこの七年間は必ずしも順風満帆な復興一直線の過程としてあったのではなく、原発災害で受けた農業経営や心の被害は大きかった。しかし、ここで紹介した人びとは苦悩しつつも前向きに歩んできた。また、東和地区では一人ひとりの暮らしや農業の復興過程が地域の復興にもしっかりとつながっている点は重要である。この項の最後では、そうした人びとの復興＝地域の復興の特質について考察したい。

①家族の再建

まず、復興は家族再建の過程だった。東和地区では原発事故当初地域外に避難した若い人たちはその後比較的早い時期に戻り、家族一緒に暮らしている。また、食事については自給野菜を道の駅で測定して安全を確かめたうえで家族みんなが食べるというあり方がしっかりと根付いた。それは家族の良好な関係を保つことにもつながっていると考えられる。

②地域の夢の育成

ゆうきの里東和をはじめ、ワイナリーや農家民宿、オーガニックふくしま安達、あぶくま農と暮らし塾など、原発災害を経てなお人びとは地域での夢を捨てず、協働で育て続けてきた。それぞれの組織内での人びとの協働はもちろん、組織間での協働も展開し、ダイナミックな東和地域像をつくりだしている。

③地域内経済の確立

こうした取り組みは地域経済にも寄与している。若者の人材育成と結びついた雇用が創出され、ワイン、桑茶、菌床なめこなどの多様な地域特産物が道の駅や農家民宿に流通する。自給野菜が道の駅に並ぶ。つまり、地域内経済が機能しているのである。

④在村者の気質

原発災害にも負けずに地域の夢を実現してきた背景には、東和地区で戦後から一九八〇年代半ばごろまで熱心に続けられた青年団活動や、社会教育活動があった。青年団活動とは、地域の主に学校卒業後から結婚するまでの長男長女が中心となって集まり、地域農業、地域問題、レクリエーションなど、跡取りとして前向きに地域で生きていくための展望を見つける取り組みである。青年団を通じて、同年代が語り合うという気質が在村者にはつくられてきた。

青年団という場がなくなってからも農家の跡取り層は農業や社会活動の幅を広げ、仲間づくりを再組織してきていた。それらさまざまな場面での仲間づくりが町村合併を契機に再結集し、ゆうきの里東和という協議会設立の気運と力となった。そのゆうきの里東和が原発事故に立ち向かい、東和地区の農家はゆうきの里東和に支えられて農業を継続し、地域農業の復興を実現した。

⑤在村者に魅かれて定着した人びと

東和地区に外から入って定着する人たちの多くは、東和地区の人たちの魅力として、人を放っておかない、お世話をしてくれる人間関係の温かさを挙げる。

二〇〇七年に移住し、農業を営んでいるG氏もその一人である。G氏は沖縄の高校を卒業後、単身で関西へ、そして関東へと移り住みながら、さまざまな仕事に就いてきた。都市生活で無理を重ねて身体を壊してしまい、自然が豊かで食べ物に困らない自給的な暮らしがしたいと思うようになり、東和地区に移住してきた。

移住して四年後に起きた原発事故時には、ここで離れたらせっかく暮らしを築いてきたこの家と農地に二度と戻ってくることはできないと考え、避難を思いとどまった。そんなG氏を、集落や同世代の仲間が支えた。二〇一三年に周りの強い薦めをうけて、農業を続けながら農家民宿を開業した。民宿の食事はG氏自らが地元の食材を使って用意するが、近隣農家が一品提供してくれることもある。G氏を心配して誰かしらが家を訪ね、声をかける。

東和地区では在村者が外からきた人たちを地域の仲間として迎え入れ、ともに活動をしようという気質がある。そうした気質のなかで新しく地域に入った人たちの暮らしが開かれ、新しい風を吹き入れもして、それがゆうきの里東和や原発事故後に生まれた多様な取り組みの展開へとつながっている。

五　東和地区の復興の位置と意味

以上に見たように、東和地区では原発事故後の七年間で農業と暮らしの復興はかなり早い速度で達成されている。しかし、冒頭にも示したように、福島県内ではいまだ原発災害以前の姿に戻ることすらできない地域があることもまた事実である。

福島大学うつくしまふくしま未来支援センターでは、二〇一八年一月に「第二回双葉郡住民実態調査　調査報告書」を発行した。これは原発事故時の双葉郡八町村に居住していた方を対象にしたアンケートのまとめである。このなかで、「将来の自分の仕事や生活への希望」についての回答結果を見ると、「大いに希望がある」「希望がある」の選択は一六・一％にとどまったのに対して、「あまり希望がない」「まったく希望がない」の選択は五〇・四％にも及んだ。

本章の最後に、そうした地域の中から、野中研究チームも現地に入って調査を進めた南相馬市小高区について紹介したい。

福島第一原発から半径二〇㎞圏内にあった小高地区は原発事故直後に警戒区域に指定され、住民ですらも立ち入りが禁止される状況が一年間続いた。その後、二〇一二年四月から一六年七月までは、日中の滞在は可能だが宿泊は禁止の避難指示解除準備区域となる。七月一二日に区域指定が解除されたが、そのとき帰還した住民は一〇％にも満たなかった。農業については、二〇一六年まで試験栽培以外の営農は認められていなかった。

そうした状況のもとで、小高区で独自に農業を続けてきたのが根本洸一氏（一九三七年生まれ）である。根本氏は原発事故前は水田四・五ha（有機米一・六ha、特別栽培米一・二ha、有機大豆一・六ha、有機そば〇・五ha）と畑二haを経営し、福島県有機農業ネットワークの初代代表を務めた地域の有機農業リーダーである。

原発事故直後は、一時帰宅の機会のたびに、農業機械のオイル交換やエンジン点検を欠かさず、いつでも使えるように準備してきた。同時に、野菜や大豆の種を持ち出し、大事に守り続けた。また、米一五〇袋、有機大豆二五袋をすべて自分で引き上げ、自家食料として大事に食べてきた。二〇一二年に日中のみの自家滞在が許されてからは、当時住んでいた相馬市の避難先から片道一時間ほどかけて車を運転し、小高区にほぼ毎日通い、稲作と自給畑の耕作を続けた。

水田の作付面積は二〇一三年に一三a、一四年に四九a、一五年に六四a、一七年に一haと徐々に増やした。原発災害前に比べれば小規模だが、続けることに意味があった。根本氏は、原発災害をいまだけの問題としてではなく、先祖代々続いてきた農家にとっての危機だと捉える。これまでにも自分の先祖は深刻な危機に耐え、この地で生き、田畑を耕し続けてきた、それを自分の代で終わらせてはならないと考える。そんな根本氏に共鳴して県内外から多くの支援者が稲作再建を応援し、田植えや稲刈りに駆け付けた。

畑については、暮らしは自給であるという思いから、それを取り戻そうと、多品目の野菜を作付けた。畑には手伝いを希望する多くの支援者が訪れ、収穫物はみんなにお裾分けされた。

米や野菜はすべて自前で放射能測定をしてきた。玄米の放射性セシウム濃度は二〇一二年でも上限二〇ベクレル／kgで国の基準値を大きく下回った。南相馬市の複数の集落で一〇〇ベクレル／kgを超える値がでた二〇一三年（原因は原発事故現場からの新たなフォールアウトが疑われている）こそ上限一八〇ベクレル／kgだったが、一四年は上限一八ベクレル／kg、一五年と一六年はND（検出限界二五ベクレル／kg）と、深刻な汚染は認められない。

こうして営農を継続してきた根本氏の努力は、確実に自己経営の展開に結びついている。二〇一六年からは郡山市で地元産有機栽培の酒米を仕込む酒蔵「仁井田本家」に共鳴し、酒米「雄町」の契約栽培に挑戦している。二〇一七年には米の有機ＪＡＳ認証を再取得した。

こうした根本氏の努力が続けられてきた一方で、小高区の地域農業再建は厳しい。二〇一七年一月に実施した相双農林事務所農業振興普及部への聞き取りでは、農業再開率は一〇％だった。根本氏の取り組みが集落に広がることはなかなか難しい。

小高区での七年間を振り返ると、五年半に及んだ区域指定によって暮らしと農業が空白となってしまった影響は、以下の点で大きい。

①家族がばらばらに暮らし、地域住民も福島県内外に散り散りになってしまった。
②農家の多くは原発事故後に農業機械を手放したり、整備が行き届かず動かないなどで、農業を再開しようと考えてもその条件がない。
③自家農業の継続が絶たれてしまったことにより、地域農業再開の見通しすら立てられない。
④地域に人がいないため、自治体組織が機能し得ないほどに地域社会が壊れてしまった。
⑤地域農業と地域社会の空白の間に、膨大な資金と設備を投資する災害復興事業が公共政策と

企業によって展開されてきた。だが、それらはほぼ住民主体を伴っていない。

南相馬市では現在、国の被災地域農業復興総合支援事業が進められている。それは営農再開支援を目的とした事業で、被災した農業者に農業用機械や施設などが無償貸与されるというものである。ところが、その対象農家は二〇ha以上の大区画圃場化に対応する規模拡大経営体に限られている。そもそも、南相馬市では原発事故以前から、農家も農政もこのような産業展開型の売るための農業体制をつくりあげてきていた。しかし、その体制は原発事故で大きく崩され、地域農業は七年を経たいまも復興の途上にある。

一方で、根本氏のように原発事故以降生業として農業を続けてきた農家への営農支援政策はこれまでほぼなかった。根本氏は農業機械を自ら整備し、すべて自前で営農を続け、苦労は相当に大きかったが、いま自家農業を再建させている。根本氏のあり方は東和地区の人びとと通じる点が多い。だが、小高区ではそのようなあり方が地域の共通の感覚になり得ないことが苦しいところである。

東和地区では、農家が原発事故による不安や混乱のなかでも暮らし続け、農業を続けることが地域としてできた。東和地区では、人びとの力と地域の力が復興の基盤となった。そうした東和地区で、野中研究チームは農家に寄り添い続け、その奮闘が復興の大きな推進力ともなったのである。

野中氏は生前、「農業とともに、農家とともに」という生き方が農学であると主張した。研究は農家の幸せのためにあるべきだという野中氏の志を私たちは引き継がなくてはならない。

〈参考文献〉

＊福島と農業の復興過程をまとめた主要文献

日本有機農業学会（二〇一二）「福島浜通り　津波・原発事故被災地　調査報告」。

菅野正寿・長谷川浩編著（二〇一二）『放射能に克つ農の営み――ふくしまから希望の復興へ』コモンズ。

小出裕章・明峯哲夫・中島紀一・菅野正寿（二〇一三）『原発事故と農の復興――避難すれば、それですむのか?!』コモンズ。

野中昌法（二〇一四）『農と言える日本人――福島発・農業の復興へ』コモンズ。

＊本章執筆のうえでの参考文献

福島大学うつくしまふくしま未来支援センター（二〇一八）『第二回双葉郡住民実態調査　調査報告書』。

飯塚里恵子（二〇一二）「原発事故被災地に学ぶ『地域に広がる有機農業』のあり方―阿武隈山地・二本松市東和地区の取り組みから―」『有機農業研究』第四巻第一号／第二号、三九～五二ページ。

飯塚里恵子（二〇一四）「住民自治組織による里山再生・災害復興プログラム―二本松市東和地区―」守友裕一・大谷尚之・神代英昭編著『福島　農からの日本再生――内発的地域づくりの展開』農山漁村文化協会、九三～一一四ページ。

飯塚里恵子（二〇一七）「原発事故下の福島におけるお年寄りの自給的農業の意味（Ⅰ）：放射能測定運動をめぐって」『有機農業研究』第九巻第一号、七九～八四ページ。

飯塚里恵子（二〇一七）「原発事故下の福島におけるお年寄りの自給的農業の意味（Ⅱ）：阿武隈農山村を事例として」『有機農業研究』第九巻第一号、八五～九二ページ。

とうわ地元学推進委員会・東和郷土史研究会・青空編集室（二〇一六）『とうわ地元学』二本松市教育委員会。

ゆうきの里東和ふりさとづくり協議会（二〇一一）「ひと・まち・環境委員会座談会　記録集」。

第6章　竹林の再生に向けて

小松﨑　将一

一　原子力発電所事故に向き合って

二〇一一年五月に日本有機農業学会が企画した福島の現地調査に、私も参加しました。七日午後、ゆうきの里東和・大野達弘理事長のお話は、いまでも鮮明に印象に残っています。

「原子力発電所事故以降、空も山も田んぼも畑も何も変わってないように見えて、すべてが変わってしまった。目に見えない放射線、そして現状を正確に把握するすべもなく、また情報もないなかで、私たちは自己判断にゆだねられている。この地で有機農業を続けていきたいので、科学的な見地からの研究をお願いしたい」

農家から「農学」へ直接、期待されることは久しくなかったのではないでしょうか。あらためて、そう思いました。農学が高度化・細分化され、科学的な成果が多く出される一方で、個々の分野の殻に閉じ込もり、農家の疑問や問いに真正面から取り組もうとする教員は少ないのではないでしょうか。筆者自身も、大学農場というフィールドを担当し、現場の農家に役に立つ研究を意識しながらも、大学での研究の枠を出ることなくやり過ごしてきたことに、返す言葉がない状態でした。

　このとき野中昌法先生は、農家の実情を知り、課題を引き出し、農家の視点にたって調査・研究を進めていこうと力強く答えられたのです。筆者も野中先生のお考えに強く賛同し、農家の暮らしと農の再生の視点で、研究に参加させていただきました。筆者が注目したのは、竹林とタケノコです。

二　竹林の放射性物質をどう減らすか

竹林・タケノコと暮らし

二本松市の農家を訪問すると、家屋の横には必ずと言ってよいほど竹林があることに気づくでしょう。竹林では若タケが毎年生えてくる一方、切り頃の年齢となった竹は毎年切って収穫できます。若タケはタケノコとして食用とされるほか、切り出された竹も稲架掛けの支柱、建具、あるいは籠などの生活の資材として、さまざまな場面で利用されてきました。このような恵み多い竹は、古くから人里近くに植えられ、人の暮らす土地には必ず竹林があります。それは、現在も福島の多くの農村で見かける風景です。さらに、竹林は山崩れを防ぎ、大気汚染に強く、騒音の防止に役立ち、地震のときの安全な逃げ場になるなど、地域を守っています。

　最近では石油製品などの代用品におされ、放任される竹林も目立ってきました。とはいえ、福島の農家ではまだまだ支柱などの農業資材として有効利用されています。また、竹林はあまり手間をかけずにタケノコの販売を通じて収入が得られるし、毎年新しい竹が自然に生えてきます。こうして、竹林やタケノコは農家の暮らしとともに活かされてきたのです。タケノコは主要な農産物ではありませんが、五月上旬には農産物直売所で集客力があり、農家にとっては換金作物の少ない時期に出荷できる貴重な収入源でした。

しかし、東京電力福島第一原子力発電所事故から七年目を迎えた現在も、福島県内では二七市町村で出荷制限・出荷自粛が続いています（二〇一八年五月現在）。水田や畑地で生産される農産物の多くが早期に放射性セシウムによる汚染が回避できたのとは対照的に、タケノコの出荷制限解除については先が見えません。そこで、二本松市における竹林の放射性物質の分布の動態やタケノコの汚染状況について調査することにしました。調査をとおして、農家の暮らしを再生させる糸口を見つけられるのではないかと考えたからです。

竹林の放射性物質の分布

原発事故によって東北地方と関東地方では、広い範囲に放射性物質が降下（フォールアウト）しました。当初は影響が懸念されましたが、農地では土壌のもつ放射性セシウムの吸着・固定能力が発揮され、農作物への移行量はごく少なく、二〇一一年も含めて農作物の放射性セシウムによる汚染がほとんど問題にならなかったのは、本書で述べられているとおりです。農地では、耕すことを通じて土壌への放射性セシウムの吸着能力が高くなり、作物への移行を阻止していることが認められています（Hoshino et al. 2015, 2018）。一方、竹林は耕すことができません。放射性セシウムによる汚染の影響が長期化しています。

竹林では、降下した放射性物質が竹林の地表面に存在したままです。そのため、タケノコの放射性セシウムの濃度が高く、竹林の放棄が進んでいます。著者らは二本松市東和地区で、放射性物質の地上部と地下部の分布について調査しました。その結果を図6－1に示します。地上部では竹小枝の値が最も高く、タケノコやタケノコ皮では低くなりました。地下部ではリター層（竹の落葉・落枝類が堆積した層）に放射性セシウムが集積しており、次に高い値を示したのは土壌表層（〇～二・五㎝）です。この調査から、放射性セシウムの多くが土壌中にあることが認められました。

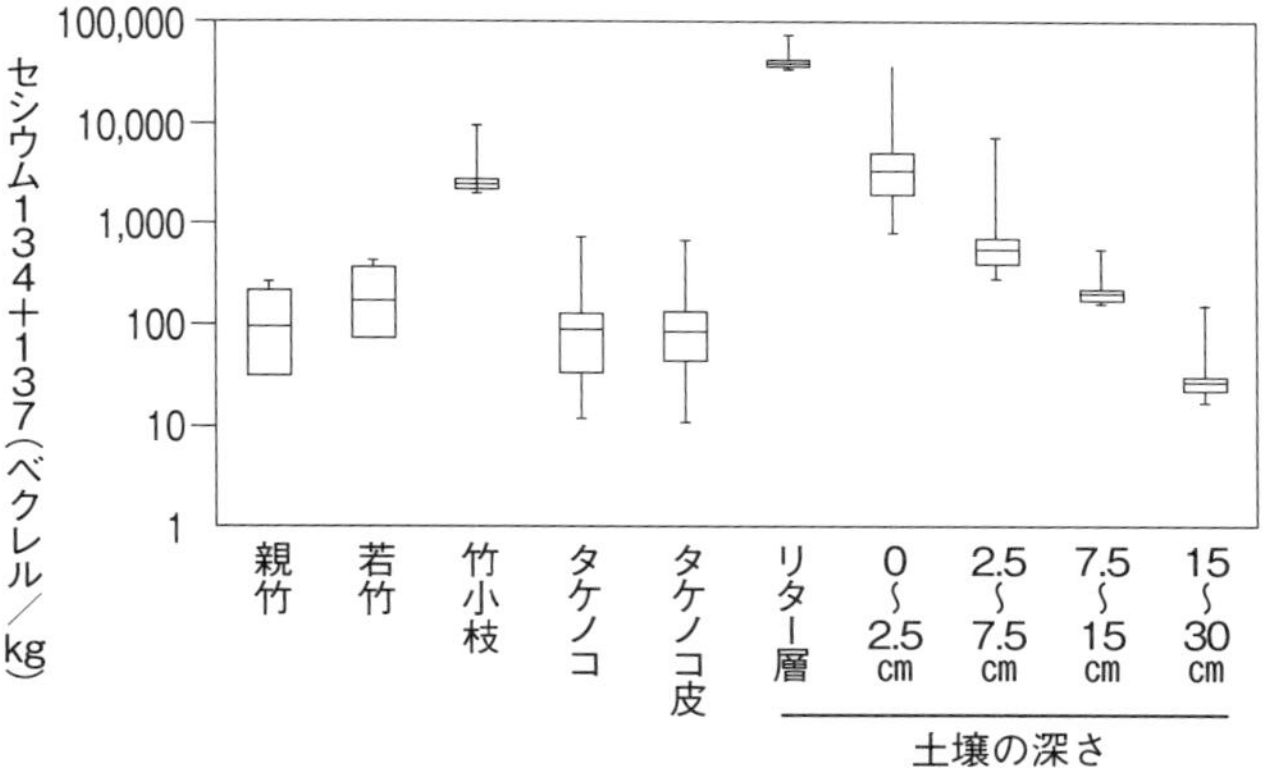

図6－1　二本松市東和地区と茨城県の竹林における放射性セシウムの分布

（注）2012年4～5月に調査。

土壌に降下した放射性セシウムは、非交換態として存在することが報告されています。リター層に存在する放射性セシウムの吸着力は弱く、竹の根圏を通じて経根吸収する可能性があります。この結果、原発事故直後に生育した竹の放射性セシウム濃度は、フォールアウトの影響を直接受けた竹よりも高

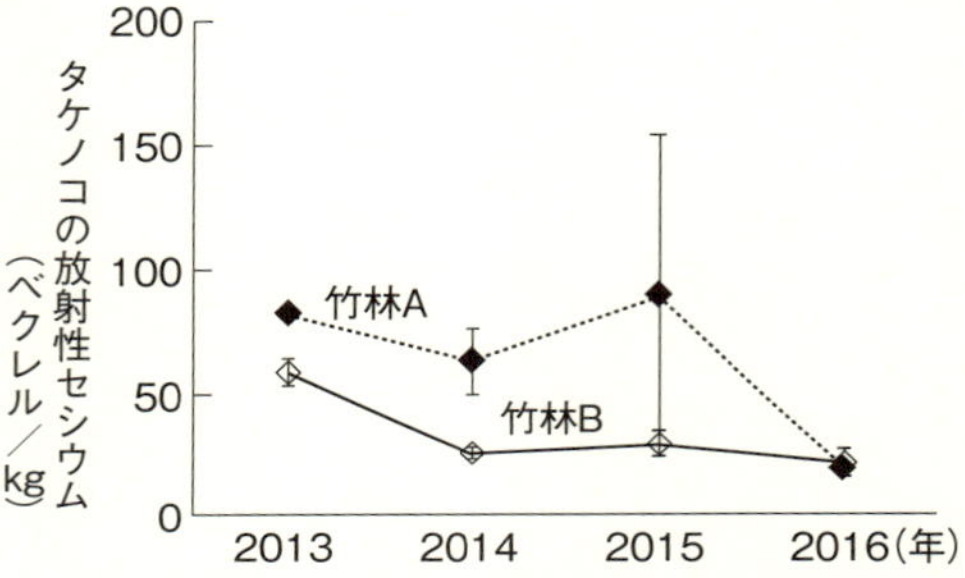

図6－2　タケノコの放射性セシウムの推移

（注）東和地区の２竹林を対象として継続的に調査を実施した。

くなりました。

これらの竹林から採取されたタケノコを、筆者らは継続的に調査しています。その結果が図6－2です。

竹林Aをみると、二〇一三年の八二・六ベクレル／kg（三本の平均で、n＝三という。以下同じ）から、一四年には六三・三ベクレル／kg（n＝六）とやや低下したものの、一五年には八九・二ベクレル／kg（n＝四）とやや増え、一六年には一八・六ベクレル／kg（n＝四）と大幅に低下しました。同様に竹林Bをみると、二〇一三年の五八・八ベクレル／kg（n＝六）から、一四年には二五・七ベクレル／kg（n＝六）と大幅に低下し、一五年は二九・一ベクレル／kg（n＝二）とやや増えましたが、一六年には二〇・ベクレル／kg（n＝四）と低下。竹林Aとほぼ同じ値を示しました。

これらのタケノコの放射性セシウムの推移をみると、事故以降、放射性セシウムが低下する傾向が認められるものの、個体間のばらつきや竹林による違いも大きそうです。

適正管理で放射性セシウムを減らそう

筆者らの調査では、適正管理を行っている竹林では、タケノコの放射性セシウムの量が低下することが認められました(小松崎 二〇一五)。

竹林の適正管理とは、まず適正な竹密度を確保することです。竹林は放任しておくと竹の密度が高まり、竹藪状態になります。そこで「竹林の中を傘をさして歩けるようにする」程度の低密度で管理します。この密度は坪あたり一〜二本で、一般的な管理の約三〇%の密度です。

次に、親竹の長さを短く管理します。これは「ウラ止め」と呼ばれ、親竹として残すタコノコが高さ四m程度まで伸長したら、下から揺らして先端を折り、必要以上に伸びることを抑制するのです。竹林をそのままにしておくと、竹の長さは一三mを越え、倒伏の危険があります。ウラ止めによって、台風などの強風による倒伏防止効果も期待されます。タケノコの成長には養分と温度が必要です。この管理方法では親竹を繁茂させないため、地上部の養分分配を抑制し、地下茎への養分分配を促します。また、竹密度が低いために竹林床に直射日光が当たり、地温が確保されます。

しかし、竹林床に直射日光が当たると土壌の乾燥が進み、雑草の繁茂が危惧されます。そこで、竹林床にカバークロップとして小麦を播きます。小麦を生育させて竹林床を被覆すれば、雑草が抑制され、土壌水分が保持されるからです。カバークロップを播種するときは、土壌表層を軽く撹拌し覆土を行うので、放射性セシウムの土壌固定に役立っています。また、タケノコの収穫後は必ず米ぬかぼかし肥料と石灰を散布し、土壌養分管理に努めます。

こうして適正に管理された竹林では、タケノコの収穫量が約一トン/一〇aとなり、一般の竹林に比べて五〇%増加しています。また、タケノコの放射性セシウム含有量も、二〇一二年

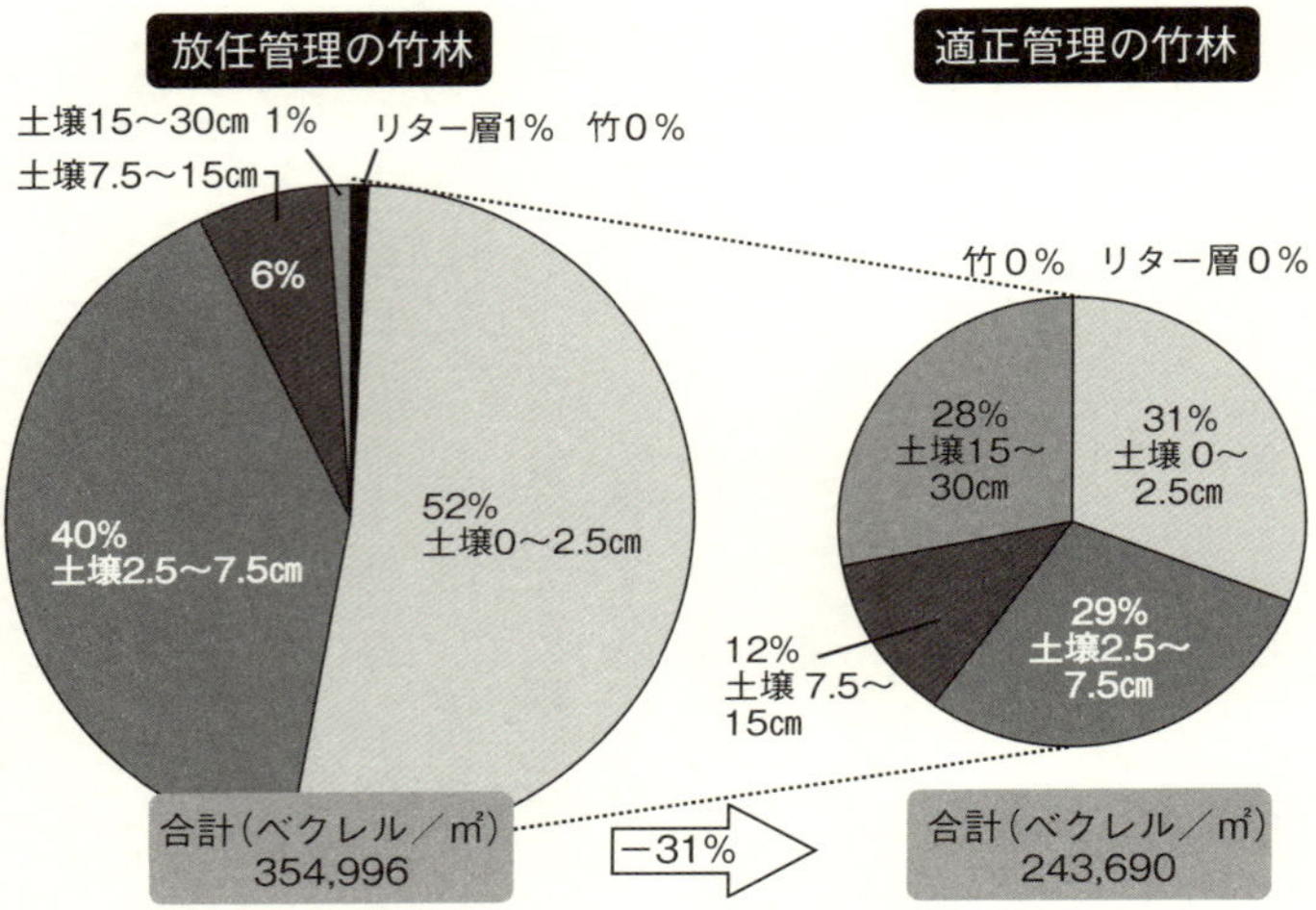

図6―3　東和地区の竹林Ａにおける管理方法の違いと放射性セシウムの分布

（注）2016年10月に調査を実施した（生田目 2017）。

も一三年も、食品の基準値（一〇〇ベクレル／kg）より大幅に低くなりました（小松崎 二〇一三）。

そこで、こうした管理を東和地区の竹林にも導入しています。竹を間引いてリター層を除去し、小麦を播種しました。そして適正管理を行った結果、竹林の放射性セシウムが三一％も低減できたのです（図6―3）。

茹でると減る？

筆者らは調査・研究の大きな柱として、「農家が作った農作物を安心して子どもや孫が田舎料理として食べられる」ことを目指しています。竹林の放射性物質はなかなか減少しませんが、タケノコはしばらく食べられないのでしょうか？

通常タケノコは、生では食べません。そこで、タケノコを湯がく前と後で放射性セシウ

表６－１　タケノコの湯がき前後での放射性セシウム濃度の変化

重量(g)	セシウム 134 (ベクレル／kg)	セシウム 137 (ベクレル／kg)	セシウム 134+137 (ベクレル／kg)
採取直後	32.75 ± 3.28	90.43 ± 5.24	123.19 ± 8.52
水煮後	11.34 ± 1.17	25.21 ± 1.61	33.31 ± 2.45
有意性検定	P<0.01	P<0.01	P<0.01

ムを測定し、どのような変化が生じるのかを調べました。

二〇一四年四月一〇日に、茨城県土浦市内でタケノコを七本採取しました。それを洗浄して汚れや土を落とし、皮を取り除き、可食部だけの状態で生重量を測定。その後、タケノコを細断して検査容器（U８容器）に詰め、ゲルマニウム検出器で放射性セシウムを測定しました。また、同じサンプルを五〇〇mlの湯に一・五gの重曹（炭酸水素ナトリウム）を溶かした溶液で一〇分間煮込み、煮汁をよく切り、再びU８容器に詰めて、ゲルマニウム検出器で測定しました。

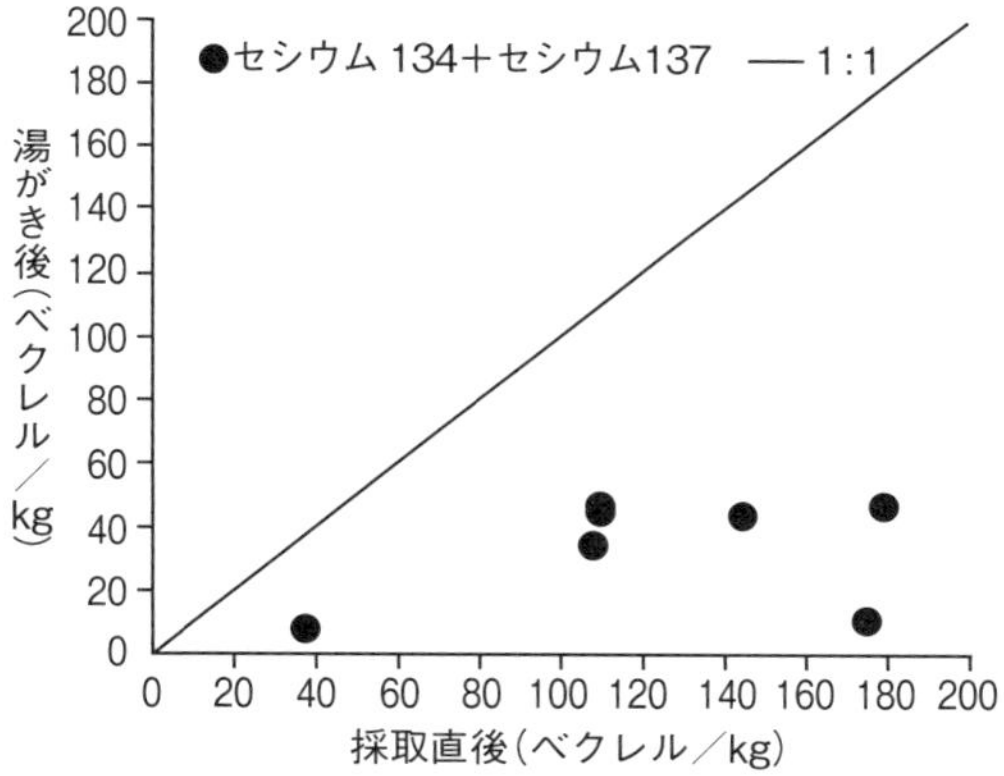

図６－４　タケノコの湯がき前後での放射性セシウム濃度の差異

その結果が表６－１です。採取直後のタケノコの放射性セシウム量は平均一二三ベクレル／kgでしたが、水煮を行うことで七三％削減でき、平均三三ベクレルになりました。また、収穫直後のタケノコの放射性セシウム量と水煮後の放射性セシウム量との相関は認められず、水煮後は一定の値を示しています(図6―4)。このことから、タケノコを湯がくことで放射性セシウム量が有意に減少することが分かりましたが、一定量の減少にとどまりました。なぜ一定量の減少にとどまるのか、理由は明確には分かりません。タケノコに吸収されている放射性セシウムは、水に溶出しやすい部分と溶出しにくい部分があるようです。

八戸ら(二〇一五)は、タケノコを米ぬかで茹でた場合の加工係数(Pf : Processing factor、茹でた後の放射性セシウム濃度(ベクレル/kg)を,原材料の放射性セシウム濃度(ベクレル/kg)で割った値で、濃度比で示す)について〇・七と述べています。筆者らの調査では、加工係数はタケノコの初期の放射性物質との関係があるようです。

三　竹の効果的な利用

土壌改良資材

「竹はよい肥料になる」と言われています。①竹のもつ豊富なデンプンが微生物のエサになり、その繊維が微生物の住み処になること、②竹肥料の表面散布でリン酸が効き、健全な根が伸び、生産物の甘味・旨味が増し、土壌病害が抑制されることが指摘されてきました(橋本ら 二〇〇九)。

竹(竹粉)の主な組織成分は、セルロース、ヘミセルロース、リグニンです。そのほか、鉄(Fe)、マグネシウム(Mg)、カルシウム(Ca)、マンガン(Mn)、銅(Cu)、ニッケル(Ni)などのミネラル成分を含んでいます。とくに、竹粉には、竹の柔細胞組織に含まれるデンプン粒(α―D―グリコース)などのブドウ糖を構成単位とする多糖類が多く含まれています。
一方で、竹堆肥は分解しにくいので生育障害が生じるとも言われています。山川ら(二〇一二)は、竹堆肥を一〇aあたり四トンあるいは八トン施用した結果、竹堆肥区は作物の生育を強く抑制することを指摘しました。また、八木ら(二〇一六a)は、竹粉および竹粉堆肥被覆による雑草抑制効果を検討し、竹粉堆肥の施用によって土壌養分の変化はないが、雑草を抑制することを示しています。さらに、八木ら(二〇一六b)によれば、竹粉堆肥の施用によってトマトの増収効果が認められています。このように、竹堆肥の効果にはその性状も大きく影響しそうです。

そこで、間引きされた竹をパウダー化やチップ化し、発酵させて竹ボカシをつくれば、竹のもつ肥料効果を促進させ、生育抑制作用は抑えられるのではないかと考えました。ボカシとは、あらかじめ発酵させて、有機質を土壌に施したときに現れる生育障害を起こす物質の作用を緩和させる(いわゆる「ぼかす」)ことで、伝統的な農業技術として知られています。ボカシつくりには、米ぬかが使われます。米ぬかに含まれる窒素源、炭素源やミネラルを栄養源として乳酸菌や酵母が増殖し、その際につくられるアルコールや乳酸などの分泌物を出して、易分解性の有機物を分解する作用がボカシ発酵です。

そこで、東和地区で採取された竹を用いて竹ボカシをつくることにしました。二〇一四年一〇月一四～二〇日に、竹林の適正管理を行う際に切り出された間引き竹の粉砕処理を実施し、約一〇aの竹林から約八トンの竹粉を生産しました。この際、約一〇kg／m²の竹のバイオマスが除去され、枝葉は放射性セシウム汚染度が大きいために除去し、竹幹のみを粉砕しました。

これらの竹チップをビニールハウス内に搬入し、米ぬかなどの副資材と混ぜて竹ボカシをつくり、比較するために竹チップのみの区も設けました。竹チップと竹ボカシの温度変化をみると、米ぬかなどの副資材混和によって竹ボカシは発酵温度が高く推移したのに対し、副資材を混ぜていない竹チップではハウス内の外気温と同じように推移しました。

竹ボカシの放射性セシウム濃度の推移を紹介します。ボカシ作成の現物測定値(水分を含む)は、竹チップのみ区が一二六ベクレル／kgに対して、ボカシ区では五一ベクレル／kgとなり、大幅に減少しています。約六〇日に及ぶボカシ期間を経た後の現物測定値(水分を含む)は、竹チップのみ区で一一〇ベクレル／kgに対して、ボカシ区では一八六ベクレル／kgと、やや上昇しました。米ぬかなどの副資材の混和による竹ボカシの放射性セシウム濃度の変化は、コンポストによる分解量を反映しており、副資材によって分解が促進され、体積の減少が大きいことが認められました。

竹ボカシによる小松菜の生育効果

竹林間引きの際に生じる竹をチップ化して作成した竹ボカシは、作物栽培に使えるでしょうか？　これらがうまく使えるようであれば、竹林の適正管理を進め、除染もできるのではないかと考えました。ただし、竹ボカシを用いた場合の作物への放射性物質の移行も心配です。

そこで、ワグネルポットに、用土(赤玉土)をつめて、竹ボカシや竹チップの施用量を変えて施肥し、小松菜の生育および放射性セシウムの移行量を調査することにしました。床土の配合比率は、東和地区の農家の慣行とし、腐葉土は配合していません。落ち葉の放射性セシウム量が高いので、腐葉土がつくれない状態が続いているためです。竹ボカシと竹チップの施用量を変えて（ポットあたり五〇g、一〇〇g、二〇〇g）、床土に混和しました。小松菜の播種は二〇一四年一一月二〇日です。水管理と温度管理は農家にご協力いただき、翌年二月一七日に収穫しました。

栽培土壌の放射性セシウムの濃度の変化をみると、無施用土壌が三・五八ベクレル／kgに対し、竹チップの投入では一一～四二ベクレル／kgまで増加しました。一方、竹ボカシの場合の増加は六～一九ベクレル／kgでした。間引き竹の利用によって土壌の放射性セシウムは増加しますが、その量は多くなさそうです。

写真6—1　竹ボカシの施用が小松菜生育に及ぼす影響

竹ボカシと竹チップの投入量による小松菜の生育への影響をみると、竹チップを直接土壌に混和した場合は、投入量が多くなるにつれて小松菜の生育は抑制されていきます。一方、堆肥化すると、投入量が多くなるにしたがって小松菜の生育が促進されました（写真1）。床土だけの区に比べると、竹チップの投入によって小松菜の生体重が四三～九三％減少したのに対し、竹ボカシの投入では一・三～二・三倍に増加したのです。小松菜の放射性セシウム濃度は、乾物で四ベクレル／kg程度、新鮮重（生の小松菜の重量）では〇・二ベクレル／kg程度と、いずれの区でもきわめて低い値を示しました。

竹チップを直接土壌に混和すると小松菜の生育が抑制されるのに対し、これらをボカシの技術で発酵させると、小松菜の生育が著しく改善しました。また、これらの竹ボカシを土壌に施した場合、土壌の放射性セシウムはやや増加するものの、小松菜への移行は少なく、小松菜の放射性セシウム濃度はきわめて低い値です。この結果、竹林の適正管理によって生じる間引き竹の有効利用が期待されます。

竹林の再生と環境保全

竹ボカシの利用には多くのメリットがあると思います。まず、温暖化が進行する地球規模での環境変動の中で、適応性の高い農業生産の確立に寄与できそうです。モウソウチクは一日に一・二mほど伸長するため、二酸化炭素の固定速度が植物の中で最大であることが知られています。とくに、竹林のもつ炭素固定速度は、温暖化を緩和するための炭素隔離技術（Carbon Sequestration）として注目されています。竹林で固定した炭素を農耕地に供給することで、農耕地土壌の炭素貯留量を向上させることが期待されるでしょう。茨城大学農学部は、炭素成分の高い有機質（イネ科植物）を土壌に還元することで農耕地の炭素貯留が向上することを報告しました（Higashi et. al. 2014）。このように、放棄竹林の有効活用は、放射性物質による汚染対策にとどまらず、気候変動の緩和や農業における化学肥料などの投入量削減に結びつくなど、持続可能な社会システムづくりに貢献することが期待されます。

古くから竹林は、日本人の暮らしにとってかけがえのないものでした。福島県で放射性物質による汚染の調査をしていると、家屋のまわりの竹林は家屋周辺に比べて空間線量が高く、竹林が家屋の汚染を防いでいたことが分かります。ただし、竹林の放射性セシウムによる汚染対策については、早期に解決できる決定的な方法はなさそうです。また、収穫されずに放置される竹林が広がっており、今後も放棄竹林の増加が危惧されます。とはいえ、適正管理を進めていけば、放射性物質による汚染を乗り越え、竹藪化しつつある竹林を再生する鍵がたくさんありそうです。

四　野中プロジェクトに参加して

野中先生は、福島研究にあたっての基本姿勢として、次の点を強調されました（野中昌法『農と言える日本人』コモンズ、二〇一四年、八五ページ）。

①主体は、あくまでも農家である。農家が自主的に取り組むから、成果があがる。私たちの調査研究は農家のサポートである。

②測定を復興の起点とする。最終目標は農業の振興である。

③地元の安心感を生み出す。地域資源を循環する有機農業技術や伝統的な技術（中略）の安全性を取り戻す。

④生産者・消費者・流通業者・研究者が一体となって理解を深める機会を設ける。

⑤農家への報告会では、実践のノウハウの共有を目的とする。

こうした姿勢での研究は、いままでの大学での農学研究と大きな違いがあるように感じます。この考えを私なりに竹林管理の研究に展開して、この章で述べさせていただきました。

原子力災害後に、多くの研究者が優れた研究成果を出しました。きわめて学術性の高い、意義深い研究も数多くあります。そうしたなかで、野中先生が牽引された「ゆうきの里東和 里山再生・災害復興プログラム」がひときわ輝いているのは、「主体はあくまでも農家である」という立場にたち、農家とともに課題設定を行い、科学的な手法で解明し、そのデータを農家と共有するという、農学の原点に返った研究姿勢を貫かれたからだと思います。野中先生は数百日間に及ぶ福島での現地調査に、亡くなられる直前まで取り組まれました。「農家のためになる農学とは何かという」問いに、命のかぎり取り組んでこられたのです。

野中先生の活動と姿勢は、福島の農家のみなさんの大きな励ましと支援になったと思います。いつも現場に出て、農家と夜遅くまで語り合い、農家の実践に結びつけようとする姿勢は、農学が大学だけの世界で終始するのではなく、農家の課題解決につながる「フィールド農学」の新たな可能性と魅力を深化させたと思います。野中先生の笑顔と情熱を私たちは胸に想いながら、残された課題に一つひとつ向き合っていきたいと思います。

〈参考文献〉

八戸真弓・濱松潮香・川本伸一（二〇一五）「国内農畜水産物の放射性セシウム汚染の年次推移と加工・調理での放

射性セシウム動態研究の現状」『日本食品科学工学会誌』第六二巻第一号、一～二六ページ。

橋本清文・高木康之(二〇〇九)『竹肥料農法——バイケミ農業の実際』農山漁村文化協会。

Higashi,T., Y. Mu, M. Komatsuzaki, S. Miura, S. Hirata, H. Araki, N. Kaneko, H. Ohta (2014) Tillage and cover crop species affect soil organic carbon in Andosol, Kanto, Japan. Soil & Tillage Research 138: pp. 64–72.

Hoshino, Y., Higashi, T., Ito, T., and Komatuzaki, M. (2015) Tillage can reduce the radiocesium contamination of soybean after the Fukushima Dai-ichi nuclear power plant accident. *Soil & Tillage Research* 153, pp. 76-85.

Hoshino, Y., & Komatsuzaki, M. (2018) Vertical distribution of radiocesium affects soil-to-crop transfer coefficient in various tillage systems after the Fukushima Daiichi Nuclear Power Plant accident. *Soil and Tillage Research*, 178, pp. 179-188.

小松崎将一(二〇一三)「高松農法が持つ竹林の放射能汚染を低減させるカギ」『農業経営者』二〇一三年七月号、六二～六三ページ。

小松崎将一(二〇一五)「農地および竹林での放射性物質の動態と作物への移行抑制」『放射線安全管理総合情報誌FBNews』四六六号、三～七ページ。

生田目慶都(二〇一七)「福島第一原子力発電所事故後の竹林の放射性セシウム汚染の変化」茨城大学農学部卒業論文。

野中昌法(二〇一四)『農と言える日本人——福島発・農業の復興へ』コモンズ。

八木赳憲・当真要・森田展樹・石掛桂士・阿立真崇・山下陽一・上野秀人・長崎信行(二〇一六ａ)「竹粉および竹粉堆肥被覆による雑草抑制効果」『愛媛大学農学部農場報告』第三八巻、九～一五ページ。

八木赳憲・当真要・森田展樹・石掛桂士・阿立真崇・山下陽一・上野秀人・長崎信行(二〇一六ｂ)「生竹・竹堆肥マルチが温室トマトの生育と収量に与える影響」『愛媛大学農学部農場報告』第三八巻、一～八ページ。

山川武夫・善明嵩英・大淵和範・中村誠・相馬さやか(二〇一二)「筍の加工で生じる有機質廃棄物の有効利用に関する研究—竹堆肥としての利用特性に関して—」『日本土壌肥料学会講演要旨集』第五八集、三〇九ページ。

第7章　安心できる営農技術の組み立てを目指して

横山　正

一　原発事故から復興支援研究へ

人生を変える出来事

二〇一一年三月一一日、私は東京都府中市にある東京農工大学（以下「農工大」）農学部植物栄養学研究室の居室で年度末の雑用を行っていて、生まれて初めての大きな揺れを体験した。隣の園芸学研究室の荻原勲先生が廊下に出て、学生たちに直ちに建物から離れるように、大きな声で指示を出した。学生たちに続いて私たちも避難したが、階段が大きく揺れており、「階段が崩れ落ちたら死ぬかな」と覚悟を決めたことをいまも思い出す。

その後、津波の映像をテレビで見て、これが現実かよく理解できなかった。そして、福島第一原子力発電所の一号機が三月一二日、三号機が一四日に水素爆発を起こし、一五日や二一日には各地に放射性物質が降下する。図7—1は、農学部放射線研究室の三浦豊先生が、ポケット線量計を百葉箱に入れて、経時的にガンマ線量を測定した記録である。府中市に隣接する小金井市でも、一五日と二三日には空間線量率が大幅に増大したことが分かる。原子力事故の深刻さが明ら

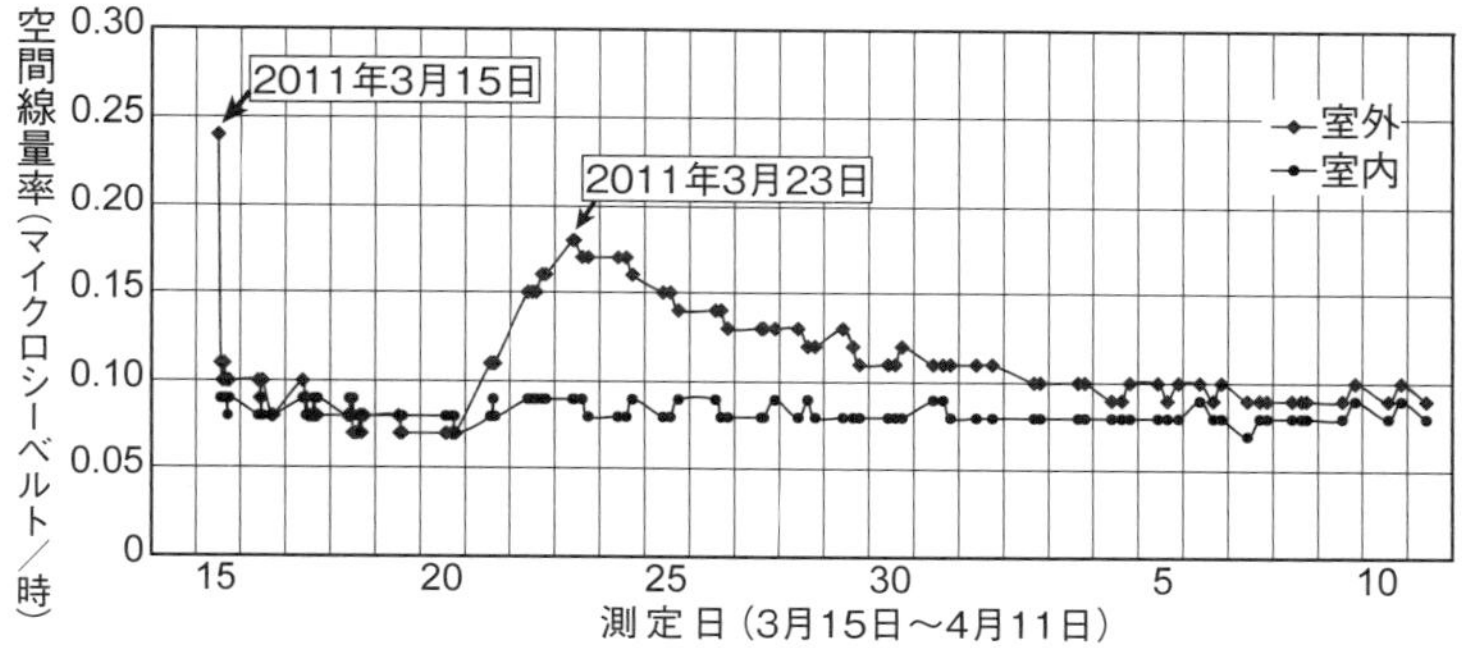

図７－１　農工大小金井キャンパスでの空間線量率の推移

かになり、立ち入り制限区域が設定され、住民は次々に避難した。

福島県は農地面積全国六位、森林面積全国四位、米生産量全国六位という、日本有数の農業県であった。その広大な農地と山林が放射性セシウムにより汚染されたことが、徐々に明らかになっていく。関東地方では電力不足に対応して計画停電がなされていたが、私自身は未曾有の災害で被災した人たちにどのような支援ができるのか、自問の日々を過ごしていた。私は土壌肥料学の研究を三〇年以上も行っており、その経験を活かすべきだろう。では、具体的に何ができるのか。

植物生育促進微生物を利用した放射性セシウム除去の可能性

私が所属する植物栄養学研究室は当時、木村園子ドロテア先生と共同運営していた。木村先生は五月に入ると二本松市東和地区で調査を始め、その話を聞く機会が増えた。そのころ私の研究室で行っていたのは、植物生育促進微生物（Plant Growth Promoting Rhizobacteria）をバイオ肥料とした、水稲の増収減肥栽培技術の開発研究である。

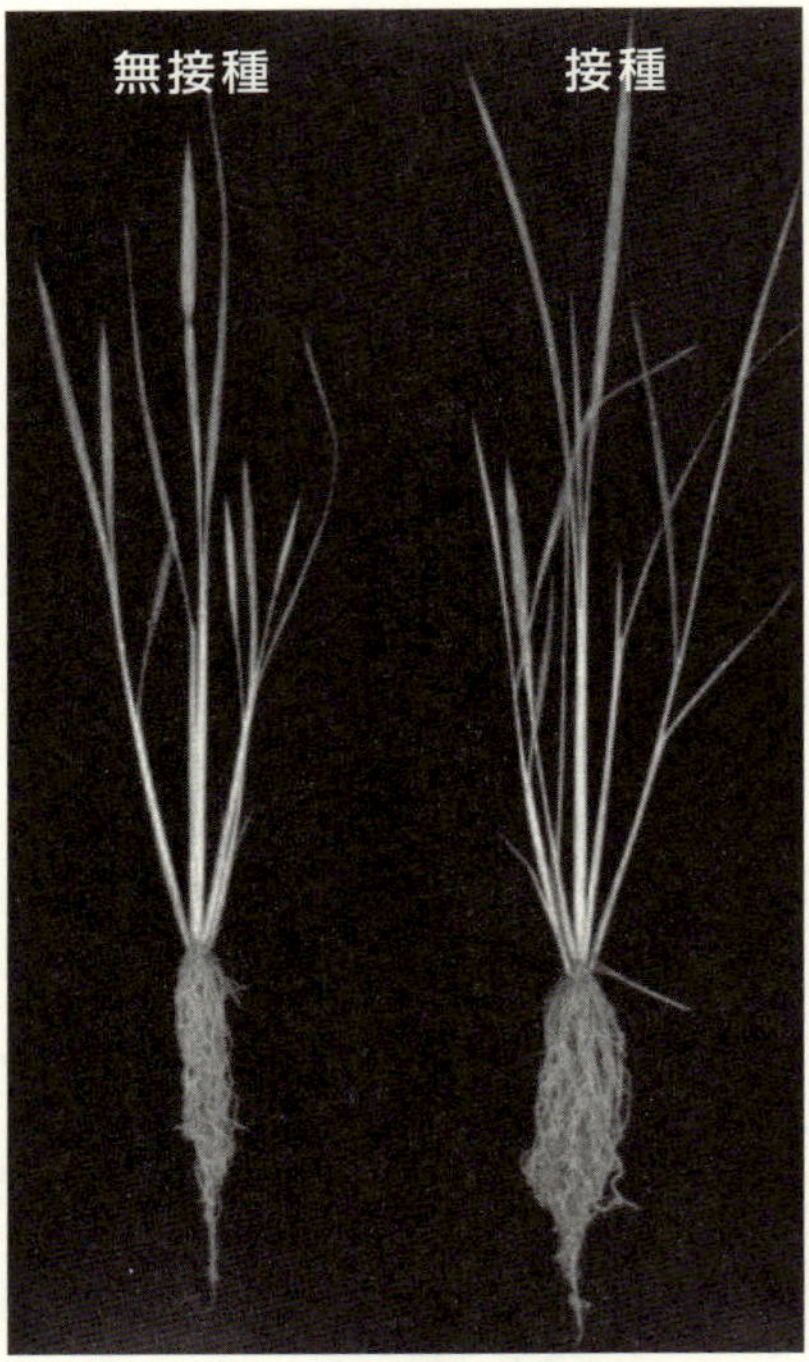

写真７－１　水稲品種「ひとめぼれ」へバチルスバイオ肥料 TUAT1 株を接種したイネと無接種イネの生育状況の比較

たとえば、写真７－１のように、水稲に植物生育促進微生物（バチルスバイオ肥料ＴＵＡＴ１株）を接種すると発根が促進され、土壌中の肥料成分を効率的に吸収できる。また、ポット試験や圃場試験により Bacillus 属細菌を水稲に接種すると、水稲の乾物重や窒素、リン、カリウムの肥料成分吸収量も増加する結果を得ていた。

セシウムは元素周期律表では、ナトリウムやカリウムと同じアルカリ金属に分類され、元素としての挙動（作物への吸収のされ方や土壌中での動きなどの性質）に類似性がある。そこで、セシウム集積植物と植物生育促進微生物を組み合わせると、相乗的な汚染土壌からの放射性セシウムの除去ができるのではと期待した。

ゆうきの里東和との出会いと福島農業復興支援研究の立ち上げ

その後、農工大は二〇一二年度の文部科学省特別経費の申請に、私たちが提案した「大学固有の生物資源を用いた放射性元素除去技術、バイオ肥料・植物保護技術開発」（福島農業復興支援バイオ肥料プロジェクトと呼称）を積極的に提案した。幸運にもそれが採択され、二〇一二年度から五年間の研究プロジェクトが決まる。そこで、どこを研究拠点にするかを木村先生らと相談した。候補地とした東和地区を私が初めて訪問したのは、二〇一一年一一月である。

私が東和地区を研究フィールドに選択した理由は、新潟大学農学部の故・野中昌法先生が木村先生や東和の農家さんと一緒に研究を行っていることが大きな要因だった。私は野中先生と東大の土壌学研究室で博士課程の学生として一緒に学び、よくお酒も飲んだ仲である。それゆえ、野中先生に協力いただき、彼が連携して研究している地域へ入ることが最良と判断したのだ。

野中先生はすでに東和地区で、水田の放射性セシウムをいかに水稲へ吸収させないかなどの試験研究を行っていた。野中先生や木村先生の紹介で、初めてゆうきの里東和の大野達弘理事長や武藤正敏事務局長とお会いし、東和地区をフィールドにした農業復興支援研究の相談を始めた。原発事故からほぼ一年後の二〇一二年三月一七日には、大野理事長やその他の理事が集まった前で、私たちの研究計画の概要を説明した。東和地区の農家さんの研究支援をぜひ受けたかったので、非常に緊張して発表したのをいまもよく覚えている。その結果、非常に嬉しいことに、ゆうきの里東和の理事会は協力を約束してくださった。

私たちは翌日から早速、圃場を借りるための土壌調査を開始した。さまざまな専門領域を有する約五〇名の農工大教員が、このプロジェクトへの参加を希望した。ただし、福島県の農業生産現場でどのような課題の解決が求められているかは、よく分からない。そこで、四月一四～一五日に、関係する教員や学生を連れて東和地区を訪問し、野中先生、大野理事長や武藤事務局長から東和地区がかかえる問題を話していただき、理解を深めていく。

福島農業復興支援研究の概要

その結果、研究の大きな方向性として、①放射性物質による汚染の実態解明と除染方法の技術検討、②可食部に放射性セシウムを吸収させない栽培技術の研究、③地域の農業振興の三点にしぼりこんだ。二〇一七年三月に出版した最終報告書の目次を表7―1に示す。また、農学府の修士課程学生を対象に、福島県の原子力被災地域を学生が訪問し、農家のみなさんと交流し、今後の農業復興の方向性を発表する教育プログラムも、同時に立ち上げた。

私自身が行いたかったのは、次の三つの研究である。

①農耕地に降下した放射性セシウムの除染法の開発。

②イネやダイズなどの放射性セシウム吸収抑制機構の解明と、吸収しにくい品種開発。

③イネの増収減肥栽培が可能なバイオ肥料技術の開発。

そこで、表7―1のうち以下の八課題を担当した。

1(6)微生物と植物を用いた農耕地からの放射性セシウムのレメディエーションの試み

1(11)土壌からのセシウム137の除去におけるヒマワリ―ソルガム体系の評価

2(1)放射性セシウムを子実に蓄積しない水稲系統の探索とその育種への利用

2(2)放射性セシウムを子実に蓄積しないダイズ系統の探索とその育種への利用

表７－１　農工大の福島農業復興バイオ肥料プロジェクトで行った研究課題

1．放射能汚染の実態解明、除染方法の技術検討
　1）森林における放射性核種の分布・蓄積と移動
　2）森林－渓流生態系の放射性物質移動と生物移行の評価
　3）農業環境をとりまく生態系における放射性セシウムの動態解明
　4）福島県二本松市のノネズミにおけるセシウムの動態に関する調査研究
　5）放射性セシウム汚染土壌における土壌細菌叢の解析およびセシウム蓄積真菌の分離
　6）微生物と植物を用いた農耕地からの放射性セシウムのレメディエーションの試み
　7）微生物を利用した放射性元素除去技術の開発
　8）機能性微生物によるソルガムを用いたファイトレメディエーション効果向上の試み
　9）環境ストレスが微小寄生蜂に与える影響
　10）二本松市東和地区の森林－農地景観構造の把握
　11）土壌からのセシウム 137 の除去におけるヒマワリーソルガム体系の評価
　12）土壌における放射性 Cs の存在実態の解明

2．可食部に放射性 Cs を吸収させない栽培技術の研究
　1）放射性 Cs を子実に蓄積しない水稲系統の探索とその育種への利用
　2）放射性 Cs を子実に蓄積しないダイズ系統の探索とその育種への利用
　3）放射性 Cs を子実に蓄積しないアズキ系統の探索と育種への利用
　4）アブラナ科作物 56 品種の放射性 Cs 吸収特性
　5）バイオ肥料等有用微生物による発根促進効果に関わる分子機構の解析
　6）福島県二本松市東和地区における母材の違いが土壌のカリウム供給能に及ぼす影響
　7）土壌固定態 Cs の施肥・根分泌物による可給態化

3．地域の農業振興
　1）バイオ肥料微生物の開発と農業生産現場での展開
　2）バイオ肥料微生物に応答して養分吸収力や子実収量を高めるイネ遺伝因子の探索
　3）イネ実生におけるバイオ肥料微生物の接種効果発現機構の解明
　4）バイオ肥料によるトマトの生育および病害発生への影響
　5）*Bacillus pumilus* strain TUAT1 の自然水界中における生残性の評価
　6）観賞用園芸作物へのバイオ肥料技術の適用について
　7）震災被災地の農業復興のためのサクランボ周年聖餐技術の開発
　8）ブルーベリーのオフシーズン出荷技術の実証研究
　9）農産物の安全・安心を保証するフードシステムの再編と震災被災地の農業復興に向けた社会科学的研究
　10）福島県産農産物における原発事故の影響と信頼回復の方策
　11）地域資源活用型土壌病害防除法の開発
　12）耐塩性ダイズのスクリーニングと耐塩性根粒菌の利用による津波塩害地でのダイズ栽培技術の開発

4．農学府地域活性化プログラム
　1）地域活性化プログラム
　2）地域活性化報告書（2016 年）
　3）地域活性化報告書（2017 年）

5．広報活動

2(3)放射性セシウムを子実に蓄積しないアズキ系統の探索と育種への利用
2(4)アブラナ科作物五六品種の放射性セシウム吸収特性
3(1)バイオ肥料微生物の開発と農業生産現場での展開
3(2)バイオ肥料微生物に応答して養分吸収力や子実収量を高めるイネ遺伝因子の探索

また、東和地区では野中先生はじめ多くの研究者が調査・研究をすでに行っており、その仕分けが必要となる。野中先生たちは、放射性セシウムの農耕地での動態に関して、流入量・排出量・水田中での分布など、環境科学的な観点からの研究を推進していた。そこで私は、植物による放射性セシウムの吸収メカニズムや品種開発をキーワードに、微生物と植物を用いた農耕地からの放射性セシウムの除去技術開発、可食部に放射性セシウムを吸収させない栽培技術研究に重点を置くことにした。その他の農工大研究者が行ったのは、山や渓流での放射性セシウム循環実態の解明や、野生動物体内の放射性セシウムの経時的な汚染実態の解明などである。

二　微生物と植物を用いた農耕地からの放射性セシウム除去技術の開発

除去技術開発研究の必要性

東日本大震災直後から農林水産省は「ふるさとへの帰還に向けた取組」として、農耕地からの放射性セシウム除去に関する実証試験を開始した。その結果、水田表土の削り取りで土壌の放射性セシウム濃度は七五%減少し、反転耕で表層に局在していた放射性セシウムは一五~二〇cmの深さを中心に、〇～三〇㎝の土壌に拡散（放射性濃度は五〇％前後に均一化）した。

一方、当初大いに期待されたのは、ヒマワリによる土壌中からの放射性物質の除去である。しかし、飯舘村などで実施されたヒマワリを利用した放射性セシウム除去試験では、原発事故で降下した放射性セシウムは土壌表層に固定されており、深根性のヒマワリの放射性セシウム吸収量は作付け時土壌中含量の二〇〇〇分の一と低く、植物を用いた除去に関しては否定的な見解が公表された。

私たちは農林水産省が行った飯舘村などでの現地試験を考察し、農作業が行われていない立ち入り制限区域（避難指示区域や計画的避難区域）の農耕地では、放射性セシウムは土壌表層にとどまっており、表層削土などが最適であると考えた。放射性セシウムは、それによって七五％程度取り除ける。

一方、立ち入り制限区域の外側では、すでに農耕地が耕耘され、作物が栽培されている。したがって、こうした地域の農耕地では、放射性セシウム除去技術の開発が必要である。また、植物を用いて土壌表層に局在する放射性セシウムを除去する場合は、農林水産省が試験したヒマワリやアマランサス以外の作物の利用も試みる必要があると考えた。たとえば、放射性セシウムが局在する部分に大量の根を発達させるアブラナ科作物の利用である。

農工大での植物と微生物を用いたパイロット試験

農工大農学部は武蔵野台地の黒ボク土の上に建っているので、黒ボク土を用いた植物の根張り

表7－2　セシウムの存在位置と植物生育促進微生物の接種が各植物種の移行係数値に与える影響

	セシウム全層			セシウム表層			セシウム下層		
	無処理	Bacillus	Azospirillum	無処理	Bacillus	Azospirillum	無処理	Bacillus	Azospirillum
小松菜	1.7	2.4	3.5	4.1	6.6	6.7	2.5	1.9	3.4
アマランサス	2.0	1.5	1.1	4.2	4.8	4.0	1.9	1.7	2.4
ソルガム	0.7	2.8	1.6	2.3	2.3	1.7	1.9	2.2	2.2
モチキビ	1.4	0.7	1.8	3.1	3.0	2.6	0.9	1.2	2.6
ソバ	0.8	1.2	1.2	3.5	2.3	4.7	1.1	1.1	1.5

とセシウム吸収の関係を見る試験を組み立てた。試験では、安定セシウムの施用位置を変えて、三つのモデル(区)を考えた。

①作土全層に安定セシウムを混和し、東和地区のように畑を耕耘した区。

②表層五cmの土壌に安定セシウムを混和し、降下した放射性セシウムが表層五cmに固定されたと仮定した区。

③下層五cmに安定セシウムを混和し、作土の反転耕で表層の放射性セシウムを下層に入れたと仮定した区。

栽培した作物は、表層に細根を密生させる小松菜、放射性セシウム集積植物のアマランサス、深根性のソルガム、根を土壌中に均質に分布させるモチキビ、日本固有のソバで、栽培期間は三〇日間である。植物生育促進微生物はBacillus属のTUAT1株とAzospirillum属のTS13株を用いた。表7－2にその結果を示す。

安定セシウムを用いた実験で算出したセシウムの植物体への移行係数(土壌から農作物へのセシウムの移行係数は「単位重量あたりの土壌中セシウム濃度」と「単位重量あたりの農作物中セシウム濃度」との比で表している)は、植物生育促進微生物の接種・無接種ともに、福島のヒマワリで算出された放射性セシウムの移行係数(〇・〇〇五)より高かった。これは、試験した植物がヒマワリより土壌中のセシウムを吸収しやすいことを示している。

　また、セシウム全層処理区の小松菜を見ると、無処理区では一・七であるが、Bacillus 区とAzospirillum 区では二・四と三・五に上昇した。ここから、微生物と植物の相互作用によって、植物単独区よりセシウムの植物への移行が上昇したことが分かった。たとえば、ある植物が、その植物体一kgあたり一〇mgのセシウムを吸収し、土壌一kgあたり一〇mgのセシウムが存在していれば、その移行係数は一となる。本試験では移行係数が一を超す場合も現れ、植物生育促進微生物の植物への接種は、地上部へ根域からセシウムを濃縮する場合もあることが分かった。

　この結果から、植物と微生物の相互作用の利用による汚染土壌からの放射性セシウムの除去の可能性があるのではないかと期待した。

写真７－２　東和地区戸沢の大槻千春さんの圃場での試験
（撮影：2012年６月22日）

東和地区での植物と微生物を用いた汚染土壌における放射性セシウムの除去試験

　放射性セシウムで汚染された農耕地における植物と微生物による放射性セシウム除去試験は、写真７－２

に示した東和地区戸沢の大槻千春さんの圃場を借りて行った。原発事故前まではタバコ栽培が行われていたが、事故後は日本たばこ産業が栽培契約の継続を中止したため、農工大が使用するまで放置されていた圃場である。二〇一二年四月時点で、表層に約五〇〇〇ベクレルの放射性セシウムの蓄積があった。

実験植物は次のような基準で選定した。①種子が容易に手に入る。②栽培がしやすい。③各層位から効率的にセシウムを吸収する。④放射性セシウムの積算除去量を増やすため、栽培期間が短く、一年間に複数回栽培が可能。⑤バイオ肥料の接種効果が高い。

その結果、栽培期間が短く、品種が多く、種子供給も問題がなく、福島県でも一年間に五〜六回は栽培可能で、植物生育促進微生物の接種効果も高い小松菜を、主要な試験作物に選んだ。二〇一二年五月一七日に大野理事長のご自宅の作業スペースをお借りして、播種作業を行った（写真7―3―1）。

圃場には第一回栽培試験として、各一㎡の栽培区に一五㎝間隔で二五個体の各処理作物を移植した。小松菜四品種（河北、日光、きよすみ、照彩）、カラシ菜とソバは一植物種あたり三反復三処理（それぞれの作物種に、Bacillus 属 TUAT1 株、Azospirillum 属 TS13 株の接種区と無接種区を設けた）で二二五個体移植するため、全部で一三五〇個体の準備を行った。植物生育促進微生物は、播種時から一週間おきに三回、上記の菌液を灌注（接種）し（写真7―3―2）、六月初旬に戸沢の圃場に移植した（写真7―3―3）。移植前に基肥として、硫安一一kg／一六〇㎡、過リン酸石灰一四kg／一六〇㎡を耕耘時に施用し、カリウム施肥は行っていない。

写真7－3　2012年に東和地区戸沢で行った圃場試験の流れ

栽培計画は以下の四期である。

①二〇一二年六月～七月半ば――小松菜（河北、日光、きよすみ、照彩）、カラシ菜、ソバ

②七月半ば～八月――小松菜（河北、日光、きよすみ、照彩）、カラシ菜、ソバ

③九～一〇月――ソバ、ソルガム、アマランサス

④一一月～二〇一三年三月――菜花、稲こき菜、野沢菜、松本冬菜、信夫冬菜

各試験では膨大な植物サンプルが生じ、これをどのように乾燥させるかが大きな問題点となる。そこで大槻さんに相談し、収穫した植物体は大槻さんのたばこ乾燥室を借りて、写真7―3・7・8のように紐につるして自然乾燥させた。ただし、この乾燥は初めての経験で、固く紐にくくったつもりのサンプルが乾燥過程で紐から抜け落ちたり、また蝶《チョウ》の幼虫に食われたりと、思いもよらない問題が多発したことも忘れ

られない。乾燥植物は個体ごとに粉砕機で粉砕し、ガンマカウンターを用いて放射能濃度を測定した。

一回目の栽培は順調に推移したが、夏期から秋期の二回目と三回目は農薬散布の回数が少なく、虫害にあった。また四回目は、降雪で生育に大きなばらつきが生じた。私たちは、府中市の多摩川沿いにある農工大の水田での圃場試験や、農学部に隣接した畑での麦作の圃場試験の経験はあったが、遠距離での漬け菜類の圃場試験は初めてである。しかも、試験区が多いうえに、高密度で植えたため機械除草ができずすべて手除草となり、非常に時間がかかって大変だった。暑いなかで学生たちも含めてよくやったと現在も感じている。作業に参加した学生たちには感謝の念でいっぱいだ。

思いがけない結果

私たちが圃場試験を開始したのは、原発事故の一年後である。東和地区の農家さんからは、可食部の放射性セシウム含有量はかなり低くなっていると聞いていたので、土壌中の放射性セシウムは時間とともに土壌に固定され、植物が吸収しづらくなっているのではないかと予測していた。そう思いながらも、きっと植物―微生物相互作用による放射性セシウムの除去はうまくいくのではという期待も抱いていた。

二〇一二年度の試験で焦点を当てたのは、植物生育促進微生物と作物の組み合わせで土壌からの放射性セシウム除去が促進されることの検証と、周年的な栽培体系に適し、放射性セシウム除

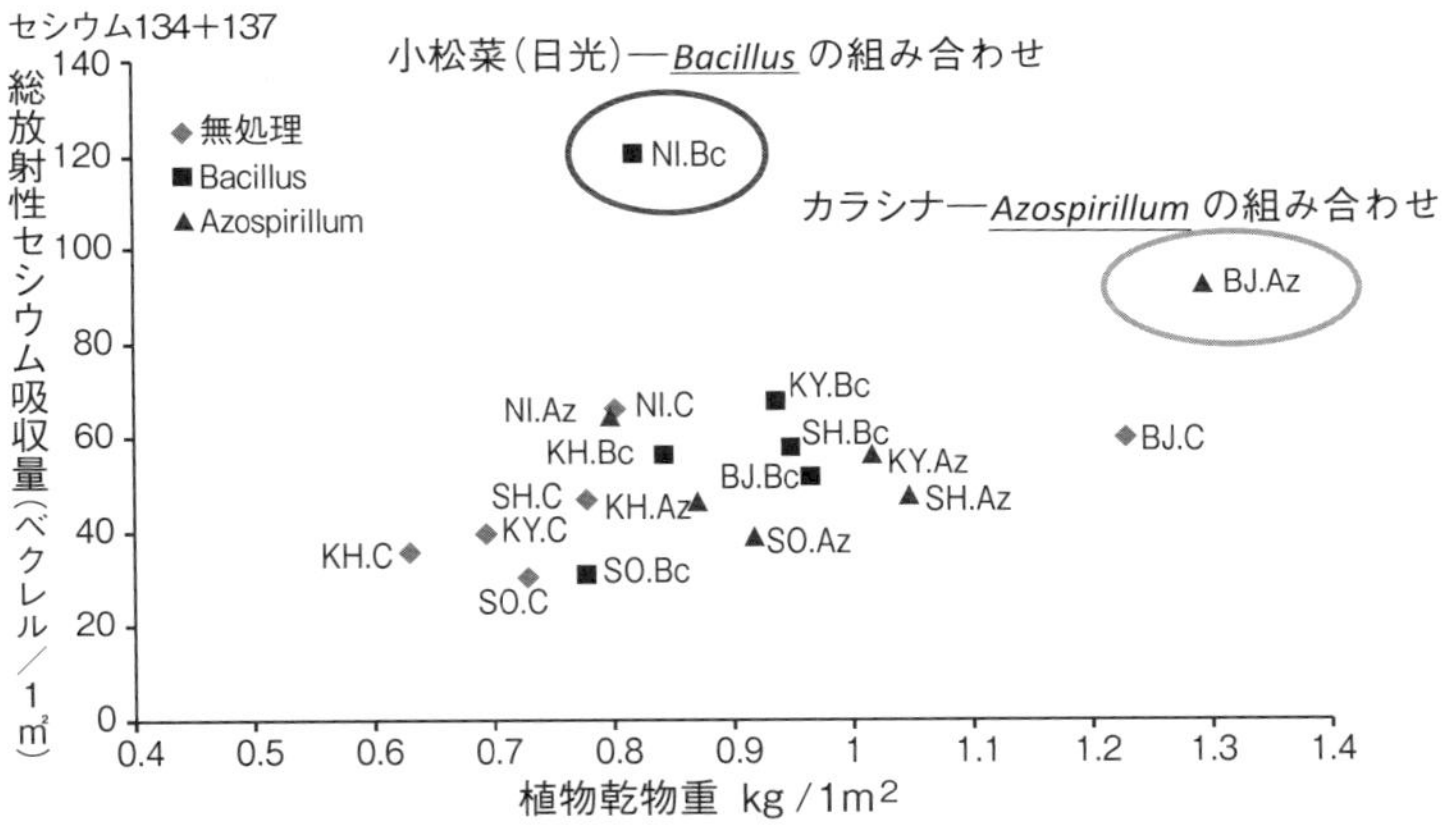

図7－2　総放射性セシウム吸収量と乾物重との関係

（注）NI＝日光、KY＝きよすみ、KH ＝河北、BJ＝カラシ菜、SO＝ソバ、SH＝照葉。

去を加速化する植物生育促進微生物と作物種の最適な組み合わせの探索である。図7－2に、小松菜二種（河北・日光）とカラシ菜やソバの総放射性セシウム吸収量と乾物重との関係を示した。

小松菜（日光）－植物生育促進微生物 Bacillus（NI.Bc）の組み合わせは、植物体への吸収濃度を高めて、カラシ菜－Azospirillum 植物生育促進微生物（BJ.Az）の組み合わせは、植物体を大きくすることで、それぞれ総放射性セシウム吸収量を高めた。さらなる検証が必要であるが、植物生育促進微生物と植物種の組み合わせによって、土壌からの放射性セシウムの吸収機構が異なる可能性も考えられる。

図7－3に、東和地区戸沢で行った、微生物－植物相互作用で総放射性セシウム（セシウム134＋137）の移行係数（TF値）に変化が生じるか否かに関する実証試験結果の一部を示した。一部の植物－微生物の組み合わせは、総放射性セシウムの移行係数を高くする。小松菜類では、Bacillus 植物生育促

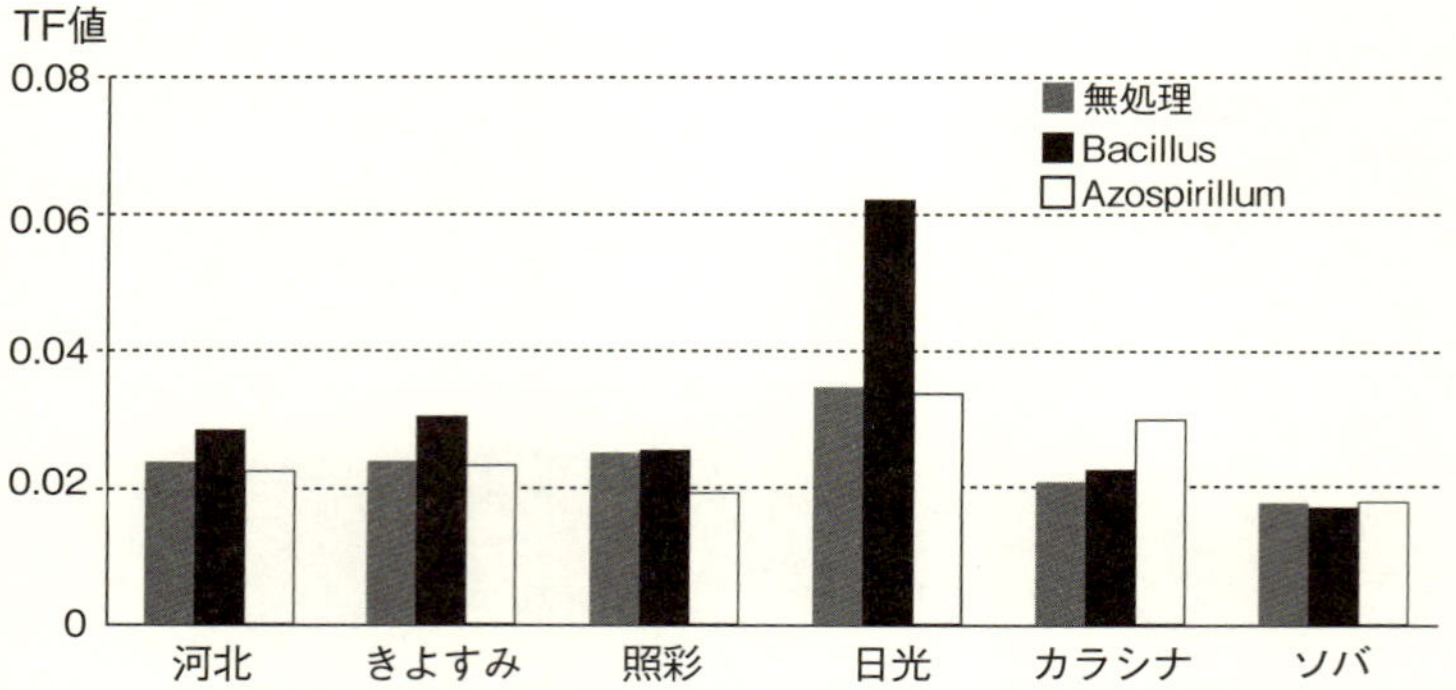

図７－３　東和地区戸沢で行った、微生物―植物相互作用で放射性セシウムの移行係数に変化が生じるか否かに関する実証試験

進微生物の接種が移行係数を上昇させる傾向が示された。しかし、総放射性セシウムの移行係数は最大で〇・〇六前後で、農工大(府中市)の黒ボク土を用いたモデル試験の一〇分の一以下である。

表７－２(一六六ページ)に示したポット試験では、移行係数が一を超す処理区が多く出現した。それゆえ、東和地区戸沢での試験も移行係数が一を超すのではと期待し、植物―微生物の相互作用を用いた放射性セシウム除染法が開発できると考えていたので、思いもよらない結果になった。

科学的にはいくつかの新知見を提供できたが、放射性セシウムで汚染された農耕地からの放射性セシウムの除去技術の開発には、私たちの考えが及んでいなかった複数の関門が存在するという結果になった。後に分かってきたことから考えると、放射性セシウムが土壌の雲母類へ固定されていく早さや強度、土壌のカリウムの天然供給量の大小などが影響しているのだろう。

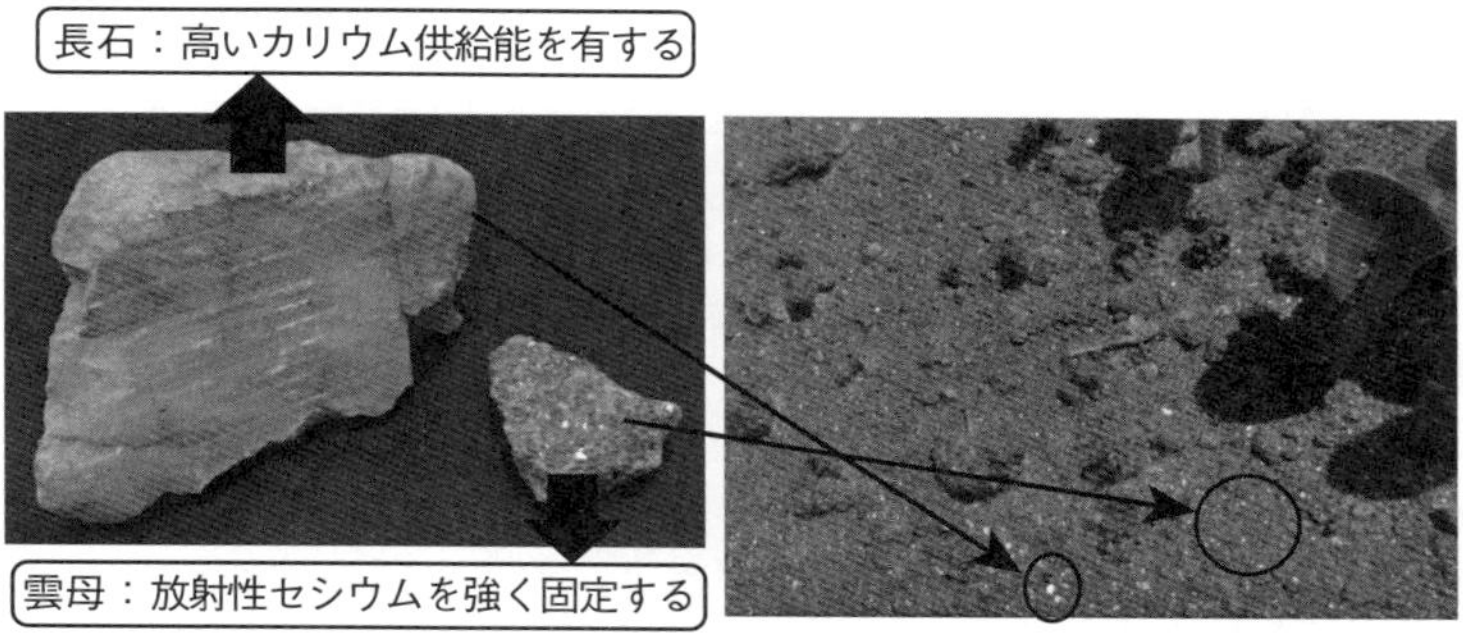
長石：高いカリウム供給能を有する
雲母：放射性セシウムを強く固定する

写真7－4　東和地区の畑圃場の土壌表層に分布する長石や雲母の風化物

三　東和地区の農耕地土壌の特徴

なぜヒマワリ―ソルガム体系が東和地区では有効でなかったのか

故・松村昭治先生は、私たちと同じ圃場を用いた「土壌からのセシウム137の除去におけるヒマワリ―ソルガム体系の評価」（一六三ページ表7―1）という課題で、前作にヒマワリを栽培することによって土壌の交換性カリウムを低下させた後、乾物生産量が高いソルガムを後作に栽培して放射性セシウムを吸収させて除去する方法を考案。農工大の黒ボク土壌を用いてポット栽培を行った結果、有効性が確認された。

これらの知見をもとに、二〇一二年から現地圃場で放射性セシウム137の除去についてのヒマワリ―ソルガム体系の有効性の評価を行った。結果は、同年に栽培したヒマワリは乾物重八・八t／haで、カリウム吸収量は約四〇〇kgK_2O／ha。ヒマワリ区で土壌交換性カリウムの低下が期待されたが、無栽培区との差はきわめてわずかであった。

その要因を探るため現地の圃場を調査した結果、土壌に長石

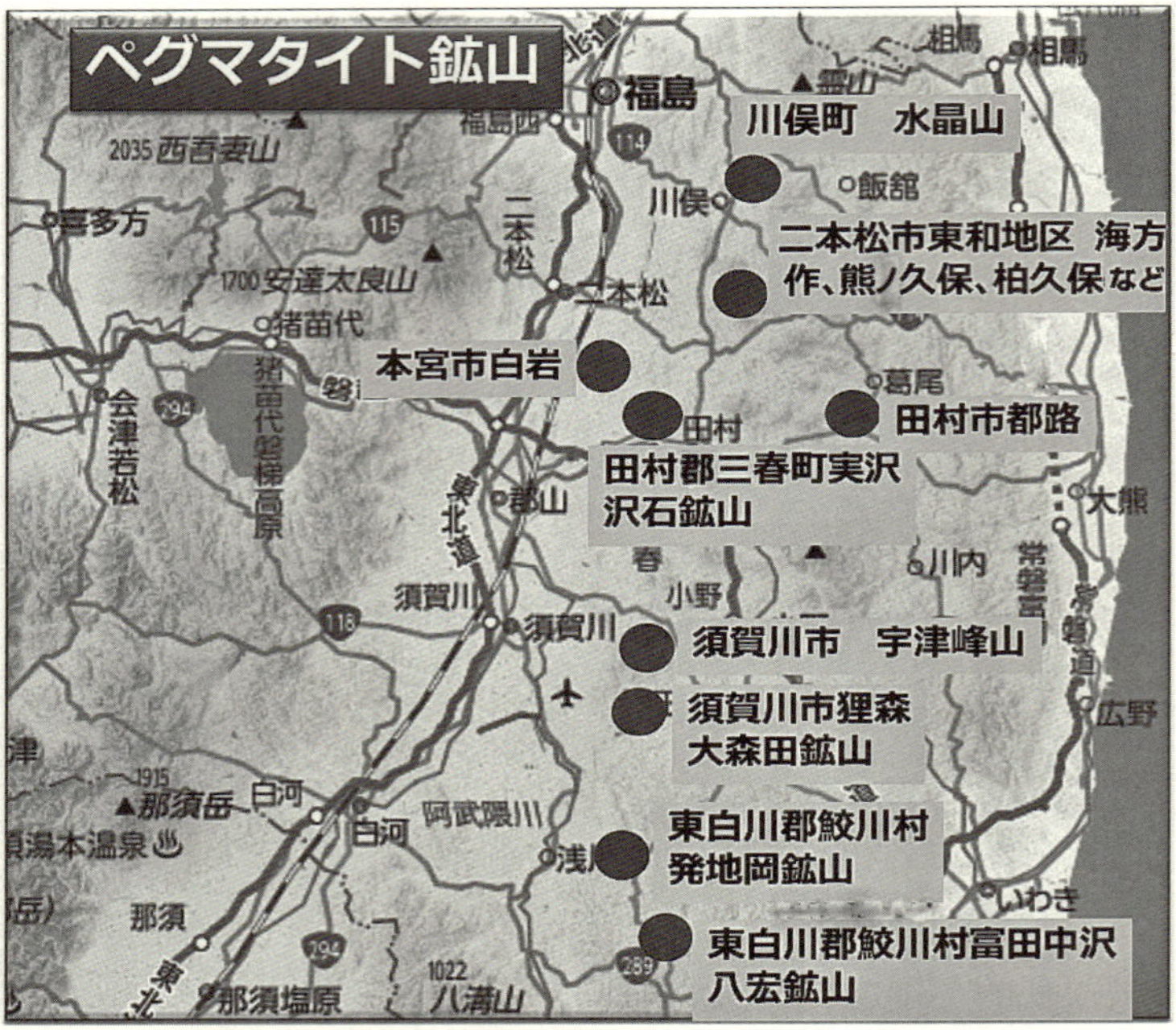

図7—4　東和地区と近郊のペグマタイト鉱山跡

や雲母の風化物が肉眼で認められた（写真7—4）。また、この土壌を熱硝酸分解して溶出カリウムを測定した結果、交換性カリウムの約七倍の量が検出された。これらの鉱石が交換性カリウムの供給源になっているため、ヒマワリが土壌中の可給態カリウムを吸収しても、交換性カリウムが低下しなかったと推察される。

石英、長石、雲母類の粘土鉱物はカリウムの供給源であり、蛍石や電気石なども含めてペグマタイト鉱物と総称される。農家さんに聞き取りしたところ、東和地区には多数のペグマタイト鉱山跡があることが分かった。図7—4に東和地区と近郊のペグマタイト鉱山跡を記載した。川俣町の水晶山から鮫川村にかけては

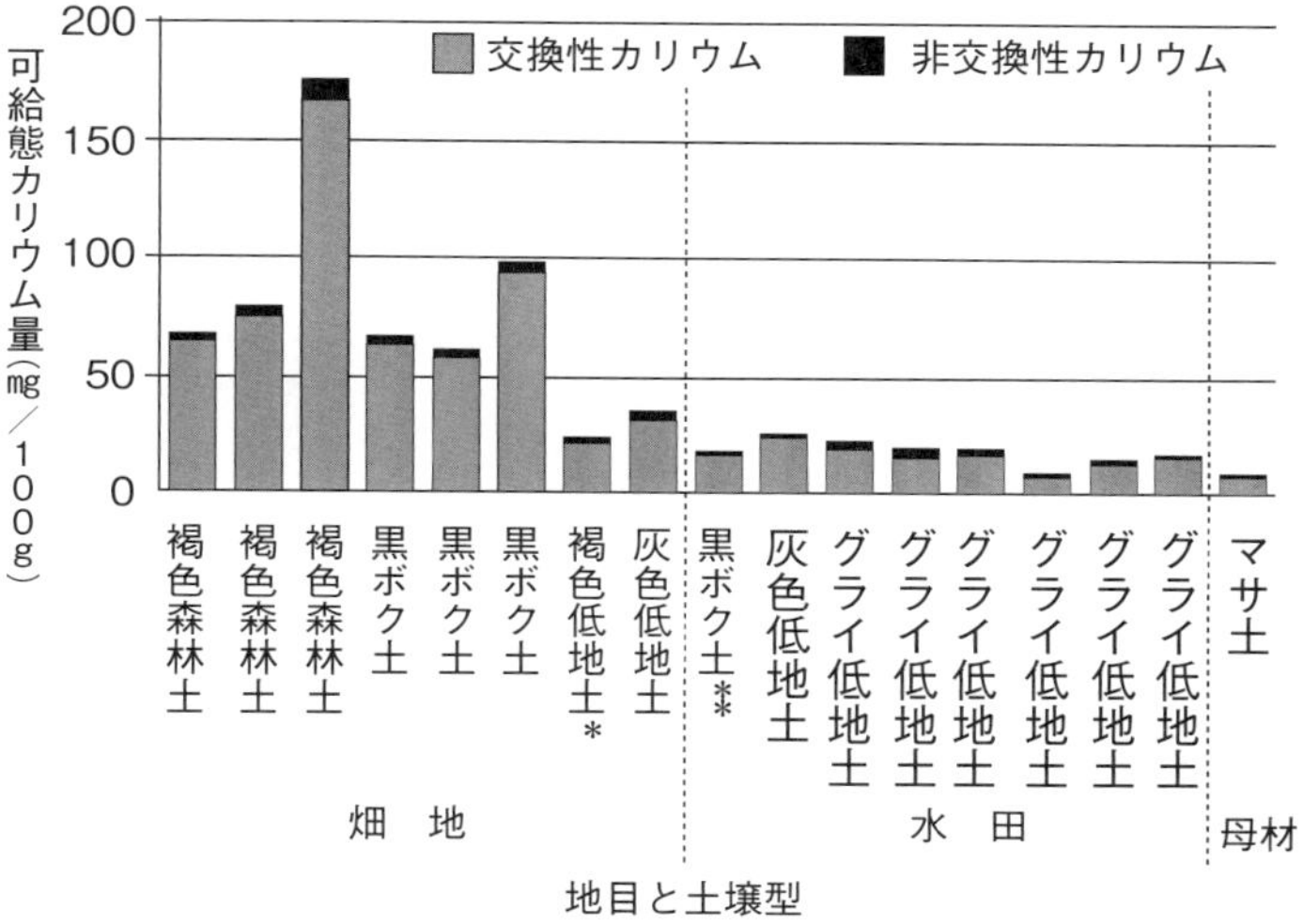

図７－５　農耕地土壌の可給態カリウム量（交換性＋非交換性）

（注）＊転換畑、＊＊造成

多数のペグマタイト鉱床が存在しており、日本の三大ペグマタイト鉱床と言われていたという。

耕作が粘土鉱物へ放射性セシウムの固定を促進

田中治夫先生は、松村先生らが東和地区の土壌では熱硝酸によって抽出されるカリウムが交換性カリウムの給源になっていると推定したことを立証するために、母材の違いによりカリウム供給能がどのように異なるか調べた。東和地区の農耕地土壌には、褐色森林土、黒ボク土、灰色低地土、グライ土などが分布している。また、台地や丘陵地には褐色森林土が広く分布し、一部は黒ボク土であった。さらに、低地にはグライ土が広く分布し、一部排水の良い場所には灰色低地土が分布していた。

図７－５に示したのは、こうした土壌の分

類による土壌中の可給態カリウム量である。可給態カリウムの量は畑地土壌で多く、水田土壌で少ない。東和地区の農耕地は堆積様式からみると、残積成・重力成・風成の褐色森林土や黒ボク土であり、一部の低地土を除くとすべて五〇㎎／一〇〇g土壌を超えていた。一方、水田土壌では大部分の可給態カリウムは二五㎎／一〇〇g土壌より低い傾向を示した。

田中先生の各土壌中の粘土鉱物組成の解析によると、黒雲母と細粒雲母(Mc)とバーミキュライト(Vt)が含まれていたという。一般に、黒雲母などカリウムを含む一次鉱物の風化過程では、カリウムが放出され、細粒雲母やバーミキュライトなどが生成することが知られている。田中先生の考察では、東和地区の畑や水田土壌には、これらの粘土鉱物が多く含まれており、その生成過程で土壌にカリウムが供給されているという。

ところで、私たちは地目が畑の褐色森林土で試験を行った。田中先生の試験からも分かるように、非常にカリウム供給力が高い畑土壌で、植物と微生物の相互作用を用いた放射性セシウムの除去試験を行ったことになる。解析が進んでいくまで、以下の点は予想できなかった。

①戸沢の試験圃場の土壌は、粘土鉱物として細粒雲母やバーミキュライトを含有している。

②原発事故から一年以上経過した結果、放射性セシウムがバーミキュライトなどに強く固定されている。

③試験圃場の土壌には長石の風化物が大量に存在しており、それらによる豊富なカリウム供給力を有し、可給態カリウムの高い存在量が作物への放射性セシウムの吸収を抑制している。

その結果、放射性セシウムの作物体への取り込みも抑制している。

ゆうきの里東和で開催されたシンポジウムで、中島紀一先生が「東和の農家さんが素晴らしかったのは、原発事故後の五里霧中の中で、とにかく農耕地を耕し、作物の生産を試みたことである」と話されたことがある。私は当初その意味をよく理解できなかったが、調査・研究過程で東和地区の土壌特性が分かってくるにつれて、納得できるようになった。

すなわち、耕すことで放射性セシウムと細粒雲母やバーミキュライトとの接触を促進し、粘土鉱物の中へ放射性セシウムの固定を促進させたのである。また、よく耕すことで長石などの粘土鉱物の風化も促進させ、土壌中へのカリウムの放出も促進させ、結果的に作物可食部への放射性セシウムの蓄積を抑制させたのである。同時に、阿武隈山地北西部のペグマタイトを含む地質が放射性セシウムへの天然の要塞になり、幸いしたと感じている。

四　セシウムを吸収・蓄積しにくいイネ品種の育成

研究の手法

私たちは表７－１（一六三ページ）に示したプロジェクトの２（１）に掲げた「放射性セシウムを子実に蓄積しない水稲系統の探索とその育種への利用」という課題を大川泰一郎先生と一緒に行った。目的は、放射性セシウムを吸収・蓄積しにくい品種の育成である。

福島県では、コシヒカリ、ひとめぼれの作付面積が多い。二〇一二年当時、これらの品種の放射性セシウム吸収特性と子実への蓄積特性は不明であった。また、遺伝的に異なる水稲品種間で放射性セシウム吸収や子実への蓄積にどの程度相違があるかも、ほとんど明らかになっていなかった。

そこで本課題では、まず水稲の各系統が保有する放射性セシウム吸収と子実蓄積特性の評価を行った。用いたのは、約三万二〇〇〇点の水稲品種がもつ遺伝背景をほぼカバーしている世界のコアコレクション六九品種と、日本のコアコレクション五〇品種、さらに農工大が保有・育成した品種・系統である。

次に、その結果に基づき、効率的な品種改良のため、放射性セシウム吸収、子実蓄積特性の大きく異なる品種の組み合わせを用いてＱＴＬ（Quantitative Trait Locus）解析を行い、放射性セシウムの吸収と子実への蓄積に関わるＱＴＬの検出と近傍ＤＮＡマーカーの作出を試みた。ＱＴＬ解析とは、量的形質（複数の遺伝子の効果の総和によって支配されることが多い形質）がどのように生物に表現されるかに影響を与える、染色体上のＤＮＡ領域を見出す解析である。

そして最終的には、ＤＮＡマーカーを指標にして、子実への放射性セシウム蓄積が抑制された「改良型ひとめぼれ」などの作出を目指した。

イネ品種の放射性セシウム吸収特性

日本のコアコレクションでは、神力《しんりき》が最も収穫期のモミ中の放射性セシウム濃度が高く、日の出が最も少なかった。コシヒカリとともに福島県で広く栽培され、系譜上に日の出を含むひとめぼれは、日の出と同様にモミ中の放射性セシウムの蓄積は少ない。世界のコアコレクションで

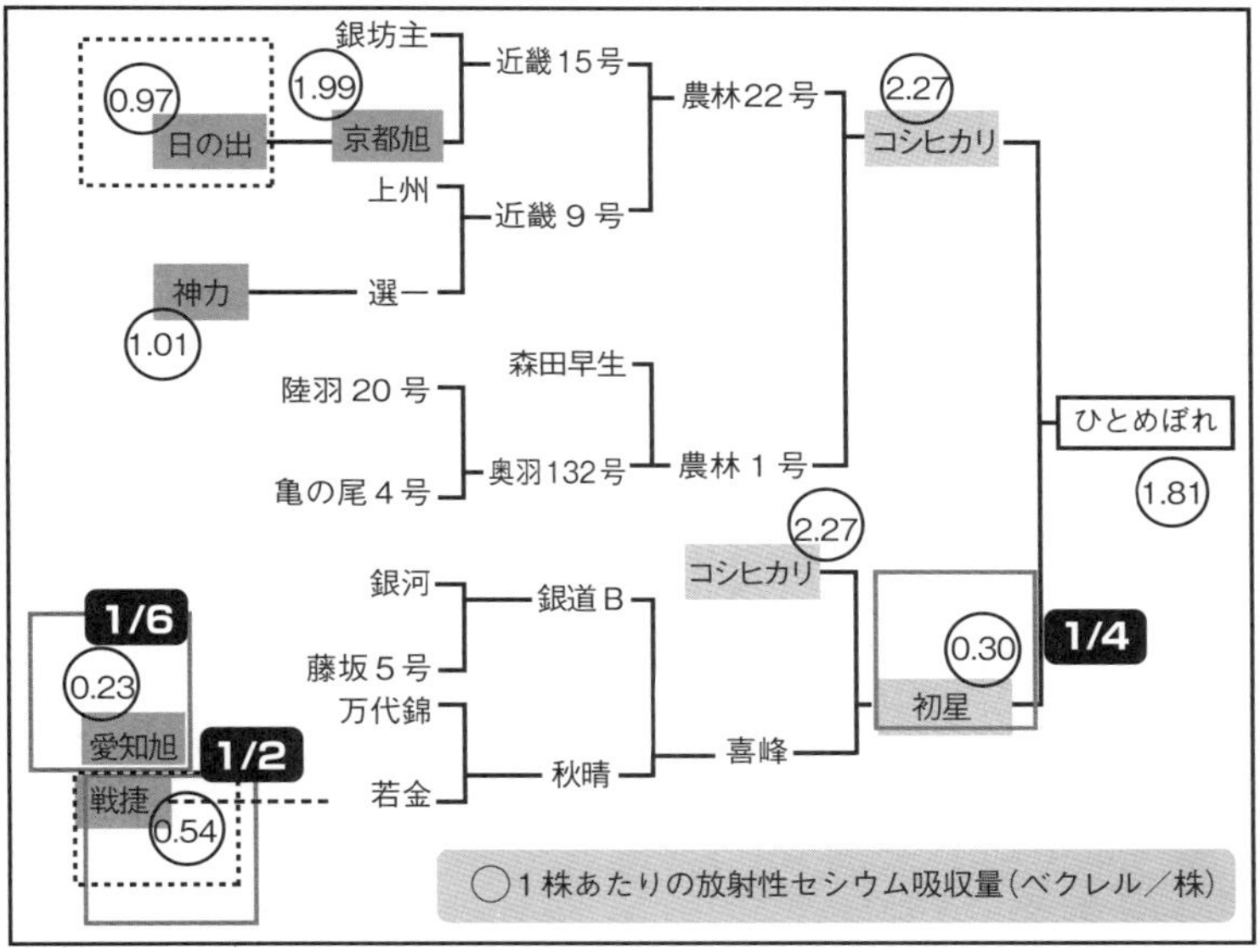

図７－６　ひとめぼれの祖先親の放射性セシウム吸収特性

は、ベトナムの Khau Mac Kho が最もモミ中の放射性セシウム濃度が高く、スリランカの Kaluheenati やインドの在来品種 kasalath が最も低かった。

一方、各品種のモミとワラ中の放射性セシウム濃度比（モミ／ワラ比）は、インド型の平均値は〇・三二八、ジャバニカ型は〇・六〇〇であったが、ジャポニカ型は〇・一三一であり、吸収した放射性セシウムをモミへ移行させにくい特性があることが分かった。

また、東和地区の水田で栽培したイネ各品種の一株あたりの茎葉部と穂の全放射性セシウム量を比較し、ひとめぼれの祖先親の系譜にその値を加えたのが図7－6である。ひとめぼれは一・八一ベクレル／株、コシヒカリは二・二七ベクレル／株であった。そして驚いたことに、ひとめぼれの系譜には、放射性セシウムの吸収を抑制する形質を有する祖先親が多く存在していたのだ。たとえば、戦捷《せんしょう》（〇・五四ベクレル／株で、ひとめぼれの半分）、初星《はつぼし》（〇・三〇ベクレル／株で、ひとめぼれの四分の一）、愛知旭（〇・二三ベクレル／株で、ひとめぼれの六分の一）などである。

つまり、ひとめぼれは放射性セシウム吸収が低い品種であり、先祖親の戦捷、初星、愛知旭などから放射性セシウム吸収を抑制する遺伝因子を受け継いでいたわけだ。

育種過程で利用された先祖親は当時の育種家による選択で、この結果は偶然のたまものではある。ただ、選ばれた多くの祖先親が放射性セシウムの吸収抑制の遺伝的な性質をもっていたことは、水稲栽培農家にとって幸運であった。

イネの放射性セシウム吸収機構の解明

二〇一三～一七年に、岩手生物工学研究センターの阿部陽博士、農工大の大川先生、大津直子先生、森山裕充先生と共同して、ひとめぼれに着目。「ひとめぼれ－カサラス」「ひとめぼれ－タカナリ」の組み換え自殖系統群三一八系統を栽培し、それらの放射性セシウム吸収特性に基づくＱＴＬ解析から、放射性セシウム吸収を抑制する遺伝因子の探索を行った。

圃場試験とともに、農工大にモデル水田を設置して均質な環境での試験も同時に行い、組み換え自殖系統群三一八系統の玄米中の放射性セシウム濃度の高低に影響する量的形質の解析を行った。この試験でも膨大な測定をする必要があるサンプルが生じ、非常に大変な作業になったが、学部や修士・博士課程の学生やポスドク（博士研究員）の努力で、データがそろえられた。彼らに感謝したい。

　その結果、「ひとめぼれ－タカナリ」の組み換え自殖系統群から、ひとめぼれよりさらに六割ほど放射性セシウム吸収を抑制する系統を見出すことができた。また、その抑制に関与する遺伝因子が第一、第三、第六染色体に存在していることも分かり、いくつかのカリウム輸送体の機能の違いも明らかになってきた。関連する遺伝子領域のＤＮＡマーカーも開発できた。

　この玄米への放射性セシウム抑制系統は「改良型ひとめぼれ」育種母本として、種子とＤＮＡマーカー情報を福島県農業総合センターへ二〇一八年度に寄託し、今後の品種開発に利用していただきたいと願っている。

五　震災発生以降を振り返って

　東和地区で農工大がゆうきの里東和と共同で福島農業復興支援バイオ肥料プロジェクトを開始して、六年が経過しました。東和地区での圃場試験を卒論や修論のテーマにした学生たちは、二泊三日程度ですべての作業を終わらせなければなりません。段取りを工夫し、一緒に来た人たちを指導する必要もあり、計画的に仕事をするようになりました。また、農家さんの民宿に宿泊しての話を聞き、作業を見る機会がたくさんあり、教育効果が非常に高まったと感じています。私自身もたくさんの農家さんと友人になり、今後の人生に関しても大きな影響を受けました。

　福島県の農業復興は、まだ道半ばと思います。山の恵みであるきのこや山菜を生活の糧にしていた農家さんは、いまも壊滅状態です。とくに、山をどうするかが今後の大きな課題でしょう。今後も野中先生の想いを胸に刻んで、少しでも福島県の農業復興に貢献できればと考えています。

〈引用文献〉

Djedidi S., Kojima K., Yamaya H., Ohkama-Ohtsu N., Bellingrath-Kimura S.D., Watanabe I., Yokoyoma T. (2014). Stable cesium uptake and accumulation capacities of five plant species as influenced by bacterial inoculation and cesium depth distribution. *J. Plant Res.*, 127, pp. 585-597.

Djedidi S., Terasaki A., Aung H.P., Kojima K., Yamaya H., Ohkama-Ohtsu N., Bellingrath-Kimura S.D., Meunchang P., Yokoyama T. (2015) Evaluation of the possibility to use the plant-microbe interaction to stimulate radioactive 137Cs accumulation by plants in a contaminated farm field in Fukushima, Japan. *J. Plant Res.*, 128, pp. 147-159.

Djedidi S., Kojima K., Ohkama-Ohtsu N., Bellingrath-Kimura S. D., Yokoyama T. (2016) Growth and 137Cs uptake and accumulation among 56 Japanese cultivars of Brassica rapa, Brassica juncea and Brassica napus grown in a contaminated field in Fukushima: effect of inoculation with a Bacillus pumilus strain. *J. Environ. Radioact.*, 157, pp. 27-37.

平山孝(二〇一一)「ヒマワリ・ナタネ等の放射性物質の吸収」『農業分野における放射性物質試験研究課題成果説明会(第5回)』福島県農業総合センター、六ページ。

Kojima K., Ookawa T., Yamaya-Ito H., Salem D., Ohkama-Ohtsu N., Bellingrath-Kimura S. D., and Yokoyama T. (2017) Characterization of 140 Japanese and world rice collections in terms of radiocesium activity concentrations in seed grains and straws cultivated in Nihonmatsu-city in Fukushima to explore rice cultivars having a property of suppressive radiocesium accumulation in seeds. *J Radioanal Nucl. Chem.* 314 (2) : pp. 1009-1021.

田中治夫・楢木芙美香・岩崎知世・杉原創・小島克洋・横山正(二〇一七)「福島県二本松市東和地区における母材

の違いが土壌のカリウム供給能に及ぼす影響」『福島農業復興支援バイオ肥料プロジェクト最終報告書』東京農工大学農学部文科省特別経費プロバイオ肥料、一〇一～一〇八ページ。

横山正・Djedidi Salem・小島克洋・木村園子ドロテア・大津直子（二〇一七）「アブラナ科作物五六品種の放射性Ｃｓ吸収特性」『福島農業復興支援バイオ肥料プロジェクト最終報告書』九三～九七ページ。

横山正・Djedidi Salem・小島克洋・山谷紘子・木村園子ドロテア・渡邉泉・大津直子（二〇一七）「微生物と植物を用いた農耕地からの放射性セシウムのレメデーションの試み」『福島農業復興支援バイオ肥料プロジェクト最終報告書』三八～四四ページ。

横山正・大川泰一郎・大津直子・小島克洋・國井みず穂・中丸観子・佐野舜吾・市原翼（二〇一七）「放射性Ｃｓを子実に蓄積しない水稲系統の探索とその育種への利用」『福島農業復興支援バイオ肥料プロジェクト最終報告書』七一～八〇ページ。

第8章　被災地大学が問われた「知」と「支援」のかたち

石井　秀樹

福島第一原子力発電所事故から七年が過ぎた。この間、産学官の取り組みに加えて、被災者の主体的取り組みもあり、原子力災害からの復旧・復興は着実に進んだ。本書でも多くの実践や研究成果が記されており、それは明らかである。

しかしながら、福島県では数多くの人びとが生活再建の実感を持てないままでいる。また、現状の復興のあり方に疑問を抱く市民は多い。原子力災害からの復興は、いまだ途上にある。

本稿では、まず筆者なりに原子力災害の特質を整理する。そして、被災地にある福島大学による伊達《だて》市小国《おぐに》地区を中心とした住民支援の経験を取り上げながら、被災した住民がいかに原子力災害と向き合い、乗り越えようとしたのかを論じ、大学に求められた「知」と「支援」のあり方を考察したい。さらに、野中昌法先生が示された復興支援研究の普遍性を論ずるとともに、その志を継承し、今後の課題と展望を明らかにしたい。

一　原子力災害の被害の特質

福島第一原子力発電所事故は、日本では未曽有の災害であった。国民はもとより、政府や自治体、大学研究者にとっても十分な経験と備えがなかったのは事実であろう。事故の復旧と復興における政府と自治体、および専門家の責任は重いが、試行錯誤の中で、いまに至っている。それを謙虚に認め、教訓とし、引き継いでいかねばならない。

まず確認すべき点は、原子力災害は、地震や津波のような「自然災害」とは大きく異なることである。それは「人災」であり、「環境破壊」であり、「事件」であったからだ。

福島ではさまざまな復興施策が講じられている。しかし、地震や津波で取られる災害復旧・復興のスキームでは、原子力災害からの復興は描けない。真の復興を遂げるには、この災害の特質に即して進めなければならない。

自然災害との比較、公害との比較

放射能が厄介な点は、汚染が甚大ならば、それ自体が健康への影響を与えうるものであるとともに、環境汚染により自然の生産力と土地利用の可能性を棄損し、その結果「地域の未来を奪いかねない災害」である点だ。

地震や津波などの自然災害は、生活環境を構成するインフラをことごとく破壊し、おびただしい数の人命を奪う。だが、第一義的には「環境汚染」ではなく、農地・森林・海洋での食料生産の可能性までは奪わない。地震や津波では、被災者の生活再建とコミュニティ再生、ならびに生活環境のインフラの物理的整備が、復興として取るべき基本的スキームとなる。

一方、放射能汚染は環境汚染が本質であり、生態系が汚染されることで農林水産物が汚染される。福島では幸い、除染や低減対策の効果もあり、結果として現在流通する農林水産物は基準値以下で、その大半が放射能不検出となった(1)。とはいえ、放射能汚染のある・なしにかかわらず風評にさらされ、長期にわたって農林水産物の管理を余儀なくされる。

ましてや先祖代々受け継ぎ、育んできた生産基盤を汚染されることは、たとえ農作物が国の基準値以下で安全とみなされたとしても、農民は受け入れることができないだろう。血と汗を流す想いでつくりあげた労働の場が穢《けが》されたからだ。こうした環境汚染により食料生産の停止を余儀なくされた事例は、過去にも水俣病やイタイイタイ病などの公害があった。

さらに、放射能が厄介なのは、外部被曝させる遠隔作用がある点だ。水俣病とイタイイタイ病の原因となった有機水銀やカドミウムには遠隔作用はなく、汚染地域に滞在すること自体に物理的問題は生じない。イタイイタイ病が生じた富山市では三一二八haが汚染地とみなされ、カドミウム除染による土壌再生が八六三haで実施された。残りの汚染地では、宅地や公共施設などの開発を行い、農地転用による復興がなされた。

一方、放射能汚染が甚大であれば外部被曝への注意を常に余儀なくされる。廃炉に膨大な労力と時間、費用がかかるのは、そのためである。また、福島では一時は一一万人以上が県外避難した。統計には表れない短期避難者、県内避難者を含めると、延べ二〇万人以上が避難生活を経験したのである。外部被曝という遠隔作用さえなければ、避難を選択する人びとはずっと少なかったであろう。

カドミウム汚染地では農地転用による開発行為をもって、地域再生がなされた事例もある。原子力災害での被災地でも、復興予算を用いた基盤整備事業が進んでいる。だが、こうした事業に条件不利地域の農業再生策として一定の効果があったとしても、放射能による外部被曝を完全になくすことはできない。

被害の全貌を把握することの難しさ

原子力災害の被害は多岐にわたり、被害の全貌の把握はきわめて難しい。原子力災害の被害の根本には、放射能汚染という物理的被害がある。さらに、そこからさまざまな社会経済的な被害が派生し、被災者を複合的かつ重層的に苦しめている。被災者の生活の困難さは多くの論考で指摘されているが、生活上の困難さや苦しみを〝表立って〟表明できない方々も多く、支援から排除された人びとも少なくない。

放射線の健康への影響は、いまだ科学的に十分に明らかにはなっていない。疾病が生じても、それが放射線の影響によるのか因果関係の特定は一般に難しい。また、晩発性疾患（長い潜伏期間を経て現れる症状）の影響評価は今後の課題で、とくに初期被曝が顕著であった人びとの不安感は根強い。

さらに、福島県では震災関連死の多さが指摘されている。震災関連死とは、建物の倒壊や火災、津波など災害時の直接的被害ではなく、その後の避難生活などに伴う体調悪化や過労などの間接的要因による死亡である。他県は増加が止まりつつあるが、福島県ではいまなお増えている（図8―1）。

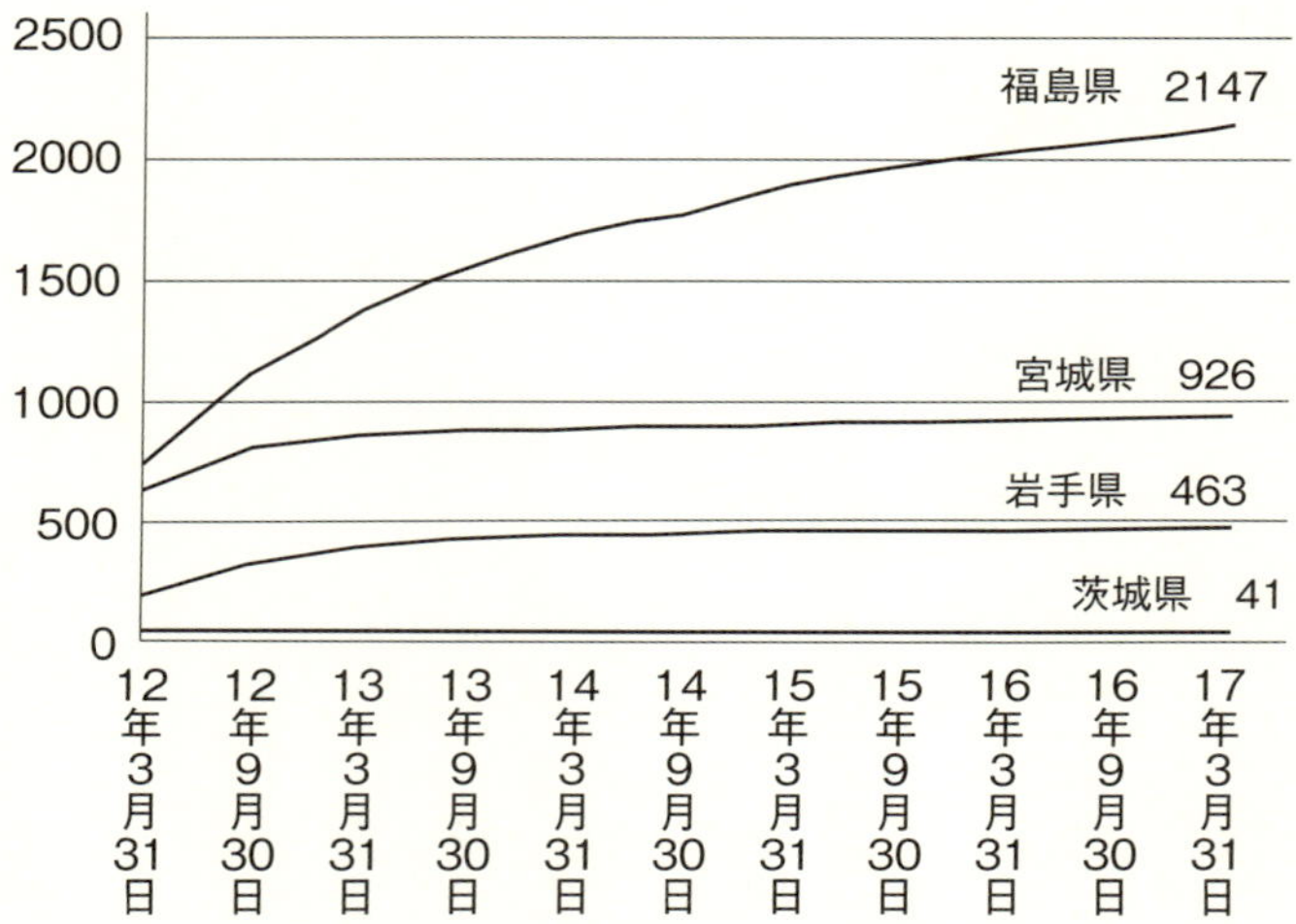

図８－１　被災４県の震災関連死者数（人）

（出典）復興庁データより、筆者作成。

震災関連死の多さについて、復興庁は「発災直後からの避難（移動）や避難生活による疲労、ストレス、運動不足、医療事情」を指摘し、「避難は身体、心理、社会・環境という健康に影響を与える三つの要因すべての面で大きな影響を与えている」と述べる[2]。また、糖尿病、高血圧、うつ病などの精神疾患、青少年の肥満、廃用性症候群（長く動かないでいるために起こる筋肉の衰えなど）の増加なども指摘されている[3]。これは放射能汚染地から避難した人びとの間でも生じており、避難者を含めた包括的な健康調査が不可欠である。

原子力災害による健康への影響は放射能による直接的影響も懸念されるが、むしろライフスタイルや食生活の変化により、さまざまな疾患が顕在化している点も忘れてはならない。原子力災害から福祉と健康を取り戻すには、放射能を取り除いたり、避けたりするだけでは不十分である。包括的な医療、保健、福祉の体制づくりが必要なのは言うまでもない。

将来の不確実性が生活再建を妨げる

原子力災害がさらに厄介な点は、将来に対する不確実性があるため、被害の総量が確定せず、将来の見通しや計画が立たず、それが生活再建を妨げる点である。

福島第一原子力発電所が再臨界[4]する可能性は大幅に低減している。しかし、東日本大震災の余震、大規模な津波が再来する可能性は皆無ではなく(マグニチュード九・〇級の地震の後にはマグニチュード七・〇級の地震が続くことが一般的である)、再臨界に対する防備が必要である。事故が生じた原子炉からの放射性物質の漏洩、大気拡散のリスクもある。

日本政府は野田政権時代の二〇一一年に、四〇年後の廃炉目標を掲げた。だが、過酷事故が生じた原子炉の廃炉を人類はいまだ経験していない。一九八六年のチェルノブイリ原発事故では、原子炉付近の空間線量の低下と放射性物質の漏洩防止を目的として、原子炉を覆うシェルターが構築された。チェルノブイリですら、廃炉は着手されていない。四〇年後の廃炉が達成される確証はなく、将来の見通しが立たないことで、帰還や営農再開を躊躇する人びとは多い。

除染廃棄物は三〇年後の福島県外移設を条件に、双葉町と大熊町に設置する中間貯蔵施設に持ち込まれることになった。しかし、用地買収は途上にあり、移設は進んでいない。しかも、三〇年後の県外への移設先が決まらず、なし崩し的に現地で管理される懸念がある。また、除染廃棄物のうち八〇〇〇ベクレル／kg以下の土壌については、公共管理ができる場所での再利用の実証事業が始まった。(5) 二本松市では住民による反対運動が起きている。再生土壌は中間貯蔵施設を経由させないため、三〇年後の移設対象とはならない、そのまま、事実上の最終処分地となる可能性がある。

同様に、放射性物質の集中管理をする中間貯蔵施設が形骸化し、結果として分散管理が進みつつある。また、福島県外に降下した放射性物質は県外処分する方針となっているが、栃木県や宮城県をはじめ各地で、最終処分場建設に関する反対運動が起きている。(6)

原子力災害には、放射性物質による汚染だけでなく、廃炉、除染土壌の最終処分、再利用といった多くの問題がある。それらに対する政策は揺れており、その体制しだいでは新たな被害を被る地域が発生する。その意味で原子力災害は、解決すべき課題が残されているだけでなく、新たな被害を引き起こす問題をいまなお生起し続けている。

被害が過小評価されるおそれ

原子力災害は経済活動の結果生じた公害であるが、水俣病やイタイイタイ病、四日市喘息などの公害と決定的に異なる点がある。それは、過去の公害が患者の発生後に原因究明が始まり、解明後にようやく対策が取られたのに対して、原子力災害は順番がまったく逆である点だ。原子力災害では、放射能の健康への影響は長期にわたる分析と検証が必要となるが、原因となりうる物質は放射性ヨウ素や放射性セシウムなどであり、対象がはっきりしている。

水俣病などでは、加害企業が責任を認めないことが原因究明と被災者救済の遅れにつながり、被害がさらに増大した。こうした悲劇は二度と繰り返してはならない。原子力災害では、被曝を減らす努力がどのレベルまで必要であるのかにはさまざまな見方があるだろうが、原因となりうる物質は明確で、予防的対策を取ること自体は可能な災害である点を確認すべきである。

国際的な放射線防護の原則は、「無用な被曝を避けること」である。また、市民が許される被曝量は年間一ミリシーベルト以下であり、事故が生じた場合でも、年間二〇ミリシーベルト以上の被曝が想定される場合は、一ミリシーベルト以下にすることが要請される。

一方、日本政府の方針は年間二〇ミリシーベルト以下であれば避難指示は解除され、帰還が促される。避難指示が解除となった地域で外部被曝の評価をすると、実際には年間二〇ミリシーベルトもの外部被曝はなく、大半は数ミリシーベルト前後の被曝に収まるケースが多い。(7) しかし、だからといって放射線防護を怠ることがあってはならない。さらに被災者にとって重大な点は、被曝の基準が変わることで、補償や賠償を受ける正当性が失われる点である。こうした基準は放射線防護における「憲法」とも言うべきものであり、事故が生じたからといって容易に変更することがあってはならない。

過去の公害では、原因究明の遅れが加害者の責任追及と被災者救済の遅れにつながった。原子力災害は予防的対処が可能である。にもかかわらず、放射線防護の基準が甘くなることで、被災者の健康を損ねることがあってはならない。また、正当な補償や賠償が受けられなくなる点でも、現実に被災者は苦しんでいる。

二　原子力災害と向き合う住民の主体的活動

一部が特定避難勧奨地点に指定された小国地区

伊達市小国地区は、福島第一原子力発電所から北西五〇～六〇㎞圏に位置する中山間地域である。花崗岩に代表される阿武隈高地の北縁部に位置し、玄武岩や安山岩質の火山岩が基盤である阿武隈花崗岩を覆う地質からなる。その地質を河川が開削し、谷沿いに約四〇〇世帯の集落が広がる。背後の山々は杉などの人工林もところどころ見られるが、多様な広葉樹林が彩をなし、きのこや山菜などの豊かな恵みが得られる里山が広がっている。

小国地区は、計画的避難区域相当の放射能汚染はないものの、事故発生後一年間の積算放射線量が二〇ミリシーベルトを超えると推定される地点で世帯ごとに避難が勧められる「特定避難勧奨地点」に、二〇一一年六月に指定された（合計九〇世帯）。避難指示が出されなかった地域では、国内で最も汚染が高い地域のひとつである。

指定による避難の義務はないが、避難指示を受けた地区の住民に準じる形で、一人あたり月額一〇万円の精神的賠償金が出たほか、固定資産税の減免措置もあった。これが特定避難勧奨地点の指定（二〇一一年六月三〇日）から指定解除（二〇一二年一二月三一日）三カ月後の二〇一三年三月三一日まで二二カ月間続いたため、指定の有無で大きな経済的格差が地域内で生じた。

特定避難勧奨地点は、伊達市から派遣された計測員によって玄関前で毎時三・八マイクロシーベルト以上の空間線量が確認されれば指定される。天候による空間線量の変動や、計測手法の違いによる空間線量の不確定性は、計測の再現性と妥当性が問われることになった。毎時三・八マイクロシーベルトを超える場合があっても、指定されなかった世帯もある。

同一敷地にあり、娘世帯が暮らす住居は指定を受けた一方、たった二ｍ離れただけの父親が暮らす住居は指定を受けなかった事例もあった(私信)。また、本来は毎時三・八マイクロシーベルト以上の空間線量があったが、震災直後に表土の剥ぎ取りによる自主的除染をした結果として空間線量が低減し、指定を受けられなくなる事例もあった(私信)。

前述した国際的な放射線防護の原則は、日本政府による避難の基準とは乖離がある。そのため、住民が当該地域で暮らすことへの不安と政府の対応への不信感は根強かった。また、特定避難勧奨地点を指定した行政の認定方法に対する疑義、指定の有無で経済的な支援格差が生じたことでの不平等感が募り、地域コミュニティの分断が生じた。

このような中で、特定避難勧奨地点に指定されなかった世帯の人びとを中心に二〇一一年九月に組織されたのが「放射能からきれいな小国を取り戻す会(以下「取り戻す会」)である。取り戻す会は九月より小国地区内の空間線量計測とマップ化の取り組みを開始し、一二月からは食品・水などを計測対象としたＮａＩシンチレーションカウンターを導入して、住民主体での放射能計測の体制を整えていった。

また、小国の将来計画を住民自らが構想しようと、二〇一三年一一月に「小国復興プラン提案委員会」(以下「提案委員会」)が発足した。提案委員会には①生活環境部会、②福祉健康部会、③

農業経営部会が設けられた。そして、福島大学うつくしまふくしま未来支援センターの教員七名が顧問として参画し、ともに復興プランを策定した。

小国地区では、こうした住民団体が主体となり、大学研究者と連携しながら、農地や森林の空間線量の計測、山菜やきのこなど、土壌、防火水槽、水道などの放射性セシウム濃度の計測、水稲試験栽培などが実施された。これらの取り組みの詳細は別の論考へ譲るが、本稿ではこれらの計測の意義を考察したい。

住宅地と農地の空間線量計測とマップ化

小国地区では二〇一一年四月以降、住民有志によって、土壌中の放射性セシウム濃度や空間線量の計測が行われてきた。特定避難勧奨地点の指定がなされた六月以降、毎時三・八マイクロシーベルト以上の空間線量が確認されるエリアが多数確認され、追加指定や、指定方法の検証の必要性が争点化していく。

二〇一一年九月には小国地区全域を対象に、住宅地や農地が広がるエリアを一〇〇mメッシュで五三三カ所に区分し、空間線量の計測とマップ化の取り組みに着手した(8)。こうした放射能計測とマップ化は、九月の第一回計測を皮切りに、二〇一二年以降は毎年五月ごろに実施され、今日までに八回の計測が実施されている。そのマップ(地図)は小国地区の全世帯に配布されるほか、公共施設や地区集会場などにも掲示されている。

また、原子力災害による被害の告発、ならびに特定避難勧奨地点の指定により、地域内で支援格差が生じた結果、地域コミュニティが分断したことに対して、東京電力に裁判外紛争解決手続き(ＡＤＲ)を申し立てた。これに対して二〇一三年一二月、原子力損害賠償紛争解決センターが和解案を提示した。その背景には、取り戻す会が主体的に放射能計測を行って作成した地図で、特定避難勧奨地点に指定された世帯のないエリアに、二〇一一年九月時点で三・八三マイクロシーベルト以上の空間線量が認められるケースがあることや、小国地区全体に放射能汚染が広がっており、限られた世帯だけ指定されることの不合理性を示したことがある。さらにそれは、東京電力による和解案(二〇一一年六月三〇日から二〇一二年三月三一日までの延べ一二カ月間について、一人あたり月額七万円の賠償)の受諾につながった。

汚染実態の把握は、本来は国や自治体などが担う責務があろうが、被災した当事者自らが地域の汚染実態の把握を行い、司法や行政手続きに資するエビデンスを構築した意義は大きい。

食品の放射能検査

二〇一一年一二月には市民放射能測定所の支援を受けて、小国ふれあいセンター(現・小国交流館)内に、ＮａＩシンチレーションによるベクレルモニターを導入し、食品中の放射性セシウムが計測できる体制が構築された。取り戻す会のメンバーが測定を担い、測定結果の伝達を行う。あわせてデータの整理や分析も行い、広報誌を通じた地域への開示を行っている。

二〇一三年ごろまでは、米を中心に、野菜、山菜・きのこ類が広く持ち込まれた。二〇一四年以降は、山菜・きのこ類などが主となっている。計測対象が変わってきたのは、事故直後はあらゆる食品に対する不安があったのに対して、国や県のモニタリング検査の情報が普及するとともに、自らの放射能測定の経験から、放射能の吸収がみられる食品が明らかとなり、あらゆる食品を測定する必要がなくなったからだ。一方、山菜やきのこ類については、フキノトウなどでは低下傾向にあるが、コシアブラを中心に高止まりしている種類もあり、測定のニーズは高い。

放射能測定に際しては、検体処理や計測に一定の時間がかかる。その担い手の多くは小国地区の女性であり、放射能測定の場が日常的な情報交換のサロンとしても機能している。こうした中で、地域がかかえる問題を共有・討議したり、放射能に対する理解や認識を深める学習が行われてきた。

水稲の試験栽培

二〇一一年の水稲は、土壌中の放射性セシウム濃度が暫定規制値の五〇〇〇ベクレル／kg以上の地域で作付制限となったが、避難指示が出なかったエリアでは広く栽培された。だが、晩秋に五〇〇ベクレル／kgを超える玄米が、伊達市小国・月舘《つきだて》地区、福島市大波・渡利《わたり》地区などで見つかった。

暫定基準値を超過する玄米が発見されたのは、生産者自らが安全を検証するため民間の放射能測定所に玄米を持ち込み、測定したからである。その後、福島県農業総合センターや福島大学にも検体が持ち込まれて検証され、福島県による記者会見が一一月二六日に開かれた。民間での放射能計測がなければ、汚染米が見過ごされたり発見が遅れたりする可能性があったわけである。

二〇一二年度の水稲作付けについては、二〇一一年度に五〇〇ベクレル／kgを超える玄米が検出されたエリアについては旧市町村単位で地域全域の作付けを制限するという指針が、一二月二七日に出された(9)。そのため、二〇一二年は小国地区全域が作付けを制限される見通しとなった。そこで取り戻す会は、イネのセシウム吸収メカニズムを検証する水稲試験栽培を伊達市に要望し、福島大学に試験栽培実施の協力要請をした。同時期に、東京大学農学部は、①経年的変化のモニタリングの欠落、②水田の荒廃、③労働力の劣化が進む可能性があることを指摘。米の流通管理と補償の仕組みを社会的に担保したうえで、水稲試験栽培の実施を提言した(10)。

こうして二〇一二年は伊達市産業部農林整備課の管理のもとで、東京大学（代表：根本圭介教授）と福島大学が連携し、六〇枚の水田で水稲試験栽培を実施した。その目的のひとつは、塩化カリウムなどのセシウム低減資材を加えた際に国の新しい基準値一〇〇ベクレル／kg以下の米が生産できるかを調べ、作付制限の解除を見極めるためのモニタリングである。同時に、低減資材を加えずに例年どおりの慣行的栽培を実施し、ありのままの水田生態系の中でイネのセシウム吸収の動態を見極め、セシウム吸収が促進される生産環境を多様な水田環境から特定することである。

低減資材を使わずにセシウム吸収動態を調べる場合は、基準値超過は必至となる。したがって、試験田から汚染米が流通しないようにする管理体制の調整などの課題があり、試験栽培が実現できる目途が立ったのは四月末であった。

試験圃場の選定においては、東京大学と福島大学、伊達市、ＪＡ伊達みらい、福島県伊達農業普及所に加えて、取り戻す会の住民の協力が不可欠だった。試験圃場を適切に設定するには、二〇一一年度のセシウム吸収が進んだ圃場に関する情報が不可欠であった。また、多様な生産環境で試験栽培するための地権者交渉などは、地元の有力者を介した信頼関係の構築と協力が不可欠であった。

試験圃場の田植えは伊達市の管理下で地元の農業生産法人が担い、カリウム肥料の有無を設けた対照区画の田植えなどでは取り戻す会のメンバーに多大なご協力をいただいた。農業者の手植え作業は桁違いに速く、取り戻す会のご協力なくして、試験栽培はできなかったであろう。六〇枚の試験作付けの田植え作業や観測機器の設置が終わったのは、六月三〇日である。試験栽培が許可されて以降、試験環境の一通りの準備までの緊張が続く日々であったが、取り戻す会・代表の佐藤惣洋氏は、こう声を掛けてくださった。

「さなぶり(筆者注：田植え終了を祝う宴)をやろう。今年は小国の米を食べることはできないが、試験栽培は未来につながる試験でなければならない。子どもたちが末長く小国で耕し、豊かな恵みを享受できることを願って、さなぶりを盛大にやりたい」

小国の水稲試験栽培は、イネのセシウム吸収メカニズムを明らかにし、この地で稲作が再開できるのかを見極めるだけでなく、未来に対しての大きな責任を持った試験であることを自覚した瞬間であった。

森林の放射能測定

小国地区の住民有志が森林環境の汚染を広域的に測定したのは、二〇一四年一月が最初である。住宅地や農地、ならびに食品の放射能測定を主導してきた菅野昌信氏は、「森林は空間線量が高いのではないかという思いがあり、近寄りたくなかった」と言う。

森林の空間線量の計測には、ホットスポットファインダー（日本遮蔽技研）を用いた。その結果、二〇一一年の事故後より文部科学省が実施してきた航空機モニタリング調査において、汚染が顕著であったエリアの森林環境の空間線量の高さがあらためて確認された。ただし、森林の放射能が画一的に高いわけではない。

尾根伝いの林道では空間線量が低く、谷伝いにある林道では高い傾向が見られた。谷底では「ビル風の原理」で放射性物質を含んだ気団が集中し、結果的に放射性セシウム汚染がより顕著となった可能性が考えられた。一方、尾根の空間線量が低いのは、視界が開けていることや、汚染源から離れていることからも明らかなように、地形による要因が考察された。小国地区の林道利用について、具体的な計画や対応を十分に練ることまではできていない。それでも、地形的要因によって空間線量に差異が生じることを踏まえて、森林の利用やアクセスを考えることの重要性が話し合われた。

また、森林の空間線量測定によって明らかになった点は、森林の利用とアクセスが停滞する状況で、つる植物の繁茂、倒木などによる森林の荒廃が広く進んでいることである。林道の一部では、植生が繁茂して分け入って立ち入らねばならない場所が認められるほか、竹や笹などが行く手を阻みアクセスが困難な場所すら認められた。森林の空間線量を調査する中で討議されたことは、山火事が生じた場合、森林へのアクセスが確保できず、消火活動が困難になり、被害が拡大する恐れである。ベラルーシ共和国では、山火事による放射性物質の再拡散を抑制するための森林管理を導入している。

提案委員会では当初、森林除染を要望するために森林の空間線量の計測に着手したが、山火事防止に資する森林整備をする中で、結果として森林除染も目指す提案を行うことにした。空間線量計測という取り組みが、空間線量値の把握という直接的意義を超えて森林利用のあり方を問い直す機会となり、ひいては建設的な政策提案という形で地域の問題解決を図ろうとした意義は大きい。

なお、二〇一六年三月三〇日に小国中心部（小国小学校）より北七㎞にある伊達市掛田《かけだ》で山火事が生じ、計二五haの森林が延焼した。平成に入り、最大の山火事である。また、二〇一七年四月二九日に浪江町の国有林で発生した山火事では、帰還困難区域であったため消防団の立ち入りが直ちにできず、消火は難航して七五haの森林が延焼した。山火事による放射性セシウムの拡散は限定的とされるが、山火事に対する住民の不安と延焼の拡大を抑制する態勢づくりが必要である。

飲み水に対する不安

食品衛生法における飲用水の放射性セシウムの基準値は一〇ベクレル／kgである。福島の水道水は放射性セシウムの不検出が続いており、基準値を超えることは一般的には考えにくい。

ただし、小国地区は花崗岩からなる阿武隈山地に開削された中山間地域である。平坦地の水道整備はなされているものの、集落奥の隅々まで水道が整備されているわけではない。日常に供する飲み水は、小川や山から湧き出る水を蓄えて利用する世帯もあった。花崗岩に磨かれた水はおいしく、それに涵養された米もまた美味で、水道に頼らない生活に誇りを持っていた人も少なくない。

ところが、台風をはじめとした大雨が降ると、飲み水が濁る場所がある。土壌中の微細な粘土鉱物などが混入するからだ。水道が整備されていない住民の間で、飲み水に対する不安は根強い。小国地区には二〇一三年に水道整備計画があったが、上小国地区の南部エリアは計画から除外されていた。一方、小国地区の住民が飲み水の不安から地区全域での水道整備を要望したのに対して、伊達市は代案として安価ですむ深井戸の造成を提案した。

しかし、提案委員会の生活環境部会が実施した二〇一三年七月の住民アンケートでは、深井戸を持つ世帯の住民でも飲み水に対する不安があることが明らかになる。これを受けて生活環境部会では、あらためて小国地区全域での水道整備を要望した。あわせて、復興庁福島復興局を訪問し、福島再生加速化交付金制度を用いた水道整備に小国地区が対象となることを聞き出して、国費による水道整備を提案した。さらに、福島大学が飲み水の放射能計測や住民アンケート調査を実施し、住民と一体となって行政と折衝した結果、行政との協働による小国地区全域での水道整備が二〇一六年冬に実現したのである。

三　被災地大学が求められた「知」と「支援」のかたち

筆者が属する福島大学うつくしまふくしま未来支援センターは、震災直後の二〇一一年四月に発足した組織である。研究をベースに、被災地の問題を生活再建の視点から包括的に捉えて総合的な復興支援活動をすることが目的である。一方、福島大学にはもともと農学部がなく、農学研究者は限られていた[11]。センター発足時は、産業復興支援部門の中に農学系の研究者が集まり、水稲試験栽培など小国地区をはじめとした住民支援活動、JA新ふくしま(現・JAふくしま未来)での農地の放射能計測事業「土壌スクリーニング・プロジェクト」、果樹農家の経営支援などが展開されていった。

これらの支援活動の特徴は、環境内での放射能動態に関わる基礎研究をベースとしつつも、研究活動はひとまず「手段」とし、住民の生活再建を優先させ、それを「目的」としたことである。被災地に出入りした研究者の中には、自ら保有する技術の応用、仮説の検証を最優先し、研究費がとれるか、論文になるかが行動原理で、被災地支援は二の次の研究者もみられた。福島大学で前述した方針を立てた背景にあるのは、原子力災害で「専門家」と呼ばれる人びとの信頼が損なわれていたことに加えて、水俣病などの公害問題では、被災者救済がなければ、被害の実態把握すらままならないことが指摘されていたことである[12]。

私が復興支援活動に従事する過程で被災地住民からひしひしと感じたのは、原子力災害の過酷な現実と、それに伴う怒りや失望の強さだ。原子力災害の被害は多岐にわたり、その全貌の把握は容易ではなく、将来に対する不確実性から生活再建の見通しが立てにくいことは先に述べた。また、被害が過小に評価され、補償や賠償はもとより、本来欠かせない生活支援から排除される事例があることも述べた。それは原子力災害の特質による部分が大きいが、政策の機能不全によって、被害が放置・拡大・多様化してきた点が否めない。被災地住民の怒りや失望は、放射能汚染それ自体だけでなく、社会全般にも向けられていた。

こうした中にあって被災地住民が求めたものは、個別の断片的な科学的知識ではない。むしろ、生活再建に向けて、地域はどのような状況にあり、今後どのような選択肢が残されていて、どこに向かって進むべきであるのかを住民参加に基づいて、一つひとつ検証していくプロセスが問われていたように思う。

この地域で暮らせるのか、避難すべきなのか。この地域で稲作ができるのか、できないのか。これらの抜き差しならない問題は、個人ごとに状況が異なり、個別の客観的データがなければ判断できない。同様に、小国地区での水道整備の折衝、原子力損害賠償紛争解決センターの和解においては、議会や行政、東京電力などに説得力あるデータを客観的に提示する必要があった。これらもまた、生活再建における実態把握の重要性を示している。

こうした自己決定や利害折衝においては、専門家が客観的なデータを一方的に提示するだけでは不十分である。国や専門家が提示するさまざまな基準や施策が、そもそも被災者にとってフェアなものであるのか、大きな疑義があったからだ。したがって、被害の様相をどのように捉え、いかに生活再建の方向性を見出すのか、被災者ごとの価値判断と、原子力災害に対する見通しが問われたのである。

被災者が置かれた状況も、それぞれの価値観も、千差万別である。農作物の生産においては、国が一方的に定めた基準値を下回ればよいのではなく、農業者がそれぞれ持つ価値観に即して、独自の判断基準がある。また、司法や原子力損害賠償紛争解決センター、行政への陳情においては、被災地が置かれた被害の状況を客観的に明らかにしたうえで、被災者を取り巻く支援や賠償のあり方がいかに一方的なものであるのか、その次元から根本的に物事を掘り下げなければ、正当な権利も支援も求めることができなかった。小国地区住民が自ら主体的な取り組みを組織した理由は、こうした背景があったからである。

原子力災害を被った被災地において、大学が求められた「知」には、三つの側面があると思われる。

①既知の知
②未知の知
③不知の知

「既知の知」とは、然るべき問いに対して、すでに答えのある領域の知である。
「未知の知」とは、然るべき問いがあるが、いまだ答えが明らかになっていない領域の知である。そして「不知の知」とは、目の前の課題に対して、どのようにアプローチしたらよいのか、然るべき問いすら立たない、あるいは想定すら困難で問うことすらできていないゆえに、答えも見出せていない領域の知である。

原子力災害下においては、既知の知と未知の知が求められたのは言うまでもない。放射性セシウムは環境内でどのように挙動するのか、イネのセシウム吸収がどのように進むのか、数多くの知見がすでに構築されている(既知の知)。同時に、まだ明らかでない課題もあり、研究を継続すべき物事も少なくない（未知の知）。一方、被災地住民がかかえてきた不安や怒りに寄り添うためには、既知の知や未知の知に応えるだけでなく、被災者が置かれた被害の実相を多角的に明らかにし、被災者が生活再建の道筋を得るためのエンパワーメントをする視点が不可欠である。

原子力災害に特有の被害の本質は、被害の全貌の把握が容易でなく、将来の先行きが見えず、被害が過小評価される可能性があることだ。被災者が感じる不安、そして怒りや失望の根源には、こうした原子力災害の本質があり、これが被災者の生活再建を妨げてきた。不知の知とも言うべき次元が問われたのは、原子力災害に特有の被害の重篤さを直視し、被災者が抱く不安感や、〝真綿で首を絞められる〟ような不条理感も含めて、これに向き合い、被害の実相を社会的に問うことが求められたからである。

復興支援においては、具体的な解決策（答え）が提示できないことのほうが多い。学術的成果が出せるか・出せないかで研究者が動くのではなく、被災者の困難を受け止め、ときにはこれを代弁することも、被災地にある大学は問われてきた。

私が被災地住民と関わりをもたせていただく過程で問われたのは、専門家として「既知」の事実を伝達したり、「未知」の知見を解明することだけではない。生活再建の道筋や可能性の光を見出すことに、とことんお付き合いすることであった。原子力災害による被害の圧倒的な難しさを前にして、研究者としての無力さを自覚することもあったが、「不知の知」の共有が出発点であった。さらに言えば、福島大学の研究者が被災された方々から教えられ、むしろ取り組むべき課題を与えられてきたのである。

四　福島大学食農学類（仮称）の設置に向けて

福島県民にとって、農学系教育研究組織の発足は長年の悲願であった。原子力災害からの復興を目指す中で、福島県の地域の根底には活力ある第一次産業が不可欠であり、地域の農業と社会の担い手を育成する重要性があらためて認識された。こうした県民の後押しを受ける形で、福島大学では二〇一九年四月に食農学類（仮称）を発足する準備を進めている。

現在の構想では、食農学類の一学年は一〇〇名、教員数は三八名だ。日本で最も小さなスケールの学部となる。それでも、食品科学（食品機能、加工、保蔵、食品安全、発酵醸造など）、農業生産学（作物、園芸、土壌、病害虫制御など）、生産環境学（森林科学、農業土木、農業機械など）、農業経営学（農業経済、地域社会、流通消費、協同組合など）の四コースが構想されている。一年次では農場実習を必須とし、四季を通じて農業の基本を徹底的に学ぶ。また、福島全域をキャンパスとして、県内各地の現場の課題を問題解決志向で学ぶ「実践教育プログラム」を二年生後期から三年生後期まで提供する。

教員の絶対数の少なさから、どうしても専門の講義数が限られるが、農学の本質を見極めて、基礎を徹底的に学ぶ。逆に授業数の少なさは、他のコースの授業の受講を可能にするため、農業を俯瞰的に体系立てて学ぶカリキュラム体系を意識した。一方、学生数に対する教員数の割合は比較的恵まれている。学生と教員の距離を近づけ、「実践教育プログラム」を展開する中で、個々の学生に課題を与えて自ら主体的に学ぶ体制をとる。

このコンセプトの背景にあるのは、原子力災害からの復興を進めるためには地域がかかえるさまざまな問題群に対して総合的に対処する必要があるという気付きだ。「農学栄えて農業滅ぶ」という言葉があるが、そもそも農学は実学である。農学は、個別に分断された科学の集積ではなく、人間の生存に不可欠な食料と環境を育む総合的な営みでなければならない。私たちは、福島の地から学の本質を問い直し、新しい農学教育、大学の地域貢献のあり方を提起しようと考えてきた。

こうした食農学類の設計には一つのモデルがある。それは、野中昌法先生をリーダーとした新潟大学の復興支援研究である。福島の復興支援研究に関わった学生さんがいま、福島県庁、郡山市役所、農研機構などに職を得て活躍をしている。福島に通う中で、現場の生々しい課題に学び、自らの専門性を深めて、人生の選択をされた。野中先生の福島への大きな大きな〝置き土産〟である。こうした研究教育活動の推進には、原田直樹先生と吉川夏樹先生の並々ならぬ支えが不可欠であった。新潟大学の復興支援研究の姿が一つの道しるべになった点は、ここで強調しておきたい。

（１）農作物の汚染は事故直後に予想されたレベルよりもはるかに少なく、この点を中島紀一氏は「福島の奇跡」と述べている。

（２）復興庁「福島県における震災関連死防止のための検討報告」二〇一三年三月二九日（http://www.reconstruction.

go.jp/topics/20130329kanrenshi.pdf)。
（3）「平成二二年度原子力災害影響調査等事業（放射線の健康影響に係る研究調査事業）報告書同テーマ5（平成二七年度）福島県内外での疾病罹患動向の把握に関する調査研究」四一八～四七六ページ。
（4）原子力発電は、ウランが核分裂する際に発生する膨大な熱を用いる。こうした核分裂が持続する状態を「臨界」という。
（5）二〇一八年六月現在、飯舘村、南相馬市、二本松市、栃木県那須塩原市で実証試験が着手されている。
（6）栃木県塩谷町、宮城県加美町など。
（7）内藤航・上坂元紀・石井秀樹「小型個人線量計とGPS・GIS技術を活用した外部被ばく線量の評価」『電気情報通信学会誌』第九八巻第二号、二〇一五年。
（8）菅野昌信「ホットスポットでの住民活動」『環境と公害』第四二巻第三号、二〇一三年。
（9）農林水産省「二四年度産稲の作付に関する考え方」二〇一一年一二月二七日。
（10）東京大学農学部「玄米の放射性セシウムが一キロ・グラム当たり一〇〇ベクレルを超えた地域における稲の「試験作付」推奨に関する提言」二〇一二年二月一三日。
（11）経済経営学類の飯島充男教授（農業経済学）は当時副学長であり、被災した大学の運営に注力せざるを得なかった。小山良太准教授（協同組合学、現・教授）は、うつくしまふくしま未来支援支援センターの発足に関わり、産業復興支援部門長として農業系の復興支援研究の枠組みをつくった。二〇一一年一〇月に小松知未特任助教（農業経営学、現・北海道大学農学部講師）が着任し、筆者は二〇一二年三月に特任助教として着任した。
（12）環境社会学による水俣病研究では、「被害者は被害を隠したがるし、隠さざるを得ない」ジレンマがあることが指摘されている。発症が疑われれば就職や結婚などで不利益を受けるおそれがあり、被災者救済の視点がなければ被害の実態把握すら進まなかったという。

第Ⅱ部　農家と科学者の出会いと協働を振り返って

第1章　農家と研究者の協働による調査の最前線に立って

武藤　正敏

一　災害は忘れなくてもやってきた

二〇一一年三月一一日の午後、東日本一帯は大きな揺れに見舞われました。私にとって、かつて体験したことのない大きな揺れです。そして、余震が徐々に収まるなかで、福島第一原発の冷却装置の電源が遮断したというニュースが流れ、福島県民は固唾を飲んで長い時間を過ごすことになりました。

テレビにかじりついていたあの数日間を思い出すと、いまでも背筋が寒くなります。不安とか恐怖という言葉だけでは表せない、死に神が入り込んできたような感覚と言えば、いいでしょうか。どうすることもできないもどかしさで、いっぱいでした。

各地で起きる地震や土砂崩れなどが日々報道される昨今、そうした自然災害を忘れているわけでは決してありません。それでも、現実のものになってみると、慌てふためいてしまい、平常心での行動がとれないことがよく分かりました。「災害は忘れたころにやってくる」と言われます。災害が不意に訪れることは分かっていて、災害に備える心構えはできていたつもりでしたが、「災害は忘れなくてもやってきた」という印象が強く残っています。

二　何が正しいのか分からない

流れる情報に食らいつきながら、原子力発電所の爆発事故だけは起きないでほしいという願いは叶わず、残酷にも爆発事故は起きてしまいました。放射性物質の拡散という現実に、どう向き合えばよいのか。何しろ国内では初めての事故です。対処の経験は誰もありません。どう行動すればよいのか、福島県民の苦悩は想像を絶するものとなりました。どのようにして避難すればよいのか。どこへ避難すればよいのか。食べ物はどう調達すればよいのか。

そして、放射能の何が危ないのか。そもそも、放射能とはどのようなモノなのか。音もしなければ、光も放たない。動きも見えなければ、影も臭いもない。テレビやラジオからは聞き慣れないシーベルトやベクレル、テルル、プルトニウム、ガンマなどのカタカナ用語が流れてきます。でも、これらが何か素人には理解できません。放射性物質に関する知識がないことが、さらに怖いという感覚を増幅させせました。

人びとの動揺は計り知れず、途方に暮れ、とまどう姿は悲しくもあります。修羅場のように思えたのは、私だけだったのではないはずです。平穏な暮らしが一瞬にして奪われたと言っても、過言ではありません。

私たちが住む東和地区は中山間地域に位置し、主産業は農業です。自分たちが作った米や野菜を保有して、食べてきました。作る、食べる、売るという行為について、里山に暮らす人びとの不安はなかなか拭い去ることができませんでした。

多様な情報が飛び交い、この程度なら安心という声もあれば、危ないという警告もあります。どの情報が正しいのか判断ができません。誰が何を言っても信じられない状態に陥っていたように思います。

三　支援の輪に支えられて

そんな日々を過ごすなかで、一筋の光を見出すことになります。福島第一原発から四五〜五〇㎞で活動している私たち「ゆうきの里東和ふるさとづくり協議会」(以下「ゆうきの里東和」)に、多くの企業や大学、個人が駆けつけてくれたのです。

当時の福島県には、さまざまな放射性物質対策がもちこまれました。なかには、調査への協力でかなりの負担となることを平然と言ってきた方々もいます。いま思えば、物珍しさもあって訪れた人たちもいたかもしれません。しかし、ゆうきの里東和に来られた方たちは、そうした不安を抱かせるような人たちとは違いました。心底、福島の人たちを助けたい、何らかの支援をしたい、役に立つ研究をしたいという強い思いの方たちがたくさんおられたのです。四月の段階で消費者や企業から線量計が送られ、空間線量率を農家自らが測定し、農地の汚染マップを作成しました。

五月上旬、新潟大学の野中昌法教授を中心とする日本有機農業学会関係者(第I部参照)や日本

道の駅で農家が持ち込んだ野菜を測定する
ゆうきの里東和の職員(2013年10月)

土壌肥料学会の先生たちが訪れ、支援の輪が大きくなっていきます。さらに、七月には健康食品などを扱うプレマや通販のカタログハウスから、ガイガーカウンター(空間線量測定器)や農産物の放射性物質の測定器の無償貸与を受けました。こうして、不安が徐々に安心に変わっていきます。多くの方々とのつながりを感じることができ、安堵の念も抱けるようになったのです。

七月からは、提供を受けたベクレルモニターで農産物の測定を開始します。多くの技術者から測定のレクチャーを受けました。測ることで放射性セシウムの状況が確認できます。野菜のほとんどは、国の暫定規制値を大きく下回る二五ベクレル以下でした。一方、数値が高かったのはタケノコやタラの芽、ユズ、梅などです。この結果、自分が作った野菜が食べられることが分か

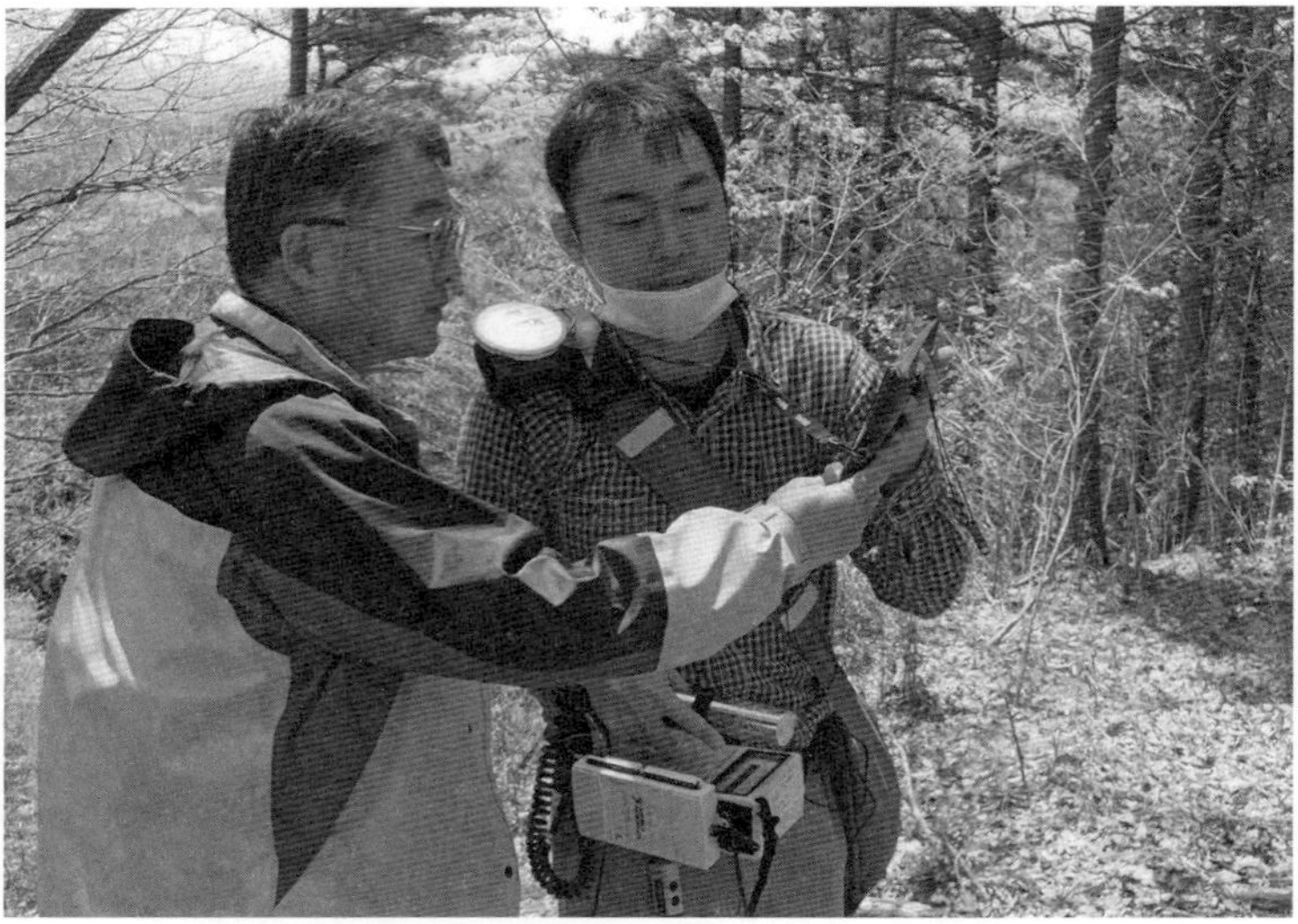

森林で測定する野中先生（左、2013年５月）

り、生産意欲の高まりにつながりました。

また、山菜や土壌、木片、堆肥、炭なども測定できる環境が整ったことで、地域全体の状況が見えるようになり、安心につながっていきます。測定料金は一検体五〇〇円でした（現在は三〇〇円）。

測定結果が安心の担保となるので、農家は測ることが当たり前になりました。道の駅に出荷する野菜は、現在もすべて測定しています。すでに、一部の山菜を除いて、放射性セシウムはほとんど検出されません。それでも、やはり怖いので、出荷しない野菜でも測るという農家もあります。

その後、福島大学、新潟大学、東京農工大学、茨城大学、横浜国立大学を中心とする大学の研究者による、器具類の説明や測定方法のレクチャーを受けて、農地や山林、河川などを測定しました。

その結果、どのような場所の空間線量率が高いのか、何が原因なのかなどについて、少しずつ分かってきたことがあります。いくつか挙げてみましょう。

①水田は、水口のほうが水尻より放射性セシウム含量が高い。

②大雨が降った後に流れ出る山水には、放射性セシウムが多く含まれている。

③マツやスギなどの常緑樹の場合、葉に多く放射性セシウムが付着し、地面は比較的空間線量率が低い。

④広葉樹の樹皮には、放射性セシウムが多く付着している。

⑤日陰や雪だまりの空間線量率が高い場合がある。

想像で物事を判断するのではなく、現場を調査・測定し、そのデータによって対策をしっかり講じる大切さを教えられました。現場で学んだことは数多くあります。真実は現場にあると強く思いました。

二〇一一年一二月から一二年一月にかけては、東和地域内の水田の地表約一cmの空間線量率を農家の協力を得て測定。場所によって、また、作付けや耕耘の有無によって違いがあることも分かりました。こうした多くのデータをもとにして、地域の水田の空間線量率マップを作成。汚染状況が一目瞭然で分かるようになったのです。

ゆうきの里東和はまた、二〇〇九年から里山再生プロジェクトを掲げてきました（二一ページ参照）。それを継続するためには、地域の汚染実態を明らかにする全体的な調査が必要です。これについても野中教授から三井物産環境基金事業を紹介され、採択を得られて、調査を進めてい

約 30 人が参加して行った伐採作業

きました。

こうして、里山の上から川下までの環境や、農産物、生き物、そして内部被曝に至るまで、多種多様な調査となり、放射性セシウムによる里山の汚染状況や人体への影響が徐々に分かっていきます。計画づくりから実践活動まで、野中教授には大変お世話になりました。多くを学ぶ機会を得て、心から感謝しています。野中教授の熱心さは農家の取り組みに大きな影響を与え、私たちの志気を高めてくれました。

二〇一三年五月上旬には、森林を伐採し、ウッドチップ化して林床に置き、放射性セシウムを吸収する試験を行いました(九七〜一〇〇ページ参照)。チップ化のため大型機械を新潟から運び込み、連携する各大学が一丸となって、この試験に協力しました。野中教授の人柄や熱意に打たれて参加した各大学の先

伐採した木の上に立つ野中先生（左）

生と東和地区の住民との連携によって、大がかりな試験が実現できたのです。伐採した木の上に立つ野中教授の姿は、いまも忘れることができません。

チップ化の提案を含めた森林の調査については、横浜国立大学の金子信博教授にお世話になりました。また、タケノコの調査は茨城大学の小松崎将一教授、畑作物や遺伝子によるセシウム吸収抑制などの調査については東京農工大学の横山正教授を先頭に多くの研究者の皆様のご協力を得ています。

そして、こうした調査結果を東和地区以外の中山間地域の人びとや都市住民にも知っていただく機会を設けようというのが、調査にかかわる全員の総意です。そこで、調査や測定結果の報告会を二〇一二年一月を皮切りに合計一二回、開催しました。

各回の報告をとおして、作付けしても大丈夫なんだ、移行係数は意外に低いんだ、作った野菜を食べることができるんだという確かな情報が提供され、里山での農業の継続に自信をもってい

2013年２月に約130人が参加して東和文化センターで開かれた報告会

ただくことができたと信じています。大学との共同プロジェクトによる報告会は、大きな成果を残すことができました。野中教授は生産者会議や小さな会合にも出席し、農家の心配ごとに対して真剣に相談にのってくださいました。

放射性物質に対する知識のない私たちを「測定が基本である」と誘導してくれたのは、前述した各大学の研究者の方々です。先生方とともに現場に入り、一緒に測定しました。田んぼに入り、稲刈りし、稲の各部位を測定する。山の水路に堰を造り、山水を採取し、大雨のときには用水や排水路の水を採取する。ゼオライトの散布やもみ殻による放射性セシウムの吸着状況を調べる……。いろいろ協力させていただきました。新潟大学の吉川夏樹先生は、福島に大雨情報が出ると即、学生を連れて調査に駆けつけてくれました。敬服の至りであります。

四　桑の植え替えと自前の加工ラインの導入

旧東和町は養蚕が盛んで、ゆうきの里東和も桑を活用した商品づくりに力を入れてきました。ところが、残念ながら放射性セシウムが桑の葉に移行し、桑の葉パウダーが国の基準値一〇〇ベクレル／kgを超えてしまったのです。当然、全品回収となり、多くの皆様に迷惑をおかけしました。

桑製品は、乾燥してから加工します。乾燥した葉は、生の葉と比べて重さが五分の一になります。つまり、放射性セシウムは五倍程度になるわけです。順調な売り上げを示していた桑の葉パウダーやお茶の売り上げは、大幅に減少しました。しかし、東和の特産品である桑を再生させなければならないという私たちの思いは、研究者の方々の胸を打ったのでしょう。

何としても、復興させたいというそれぞれの思いから、福島県の技術者の提言もあって、植え替え(改植)を選択します。そして、東京電力から賠償金を受けて二〇一三年三月〜一四年四月に一万四六〇〇本の植え替えを行い、二〇一五年には最初に植え替えた桑が収穫できる段階までこぎつけました。植え替えや放射性セシウムの移行を最小限に食い止める対策といった桑の再生についても、野中教授や原田教授の並々ならぬご協力を享け、あらためて感謝申し上げるしだいです。

加工については、委託していた企業から震災直後に、「福島産のものを加工すると他のお客様に迷惑をかける」という理由で、断られました。そこで二〇一四年三月に、桑の葉パウダーの加工機を過疎集落等自立再生緊急対策事業（地域産業再生・担い手育成事業）を利用して導入します。そして、一貫して加工できる体制整備のため、二本松市の協力によって廃校となった上太田小学校の体育館を借用し、桑の加工機械を設置しました。この設置については、福島県地域創生総合支援事業（サポート事業）を活用しています。

こうして、かねてからの念願とも言える加工機器類を導入し、ゆうきの里東和自身による桑の葉の加工が実現できました。大きな打撃を受けたものの、さまざまな支援によって、自立の道へ一歩が踏み出せたと考えています。

ただし、原発事故による森林への影響は深刻で、いまだに原木シイタケの栽培はできません。一日も早く、里山の恵みが享受できる日が来てほしいと願うばかりです。

五　住民主体のNPOと研究者の協働

困ったときには、ワラをもつかむ心境になるものです。当時の出来事は筆舌に尽くすことができません。

東和地区は、この地域で活動したいという思いの強い研究者の方々に支援をお願いしました。各大学間の調整役を担っていただいたのが、野中教授です。実態調査も対策も、地域と連携を図りながら進められました。常に、現場と農家を重視した取り組みでしたから、信頼関係が強固になっていきます。生産者を励まし、生産活動や暮らしが暗いトンネルから抜け出せたような明るさを取り戻し、広がりを見せ、前に進むことができました。

また、茨城大学の中島紀一教授は、メンタル的に落ち込んでいた不安定な難しい場面で、いつも元気づけられる巧みな話術で、笑顔に導いてくださり、前に進めたと感謝しています。

こうして震災直後から多くの大学や企業の皆様と情報交換や活動に取り組むことができたのは、なぜでしょうか。手前味噌になりますが、ゆうきの里東和が長い間、住民主体のＮＰＯとして地域活動や社会貢献に努めてきた結果、事業や活動の受け皿になり得る団体と認められたからだと思っています。地域の多くの人たちが迷い悩んでいたとき、リーダーたちは状況をよく認識し、一丸となって迷わず方向付けをしました。それが今日の中山間地域（里山）の農業の復興につながったのではないでしょうか。

調査・研究に携わられた皆様と活動してきて、苦労もたくさんありましたが、学ぶことのほうがずっと多くありました。ゆうきの里東和の事務局長として、苦労というか大変だったのは、多くの大学の先生や団体のメンバーの調整や、調査にあたって所有者や関係者の了解をとることでした。最も大変だったのは、ウッドチップを作ったときにごみまみれ状態になり、みんなの眉や鼻の穴が真っ白くなって、浦島太郎状態になったことでしょうか。

しかし、そうした苦労は楽しくもありました。地域の実態を明らかにできると思うと、決して苦労には値しません。でも、悲しいこともありました。我が家の女の子の孫二人が、二〇一一年八月から一二年三月まで、山形に避難したことです。家族が別々に住まなければならない苦労を味わいました。

楽しかったのは、野中教授と行動するなかで、農業の現状や、退職者を対象とした農業塾の立ち上げなどを語り合ったことです。我が家で囲碁や麻雀も一緒に楽しみました。嬉しかったのは、たとえば毘沙門というGPS機能を備えた測定器が東和に入ってきたことです。そして、六〇〇〇ベクレル近い放射性物質で汚染された土壌で栽培された水稲から、放射性物質が検出されなかったことは驚異でした。多くの調査で、山菜を除く農産物から国の基準値を超える放射性物質が検出されなかったことが、安心して食べられることへの自信となりました。とにかく調査・測定に取り組んだからこそ、さまざまな結果が得られ、対策が打てたのだと思うと感無量です。

また、多くの研究や調査の皆様に農家民宿を利用いただき、里山は活性化したように思います。民宿では郷土料理に舌鼓を打ち、暮らしや人生談義が繰り広げられました。それは最高の復興支援ではなかったのかと、いま振り返っています。

最後にエピソードをあげさせてください。雨の日に道の駅で一人で残業しているとき、ふだんはほとんど人が入ってこない事務室に、静寂のなか突如ドアをノックする音がしたのです。それは、新潟から雨水の採取に来た吉川先生と学生さんたちでした。人影のないなかでのいきなりのノックの音は、心臓に悪かったです(笑)。

皆様、本当にありがとうございました。

第2章　道の駅ふくしま東和で原発災害復興の一～二年を語る

座談会

司会●菅野正寿
話者●大野達弘、武藤正敏、菅野和泉、高槻英男

菅野正寿（以下、正寿）　今日はお集まりいただいたみなさんに、原発災害以降とくに最初の一～二年という時期に焦点をあてて、この道の駅で復興に向けて取り組んできたことを、とくに野中昌法先生方との関わりの視点から、農家と研究者の協力がどのようなものだったのか、そして現場がどのような状況だったのかを、振り返ってお話ししていただきたいと考えて、座談会を計画しました。

菅野正寿《すげのせいじ》
1958年生まれ。米、野菜、餅加工の専業農家。元NPO法人ゆうきの里東和理事長。

振り返ってみれば、七年前の三月一一日に東日本大震災が起きて、福島第一原発の一号機に続き三号機が爆発した翌日の一五日には、浪江町の方々が一気に避難してきました。東和地区でも公民館や体育館などを急きょ避難所に充てて、役場職員だけでなく多くの町民がボランティアで物資を持ち寄ったり、炊き出しをしたりして、目まぐるしい日々でした。

そのうちにわれわれ自身もガソリン不足に直面して、放射線への不安から外に出る人も減ってしまいました。二一日以降は福島県内で、次々と放射性ヨウ素とそれに続いて放射性セシウムが至るところで検出されていきました。われわれが大事

に耕してきた土地が放射性物質に汚染されてしまったことへの悔しさや怒り、不安が込み上げてくる日々でした。

　四月に入って原発事故後に初めて開かれた生産者会議には、一〇〇人以上の会員が会場いっぱいに集まりました。会員からは多くの不安の声が上がりましたが、われわれ協議会（ゆうきの里東和）は会員の不安を受けとめつつ、「耕して種を播こう」と訴えました。われわれの復興への取り組みは、こうした地点からのスタートだったわけです。

生産者会議前の理事会で営農継続を決めた

菅野和泉《すげのいずみ》

1956 年生まれ。元公務員。前 NPO 法人ゆうきの里東和理事。

菅野和泉（以下、和泉）　私たちの協議会は毎年五月に総会を開くわけですが、二〇一一年の春先も総会に向けて、三月から頻繁に理事会を開いていました。原発事故はそのような最中に起きたわけです。理事は日中はそれぞれに仕事がありますので、集まるのは夜ですが、来年度計画を決めるために、その方向性を夜遅くまで協議しました。その理事会で、大野さんや正寿さんたちは原発災害に負けず農業を続けようとおっしゃったんです。

大野達弘《おおのたつひろ》

1954 年生まれ。米、野菜の専業農家。元 NPO 法人ゆうきの里東和理事長。

大野達弘（以下、大野）　われわれが原発災害以前からミニトマトなどの契約栽培をしていた「びっくりドンキー」の系列会社が、原発事故直後の作付会議で、「野菜が一定どおりの生産量で、放射能も国の暫定規制値以下であれば、例年どおりに契約関係を続けます」と言ってくれたのです。このことはわれわれにとって、営農継続の意思決定への大きな強みになりました。

もちろん、出荷先のなかには取引が停止になってしまったところもありました。しかし、原発災害があった後に、われわれの野菜を食べてくれるという方もいたんです。だからわれわれは、そういう方々との関係を再組織化していこうと考えたのです。

浪江からの原発災害避難者

武藤正敏《むとうただとし》
1951年生まれ。NPO法人ゆうきの里東和事務局長。

武藤正敏（以下、武藤）　原発事故の直後、二本松市は浪江町の仮役場が設置されて、四〇〇〇人ほどもの避難者が来られました。六五〇〇人ほどの人口の東和地区にも、一五〇〇人ほどもの避難者が頼って来られました。浪江町の方々は着の身着のままで避難して来られました。なかには、家族が地震や津波の被害に遭われて行方が分からないにもかかわらず、国の指示で避難を余儀なくされた方もおられたようです。そんな浪江町の方々を目の当たりにして、東和地区では地域をあげて避難者を受け入れ、支援しました。

一方で、当時、東和地区も福島県内の地域だということでご心配をいただき、たとえば埼玉県や岡山県などの県から、農業者を引き受けますから避難して来てくださいというお話もずいぶんといただきました。しかし、われわれが避難者支援をしていた最中にあって、その方々を置いて、われわれが東和から避難するということは、避難指示も出ていませんでしたし、当時は考えられませんでした。

企業からの測定機材支援

大野　四月に入ると、プレマ株式会社さん（京都）が原発被災地支援に来ていて、われわれのところにも来てくれて支援を申し出てくれました。そのときわれわれは放射性物質の影響が分からず、東和地区のものを食べてよいのかどうかも判断できないので、それを自分たちで調べる方法や機械がほしいというようなことをお話ししました。

そしたら、当時はなかなか手に入らなかった空間線量を測るガイガーカウンターを探してきてくれて、六月という早い段階で二台無償貸与してくれました。測定機材の支援では、その後、株式会社カタログハウスさんが二台支援してくださり、さらにプレマさんが追加で一〇台も支援してくださいました。

食品を測るための測定器である簡易ベクレルモニターも、プレマさんが六月末くらいに届けてくださいました。道の駅の職員が福島市民放射能測定所の方々に使い方のレクチャーを受けて、八月二〇日から本格的に始動しました。その後、一一月には核種の判別も可能なベクレルモニターのヨウ化ナトリウム蛍光検出器を、カタログハウスさんがカタログ読者の方々のカンパで購入してくださり、提供してくださいました。

ありがたいことに、こうした民間企業の方々の迅速で厚いご支援が、われわれ自身で放射能測定をして判断し、地域復興へと歩むことを物資の面から可能にしてくれました。

民間支援へのとまどい

武藤　一方で、いまから振り返れば東和地区にはいろいろな人が来られていました。たとえば、放射性物質が抜けるという「マジックウォーター」をここに一〇〇本置いていった方もおられました。われわれも当時は放射性物質については何も分かりませんでしたので、試しに道の駅の敷地内で一m区画の試験区をつくって、毎日その水を撒いてみましたが、空間線量率の数値に変化はありませんでした。あるいは、一億円支援するからこれで何かやらないかと申し出てくれた方もおられましたが、あまりの額の大きさに驚きました。

われわれが恐ろしくなってしまうほどいろいろな方が来てくださり、いろいろな支援の提案をしてくださいましたが、知ることが生きることと考えた大野さんが理事長（当時）として引っ張ってくださり、放射性物質による汚染の実態を調査してみようという方向へ進みました。

日本有機農業学会有志の研究者との出会い

大野　そんななかで、われわれと野中先生との出会いは、原発事故直後の五月六日に日本有機農業学会の先生方二一人がレンタカーでおいでになったのが最初でした。そのときわれわれは、まず協議会の有機農業への取り組みと原発災害の現状をお伝えするとともに、浪江町の避難者の実状についてもお伝えさせていただきました。

また、飯館村から来てくださった農家男性は、原発災害によって全村避難という事態に見舞われ、これまで築き上げてきた農業を奪われてしまった悔しさを、切々と報告されました。われわれは放射性物質による汚染にこそ遭ってしまいましたが、しかし自分たちの家に暮らし、土地を耕すことができる状況にありました。原発災害から二カ月後、学会の先生方の視察会のときには、時期としては営農再開の最終決断を迫られていましたが、われわれはやはり耕すという決断をするためにも、測定体制の確立が喫緊の課題なのではないかということが、先生方や多くの方々との議論のなかで、ぼんやりと見え始めてきていました。

そこで、われわれは先生方に現状をお伝えするとともに、お願いもしました。お願いとは、われわれはできる努力は何でもするから、先生方だけで研究室に課題を持ち帰って研究するのではなく、現場のわれわれと一緒に考えてほしいということでした。そしたら、野中先生や中島紀一先生は、その場で、われわれは研究の題材を探すためにここに来たのではなく、農家のみなさんのためにやれることをお手伝いしたいのだということを強くおっしゃってくれたのです。

その日以来、野中先生は東和訪問が二年半で二五〇日にも達するほど通ってくださいました。

大学支援に対するとまどい

武藤　原発事故直後は野中先生方の他にも多くの大学の先生がこちらにやって来られて、道の駅の会議室でだいぶ激しい論争になったことがありました。論争とは、放射性物質は除去できるのだという立場と、除去できないという立場で、そのとき三〇大学くらい集まっていたように記憶していますが、それがほぼ二分になっていました。

ここで多くの先生が論争をしているなかで、もし当時地元の福島大学の先生のなかに事情の詳しい方がおられたら調整してもらえたかもしれないだろうけれども、当時はそういう状況ではなく、事務局は対応するのがとても大変でした。そのころは、民間企業の方々、大学の先生方、そして何かできないかと来てくださった一般の方々と、毎日のように電話と来客の対応に追われて、どうにもならなかったことを覚えています。

われわれが当時最も困っていたことは、たくさんの方々が支援を申し出てくださるなかで、どなたを信用すればいいかが分からなかったことです。われわれ自身でお相手の方の判断を試行錯誤して、受け入れ態勢が少しずつできあがっていきました。

実は野中先生方のことも、最初はどういう先生なのかは分かりませんでした。しかしながら、野中先生は日本有機農業学会の中心的な研究者で、しっかりとした学識経験者であるということが分かってくるなかで、われわれとしても協力していただきたいと思うようになり、野中先生のグループに主力になっていただき、調査研究を進めていく方向となりました。

野中先生のグループの先生方は、とにかく頻繁に現地へと足を運んでくださいました。親身になってわれわれの話を聞いてくれ、農業の継続を強く勧めてくださいました。放射性物質は危険だという世論が圧倒的だった当時にあって、大丈夫だとおっしゃってくださった先生方にはとても励まされました。多くの人が放射線は危険だとは言っていましたが、ほとんどの人は放射性物質のことについてはあまりよく分かっていませんでした。われわれも、そうです。野中先生方は、放射性物質による汚染の実態をわれわれと同行して迅速に調べ、それを数値やデータとしてわれわれの目に見える形で示し、それを分かりやすくわれわれに説明してくださいました。そのようなことから、われわれは先生方と一緒にやっていこうと思うようになりました。

放射性物質は危険だという世論

武藤　当時、放射性物質の安全論をおっしゃっていた研究者もおられました。でも、その方々は放射性物質が安全だと言えば言うほど、社会的な信用をなくしてしまっていました。一方で、放射性物質は危険なんだ、福島は危険だからすぐに避難をすべきだという意識をもった方が、当時福島の現場にどんどん入り込んでいました。全村避難を余儀なくされた飯館村は、そういった研究者の方々が大勢入られたことで、残念ながらかえって村民の混乱と大学研究者への不信感を招いてしまったようでした。村民の方々が受けた不信感はとても深刻なようでしたが、二〇一三年秋に福島大学で大久保第一集落のリーダーの長正増夫さんと地元福島大学研究者の方々との会合が実現して、野中先生もそこに参加され、その後大久保第一集落での測定が進められていったようでした。

われわれが福島に講演に行ったときに、放射線影響評価研究の権威ある先生に怒られたこともありました。この先生は徹底的な反原発の立場をとっておられて、内部被曝が人体に与える影響をとても問題視されて、子どもや妊婦の避難を強く主張しておられました。われわれが福島で暮らし続けていく、農業を続けていくというお話をしたところ、先生は、子どもを逃がさないとは何事だときつく咎められました。

正寿　私の仲間は、反原発を訴える著名な歌手も参加する有機農業関係の東京での大イベントにパネラーとして呼ばれたことがありました。その打ち合わせで、彼は福島農業の状況は厳しいけれども、幸い放射性物質の農産物への移行は抑えられており、農業を続けることが可能なのだ、われわれは農業で頑張るということを、嬉しいこととしてご説明しました。ところが、原発反対運動を進めているこのイベントでは参加者の方々が反原発というスローガンを共有しなければならない、そのためには今日この集会で福島で農業ができるという事実を広めることは参加者の一体感の醸成に都合が悪いので、そういう話は控えてほしいと言われたそうです。

野中先生の研究姿勢は農家と共に

武藤　野中先生は常に、現場の声を聞くことに徹してくれました。われわれもそれに応えて、たくさん協力もしました。われわれ東和の生産者がしっかり営農を継続すること、そして野中先生方がしっかり調査をすること、この連携を守り通してくださったことが、農家にとっての最大の支援であったと思います。

災害復興プログラムを三井物産環境基金に申し込もうと提案したのは、野中先生でした。申請書は当時事務局のチーフをしていた海老沢誠さんが中心となって、野中先生のご協力をいただいて、一緒に作成しました。申請書の作成は、われわれだけではとてもできないことでした。まず野中先生に教えていただきながら、このプログラムを策定できたことは、われわれの復興のスタートとして決定的に重要でした。

大学の先生が調査に入るといっても、民有地に勝手に入るわけにはいきません。そこで、調査の依頼があった先生方へは私が同行して、事前にアポをとったり、調査の許可をとったりしました。これはとても負担の大きい仕事でした。

先生によっては農家との信頼関係をうまくつくれずに調査を断られてしまう場合もありましたが、野中先生は農家から咎められることはありませんでした。われわれがいま何をしようとしているのかということを、農家に分かるように説明してくださいました。農家のなかには調査の意義がなかなか伝わらない方もありましたが、野中先生はそういう農家に対する説明についても、諦めずにちゃんと心をくだいてくださいました。東和の土の性質を農家に伝えるために、この会議室で、農家と一緒になって話をし、自ら実験をして見せてくださったこともありました。

心の復興への取り組みにおける大学研究者との協同

和泉　そのころ私たちには、放射能測定をするだけでは解決できない、もうひとつの問題もかかえていました。閉ざされた心の問題です。それを感じたのは、春先に農家のお母さん方の集会で集まったときでした。みんなの顔色が普通じゃなかったのです。そのころは、放射線の話をみんなと堂々とする雰囲気ではありませんでした。でも、みんなの顔を見て、それぞれの心に溜め込んでしまった不安や苦悩の大きさに気づきました。

この集会のときには、膨らんだ風船に針を刺したように、お母さん方は初めて家族の実態を仲間に話すことができました。いままで元気はつらつで野菜を作っていたお母さん方が、家族からその野菜は食べない、もう野菜は作らないでほしいと言われてしまったことで受けたショックは、大きいものでした。家の食事に自家野菜が使われていることを知った若夫婦がコンビニで惣菜を買ってきた、と話す人もいました。

われわれ協議会の理事会では、そういう家族間の問題をとても憂いていました。だからこそ、ここで作ったものが安全なのか危険なのかという証拠がほしいんだということが、放射能測定の最初の切実な思いだったわけです。

集会が終わってみると、みんなの顔が少し晴れやかになっているのに気づき、みんなで心を打ち明けることがいま必要だと思いました。私はその当時、協議会の「ひと・まち・環境委員会」のチーフをしていましたので、この経験から、茨城大学の中島先生と飯塚里恵子さんとともに、七月と八月に協議会理事を中心とした座談会をやりました。放射性物質に対する不安や家族との苦悩など、なかなかみんなで話し合うことができないでいたなかで行った座談会で、われわれがどんなにか心を強くしていったかわかりません。その後もこうした会合を頻繁に開きました。

武藤　野中先生は放射能測定という農業現場の復興を進めてくださいましたが、中島先生には心のケアや暮らしの面で大変お世話になりました。中島先生のお話は、われわれに安心感を与えてくれるものがありました。だから、われわれの復興プログラムは放射能測定運動と、心と暮らしの再建という二本柱で取り組まれたということが、大事なわけです。

野中先生の判断は的確だった

正寿　野中先生は、水田の調査にあたっては農業用水からの流入水が影響しているのではないかと推測して、最初から水口、中央、水尻の三カ所を測っていました。そのデータを見て、すぐに水の動向を調べるべきだと判断して、新潟大学の吉川夏樹先生を連れてこられて調査を始めました。それから、森林の調査は横浜国立大学の金子信博先生が適任だろうというので、すぐに連れてきてくださいました。次々に判断して実行していく速さは、すごいと思いました。

そのころ、須賀川市の株式会社ジェイラップではプラウでの深耕にいち早く取り組んだり、天栄《てんえい》村ではプルシアンブルーという放射性セシウムの吸着材などを使用したり、二本松市内では納豆菌が効果ありそうだと聞けば取り入れ、ＥＭ菌がいいと聞けば取り入れているような状況でした。

しかし、野中先生やわれわれの判断は、これまでわれわれが有機農業で取り組んできたことを基本的には守ることが大事で、籾殻や堆肥を入れて土づくりをしっかりやっていくことで米へのセシウムの移行を抑えるということでした。その判断は正しかった。二〇一一年の秋に収穫した米の測定データは、うちの田んぼや大野さんの田んぼの土は三〇〇〇～四〇〇〇ベクレル／kgあっても、玄米からは不検出でした。

桑事業における大学研究者の貢献

正寿　この東和地区はかつて全国でも有数の養蚕の一大地帯でしたが、一九八〇年代後半ごろから輸入生糸の急増で繭の価格が暴落し、養蚕農家がどんどん止めてしまい、地域には広大な桑畑がやむなく放棄されてしまいました。そんななかで最後まで桑畑を管理し続けていたのは、高齢の大先輩たちでした。

私は、これまで農業と里山を守ってきてくれた先輩たちの思いをここで途絶えさせたくないと思い、桑の葉や実の血糖値を抑える機能性に着目し、二〇〇〇年に桑薬生産組合を先輩たちと設立して、桑畑の再生に取り組んできました。この取り組みは協議会へと引き継がれて、いまに至っています。協議会でも桑事業を地域農業の中心的特産物として位置づけてくれることで、東和地区の里山をみんなで大事にしているのだという地域アイデンティティーが形成されているのではないかと思います。

大野　ところが、原発災害で最も放射性物質に影響されてしまったのがこの桑でした。桑は当初から放射能濃度の数値が高く、なかなか低くなりませんでした。われわれは野中先生方に、協議会の桑事業は東和そのものを守ることでもあるんだと訴えました。野中先生は十分に理解してくださり、原田直樹先生とともに、桑のセシウム抑制対策の調査を徹底的に行ってくださいました。先生方には、桑の木を根っこまで掘って、葉、枝、幹、根と、放射性物質がどこに最も溜まりやすいかということまで、本当に丁寧に何回も調べてもらいました。

　結果としては効果的な抑制効果が見つからず、桑の植え替えを決めました。先生方の助言をいただいて、また調査結果を基礎資料にして、東電の損害賠償請求をすることができました。それまで桑の木の賠償例がないなかで、根拠となる資料と論拠を提示することには苦労しました。先生方の多大な協力によって成し遂げられたことでした。東和地区全体で一万四六〇〇本の桑を植え替えました。桑の生産組合はいま一一人で、そのほとんどが高齢農家です。しかし、植え替えするときも、とめると言った農家は誰もいませんでした。

高槻英男（以下、高槻）　私はその桑の生産をずっとしてきました。うちでは桑の他にも、エゴマやタカキビも作って道の駅に出していますし、米も作っています。原発災害後は、農家民宿も開業して、野中先生方には何度も泊まっていただきました。

　私のところは桑を植え替えてから二〇一七年で三年目になりますが、ようやく放射性セシウムが検出されなくなりました。六反歩の桑畑で三トンくらいの桑の葉を出荷することができました。原発事故の前は一〇トン近くまで出していたので、まだそこまでには回復していませんが、今年は六トンくらいは出荷できるかもしれないというところまでやっときたことは嬉しいです。

高槻英男《たかつきひでお》
1948 年生まれ。桑、えごま、米の栽培農家。

農家民宿の展開は野中先生の言葉がきっかけ

大野　野中先生方がこちらへ調査に来られると、最初のころは二本松市が管理する宿泊施設に泊まっておられました。ところが、食事が毎日同じメニューなので飽きてしまうという話をされたのです。われわれは、そういうことなら協議会ではグリーンツーリズム推進として農家民宿事業の計画があるのだから、原発事故で話が止まってしまっていたけど、これを機会に大至急取り組んでみようということになったのです。

野中先生方とそういうお話をしてから一カ月後くらいのうちに、申請許可をとりました。許可がでたのは二〇一二年三月でしたが、この時点では三軒が農家民宿として登録できました。現在は二二軒が登録しています。

私の農家民宿にも、たくさんの大学関係者に泊まっていただきました。東京農工大学の横山正先生のところからは、学生さんもたくさん来てくださいました。先生方にお聞きしてみると、都内にある大学だと、農学部とは言っても農家と話をする機会はとても少ないそうです。だから、東和へ学生を連れてきて、農家の声を聞けるということは教育効果がとても高いということを何度も言っていただきました。

農家民宿へ先生方に泊まっていただくようになってからは、先生方とはまた調査研究以上の人間関係が築けたように思います。それまでは大学の先生というと、とても立場の違う方のように感じていましたが、野中先生方と一緒にお酒を汲み交わして、東和の食事を食べてもらい、夜遅くまで公私ともにわたる話をしていくなかで、楽しい経験も辛い経験も思いとして共有し、先生方への信頼はより強くなっていきました。農家民宿の効果には、研究者と農家という立場を越えて人間的な関係をつくるということもあったのです。

そういうことがあったからでしょう、野中先生は二〇一五年に、木幡神社のふもとに中古の家を求められました。ご家族と来てくださったことも、たびたびありました。われわれも個人的にこのお宅へ遊びに行き、家の前の駐車場の整備や薪ストーブの設置をお手伝いしたりもしました。いよいよこの家を拠点として本格的な東和研究が始まるというときに、先生が他界されてしまったことは残念でなりません。

みんなで暮らし続け耕し続けたことの意味について

高槻　うちには、原発事故から六年間、川俣町山木屋地区から一家族六人が避難しておりました。山木屋地区は二〇一一年四月一一日に計画的避難区域に指定されて、その一〇日後には全住民約一二〇〇人が避難を余儀なくされた地域です。

うちに避難されていた家族は大きい農家で、タバコを二町六反、田んぼを約一町経営していました。うちに避難して来られてからの六年間は、うちの農作業を手伝ってもらっていたのですが、二〇一七年三月に避難指示が解除されて、ご夫婦は四月に山木屋地区のご自宅へ戻ることができました。でも、まわりの家は戻ってきていないそうです。戻ってきた人でも、年輩の人ばっかりだそうです。うちに避難しておられた家族の旦那さんは六八歳です。

やっと山木屋地区に戻っても隣との付き合いもなくなってしまったし、農作業を始めようと思っても共同作業もままならないということで、これまでのような農業はとてもできないとおっしゃっています。

部落の行事もできないとなると、今回の原発事故で山木屋地区の地域のつながりは残念ながらなくなってしまったと言わざるを得ないのかと思いました。そんなことはいままでなかったことで、初めて地域がばらばらになってしまい、問題の深刻さに気づかされました。

正寿　そうだとすると、東和地区は櫛の歯のように人が欠けていったわけじゃなかったことは、いまから振り返ってみるとよかったですよね。隣近所に「がんばっぺな」と言える人がいたということは大きいですよね。

さらに、道の駅というのも大きな存在だと思います。ここに来れば地域の誰かしらに会えるわけです。なおかつ、われわれが地域をあげて有機農業をやってきていたことで、日本有機農業学会とのネットワークがつくられていたということも大きかったと思います。そういう原発事故以前のわれわれの歩みが土台になっていまがあるということは、とても感じます。

これらを踏まえたうえで、なお、われわれの今日の復興は、原発事故後一～二年という早期の段階での目まぐるしい状況に夢中で前向きに対応していった取り組みが基盤をつくったということは言えるでしょう。そのときに野中先生をはじめとする日本有機農業学会の先生方や協力してくださった各大学、研究機関のみなさんからのご支援が、何よりの励ましになりました。

今日はみなさんとこの七年間を振り返ることができ、たいへん貴重な時間となりました。ありがとうございました。

第3章　南相馬市小高区で有機稲作を続ける

――有機農業の仲間たちと日本有機農業学会の研究者に励まされて

根本　洸一

作付けを増やし、有機ＪＡＳ認証を再取得

私は、東京電力福島第一原発から二〇㎞圏の南相馬市小高区で、有機農業の稲作を続けている。ちょうど今年の田植えを終えたところだ(二〇一八年五月)。コシヒカリ一ha、酒米の雄町《おまち》一haで計二ha。昨年の作付けは一haだったから、今年は二倍となった。放射能の検査はしっかりやっており、検査の数値はきわめて低く、心配はない。

去年までの田植えは私一人でやっていたが、今年は役場に勤めている息子が田植機を運転してくれた。原発事故以前も春と秋の機械作業は息子の手伝いがあったが、事故後は役場の仕事に忙殺されて、手伝いを頼めなかった。しかし、今年の田植えは日曜日としたので手伝ってくれることになった。やはり、息子の手伝いは嬉しい。来年は息子と相談しながら、もう少し作付けを増やすことができるだろう。今年も福島大学の学生たち一五人が田植えの応援に来てくれた。

雄町は山田錦の親の品種で、優れた酒米として名高い。岡山県が原産で、岡山市には雄町という地名もある。かなりの晩生種で、化学肥料で栽培すると徒長してしまう。福島県での栽培は難しいとされていたが、郡山市のこだわりの酒蔵・仁井田本家から「地元産の有機栽培の雄町で銘酒を仕込みたい」とのお話があり、雄町栽培に挑戦することになった。今年で三年目だ。一昨年

は四〇ａ、昨年は七〇ａと少しずつ増やしてきた。いろいろ難しさもあり、さまざまに工夫してみて、ようやく栽培法のポイントが見えてきた。イノシシ対策には苦労しているが……。

仁井田本家は私の雄町で大吟醸の銘酒を仕込んでくれて、お酒好きのみなさんから好評をいただけている。原発事故で有機ＪＡＳ認証は返上となってしまっていたが、昨年から再取得した。

故郷・小高での農業から離れられない

現在の小高区は、制度的にはほとんどの地域で営農再開は可能となっている。ただし、残念ながら、まだ農地の多くは荒れ地のままだ。私の集落でも、農業を続けているのは私一人。ご近所の方々も帰還してきてはいるが、農業の再開には至っていない。残念なことだ。それぞれいろいろな事情があるので、営農再開は簡単ではない。だから、時間がかかるだろうが、野良に出る仲間が少しずつでも増えることを願っている。

原発事故で、小高区は強制退去を命じられた。私の家族は、有機農業の仲間である会津・喜多方の渡部よしのさんを頼って避難した。会津には、私の有機大豆で美味しい豆腐を作ってくれていたお豆腐屋さんもいる。避難時には、みなさんにたいへんお世話になった。しかし、会津で落ち着いていたのでは故郷の小高になかなか戻れない。そこで、相馬市に家を借りて引っ越した。

立ち入り制限が厳しくて、小高の家にはすぐには戻れなかった。それでも、立ち入り禁止が続いていたころも、機会を見つけては家に戻り、いつでも営農を再開できるようにトラクターなどのメンテナンスに心がけた。昼間の立ち入りができるようになってからは、相馬市の避難住宅から片道一時間かけて毎日のように通った。

避難生活をしていたころ、いろいろな方から、「小高への帰還はすぐには難しいようだ。田畑や家を準備するから、自分の地域に引っ越して営農を再開してみたらどうか」とのお誘いをいただいた。本当にありがたいご厚意である。だが、私の強い気持ちは、自分は小高の百姓であり、小高の家と小高の田畑での農業から離れることはできないというものだ。

思いは一貫して営農再開。食用米や食用野菜などの生産再開が願いだった。相馬市の避難住宅の近くでも畑を借りて野菜をつくった。堆肥を入れて土づくりをしていくと、野菜の作柄は素晴らしく良くなり、お世話になったご近所のみなさんにもどっさりお裾分けができた。もちろん、農薬を使わない有機栽培である。美味しいとみなさんに喜んでいただけたことが嬉しかった。

仲間たちがいたから、いまがある

原発事故から二年目には昼間の立ち入りができるようになり、三年目には条件付きだったが営農再開も可能となる。そのころ、田畑に生い茂る雑草の状態はものすごかった。まずは草刈りから始めなくてはならない。そのとき、福島県有機農業ネットワークの仲間たちが長谷川浩さんを先頭に、刈り払い機持参で応援に駆けつけ、一人では手もつけられなかった土手の草刈りをやってくれた。有機農業の仲間たちの応援には本当に助けられ、何より心の励みになった。

長谷川さんは農水省東北農業研究センターの研究者だったが、原発事故に立ち向かって、福島農業の再建に百姓の一員として参加したいとの思いから、職を辞して、会津で百姓になった人である。会津から遠路たびたび、車で小高に来てくれた。私への応援だけでなく、小高区のみなさんの生活再建活動もさまざまに支援してくれた。ほんとうに嬉しいことだ。

また、菅野正寿さんらが活躍している二本松市東和地区の素晴らしい取り組みにはいつも大きく励まされている。目標に有機農業を位置づけた東和地区での地域復興には学ぶ点が実に多い。

日本有機農業学会のみなさんにもお世話になってきた。お亡くなりになった野中昌法先生は、新潟大学の学生さんたちと一緒に何度も来てくれた。私の田んぼを使っての試験栽培にも取り組んでいただいた。東北大学の石井圭一さんも、学生を連れて応援に来てくれた。茨城大学の中島紀一さん、飯塚里恵子さんも、いつもの常連である。飯塚さんは、福島大学(現・名古屋工業大学)の牧野友紀さんらとわが家の農業史について詳しく調べてくれている。

一九三七年生まれの私は今年、八一歳になった。元気で、まだしばらくは小高の耕す百姓としてやっていけると思う。地元の農業高校を卒業してすぐに就農し、もう六五年近く農業一筋で生きてきた。それを支えてくれたのは家族であり、農業の仲間たちだ。原発事故以降では、とりわけ長谷川さんや菅野さんら福島県有機農業ネットワークの仲間たち、野中さんら日本有機農業学会のみなさんたちからの応援が、何よりありがたかった。その励ましをいただいて現在《いま》があると感じている。

第4章　試練を乗り越えて水田の作付けを広げる
――南相馬農地再生協議会の取り組み

奥村　健郎

二〇一一年も米を作った

私が暮らす南相馬市原町区太田地区は、東京電力福島第一原発から二〇キロの同心円で分断された地域に位置する。東日本大震災では、地区を流れる太田川を海水が逆流したものの、幸い津波の直接的な被害はほぼなかった。だが、原発の水素爆発の影響で、三月後半には多くの住民が一時避難した。地区の各団体役員で「太田地区復興会議」を設立して、放射線量マップづくりなど住民生活の安全・安心の回復に向けた活動を開始したのは、七月以降である。

行政やJAは二〇一一年には稲を作付けしないという方針だったが、新地町にあるJAそうま（当時）の育苗センターでは苗が準備されていた。それを無駄にしたくはない。結局、あくまで試験作付けであり販売はしないという前提で、原町区では七名が米を作った。

ところが、七月に入って総務省からの文書であらためて作付制限の指令が出され、福島県や南相馬市から青刈りを強く求められる。放射性セシウムの検査で、暫定規制値を超える米が発生する可能性をなくしたいためらしい。だが、私を含めて三名は従わず、栽培を続けた。作ってみなければ次につながらないと思ったからだ。生育は良好で、収穫後に玄米を検査したところ、まったく問題とはならない放射性セシウムの数値だったが、すべてを廃棄せざるを得なかった。

野中先生たちとの出会い

二〇一二年も通常の作付けはできず、限定的な試験栽培を行った。東和地区で七月に新潟大学と福島大学の研究者による学習会があると聞いて参加したのが、野中昌法先生との出会いである。東和での野中先生をはじめとする日本有機農業学会の研究者たちの活動は、すでに聞いていた。太田地区復興会議では、伝統行事の野馬追に合わせた「ひまわりプロジェクト」に取り組んでいた。耕作を続け、課題を見つけながら対策をたてていくことで、農地の再生と地域コミュニティの維持が可能になると考えたからだ。

野中先生は野馬追に来られ、ヒマワリ畑を見て、私たちの思いを深く理解された。そして、二〇一三年には水稲を中心に、本格的な実証試験のための作付けをしようと話し合い、そのために二〇一二年の秋にはダムや農業用水、土壌の調査が始まった。

ところで、市内で広く実施された二〇一二年の試験栽培の結果は良好だったが、稲作や水田転作の方針を決める「南相馬市地域農業再生協議会」は二〇一三年も、市内全域で試験栽培以外は水稲を作付けしない方針を打ち出していた。このような背景のもとで、太田地区では、農業再開につながる目に見えるかたちのステップをつくるために、野中先生たちの指導を受け、土壌や用水の状態を詳細に把握し、試験栽培を実施したのである。

二〇一三年の試練と一四年以降の成果

ところが、二〇一三年秋に太田地区で収穫した米から、福島県の全量全袋検査で、基準値の一〇〇ベクレルを超える袋が出てしまう。五〇ベクレルや六〇ベクレルの袋も次々に見つかり、私たちはきわめて大きな衝撃を受けた。全県の中で、南相馬市だけがこうした結果だった。農地も水も綿密に調査していただいたうえで臨んだ試験栽培だったのに、なぜなのか。

その後、八月に東京電力が行った原発の瓦礫の撤去作業で、ダスト（粉塵）が飛散したのではないかという見解が示された。翌年も農水省や研究者によって検証が続けられたが、結局、理由は明確には分からない。にもかかわらず、原子力規制委員会は二〇一四年一一月に、粉塵の影響は関係ないと断定した。SPEEDI（緊急時迅速放射能影響予測ネットワークシステム）の計算結果だというが、農家や住民は置き去りにされている。

南相馬市地域農業再生協議会も二〇一四年には本格的な作付けに踏み出すはずだったが、大きな打撃となった。私たちは当然、強い憤りをもちつつ、野中先生たちと話し合って、より徹底した試験栽培の実施を確認した。原田直樹先生や吉川夏樹先生たちに、水田や用水の条件による違いを細かく反映していただき、東和で取り組んできた実証試験の成果も共有して、試験栽培を再設計した。また、同じ原町区で有機農業を継続してきた杉内清繁さんたちの南相馬農地再生協議会と協力して、菜の花プロジェクトにも取り組んだ。

一方、南相馬市も「農業再生実証事業」で、野中先生たちに試験栽培を委嘱した。前年の基準値超えの影響は強く、二〇一四年の栽培面積は小さかった。農家の意欲も後退していく危機感があった。

私たちの二〇一四年の試験栽培の結果は良好で、安全な米作りが十分に可能であることが証明された。野中先生たちは試験結果を分かりやすく整理して、説明会を開催してくださった。当初から、農家と一緒に取り組み、その結果を農家に返す。国のやり方とは正反対の丁寧な活動で、農家は納得し、かつ励まされてきた。

二〇一五年以降、太田地区から水田の作付けが広がった。南相馬市内では福島第一原発に相対的に近い地区で先行して稲作が回復し、他地区へ広がっていったのだ。野中先生たちと一緒に取り組んだ成果が大きな力になったと思っている。

野中先生から教わったこと

野中先生が遺されたのは、「最後は土が答えてくれる」という教えであると思う。土にこそ解決策があり、耕して作り続けていけば、必ず土が答えを示してくれる。また、大きな視点に立って、農地を維持する大切さを教えていただいた。一〇〇年や二〇〇年という長い時間の流れを考えると、農業がしっかり継続し、農地や農業用水が維持されていくことが大きな意味をもつ。その点では、原発事故によって影響を受けたのはごく一部分であるはずだ。

さらに野中先生は、土を耕して作物を育てることで地域が育ち、人が育つと常々おっしゃっていた。私たちは集落で法人をつくり、水稲などを基本としながら、多角的で幅広い土地利用を目指していきたい。現在はカボチャやタマネギなどを生産している。ありがたいことに、私の息子も含めて、若い人が一緒に農業に取り組み始めており、とても嬉しく思っている。

（聞き取り・まとめ・構成＝菅野正寿・林薫平）

第5章　全村避難から農のある村づくりの再開へ

——飯舘村第一二行政区の活動

長正　増夫

守友先生との再会、野中先生との出会い

現在まで続く大学の研究者のみなさんとの関係のきっかけは、二〇一三年三月に行われた福島大学の山川充夫先生の退職記念パーティーで、うつくしまふくしま未来支援センター（以下「未来支援センター」）の小松知未先生（現・北海道大学農学部）たちと知り合ったことだ。山川先生とは、私が飯舘村役場に勤めていたときに地域づくりに関して助言いただいていたので、長いお付き合いがあった。震災後に飯舘村に関わってきた研究者の考え方は、まとめて離村して第二の村をつくるべきだという意見も含めてさまざまであった。そのなかで、未来支援センターは住民本位の支援活動を継続していて、信頼できると考えていた。

私は当時、飯舘村比曽《ひそ》地区の畜産農家・菅野《かんの》義人さんたちと、行政区を超えて、「いいたて復興志士の会」をつくって活動していた。志士の会が掲げた方針を以下に示す。

「早期帰還を目指します！　一人一人の復興と再生を目指します！　住むことに誇りが持てる村を創ります！」

志士の会では、飯舘村の避難・帰還や除染や補償などに関する国の方針に対して、住民の立場から学習や情報収集、提言を行ったり、交流の場を設けたりしてきた。また、情報誌『風の便り』

を編集して村民の声を掲載し、避難のもとでもつながりを保つように努めてきた。活動のきっかけのひとつは、飯舘村で検討されていた国（環境省）の除染の方法である。宅地や農地や山林の除染について、国の実施計画はなかなか見通しが立たない。私たちからすると、待っていられない状況だった。方法も画一的で、農村の生活の実態や個々の事情に合わないと思う部分が多い。私たちは、村にいち早く帰還して生活と農業を再開できるようにするための除染でなければ意味がないと考えて、環境省に要望したり、政治家に陳情に行ったりしていた。たしかに、除染方法の変更は難しい。それでも、居久根《いぐね》（防風林）に対する補償がなされたように、要望が無意味だったとは捉えていない。

二〇一三年の春以降、志士の会のメンバーで、未来支援センターに出向くようになる。秋には、以前福島大学にいた守友裕一先生と再会でき、さらに新潟大学の野中昌法先生と知り合うことができた。新潟大学の方々の活動については、畜産農家同士のつながりで東和地区に避難していた菅野義人さんが、とても注目していた。野中先生は、「農村には農村の除染がある。農業再開を目指すには、それに合う除染があるはずだ」というご意見で、私たちの思いに共感していただき、一緒に何ができるか考えていった。

住民が参加した放射線測定活動

福島大学で野中先生も含めて相談を重ね、二〇一三年一〇月に、飯舘村の第一二行政区（大久保・外内《よそうち》地区）の私が住む集落で、自主的な宅地と農地の測定活動（モニタリング）を実施することになった。この行政区では地区会報を月刊で発行し、連絡を保つようにしていた。名前は、地域の伝統的な踊りの名前からとった『おいとこ』である。二〇一四年四月発行の号ではこの重要なモニタリング活動を大きく掲載し、自分の家や農地、そして自分たちの地区のことであるから、ぜひ参加してほしいと伝えた。志士の会の『風の便り』でも情報を載せ、他地区の方々にも見学に来ていただくよう呼びかけた。

当日は多くの参加があった。測定は二つの方法の組み合わせである。ひとつは、福島大学の石井秀樹先生が福島市内で農協と一緒に農地の自主測定プログラム(土壌スクリーニング活動)を行ってきた実績を踏まえ、そこで活用していた「ロケット」方式(可搬式で、接地しながらリアルタイムで地中のガンマ線を検知する)。もうひとつは、新潟大学のみなさんが東和で実施していた空間線量率測定の「毘沙門《びしゃもん》」方式(移動式・車載式の検出器で、地図情報と連動する)。守友先生や野中先生と相談した結果、モニタリング手法は、住民が参加でき、かつ、結果が早く出て目に見えやすいことが重要だという意見で一致したのである。

測定の当日、印象に残っているシーンがある。それは、測定現場で小松先生がどんどん農地の中に入っていったことだ。私たちは放射性物質というものをとにかく怖がっていて、最初は若い女性が大丈夫だろうかという気持ちもあった。だが、彼女が入っていく姿を見て、状況をしっかり把握すれば放射性物質による汚染にも対処できると考えるようになった。意識の面で変化がもたらされたことは大きかったと思う。

測定活動を終えると、帰還後の農業や村づくりについて語り合う会合をもった。そこで野中先生に、東和での活動の経緯や農業を再開するうえでの放射性セシウム対策の成果などについて話していただいた。

こうしたモニタリング活動は、除染が段階的に進むのと並行して、節目ごとに成果を検証する目的で、二〇一六年四月までのべ四回実施した。除染の方法自体は納得できない部分もあったが、除染後の農地の利用や、土づくりのやり直し方法についても、野中先生の指導をいただいて具体的に考えていく。そうした成果をもとに、新潟大学と福島大学（守友先生は二〇一四年に福島大学に復職）のみなさんと定期的に学習会を開催して、村の現状を確認しながら、帰還後のイメージをつくっていった。

雑穀や多様な作物を育て、農のある村づくりの再開をめざす

このような大学の研究者との交流が、「結《ゆい》の郷《さと》」の構想や「復興研修」につながる。「結の郷」構想は、二〇一三年から第一二行政区として独自に話し合ってつくったものである。「私たちの先人が築いてきた緑豊かな自然のなかで、日々集落の人々とふれあい、支えあい、助けあいながら、皆が楽しく笑顔で暮らせる、大久保・外内地区の復興をめざす」と掲げた。そこには、農地を再生して、菜の花や、そばや、エゴマを育てて、寄り合いの場所をつくっていくことなどを盛り込んだ。

二〇一六年の夏には、守友先生や小松先生に相談して、「復興研修」を企画した。長野県長和《ながわ》町のダッタンそばづくりや、秋田県由利本荘市の菜の花と菜種油づくりを視察に行った。

ダッタンそばは高齢者も栽培していて、耕作放棄地を適作地に変える見事な取り組みだ。地域の人たちで運営する「緑の花そば館」で食べてみると、苦いと言われるダッタンそばがまったく苦くない。山の中の不便なダッタンそばの里を、風光明媚な場所として観光客が好んで訪れていた。以来、飯舘村でも栽培できないかと思っていたが、二〇一八年に入って、長和町のダッタンそば生産者組合のみなさんから分けていただいた種を播いたので、できるのが楽しみだ。

菜の花の視察は、行政区の別のグループが行った。話を聞くと、「あきた菜の花ネットワーク」が中心になって、鳥海山麓の標高の高い荒地を、菜の花の栽培によって農地として再生した素晴らしい取り組みである。毎年五月に、鳥海山麓の広大な菜の花畑でお花見会を開催されている。観光客が多く訪れるほか、菜種を採って搾油し、高品質な食用油として活用しているという。視察後に食用の菜種をいただき、さっそく二〇一六年の秋に一部播種した。その後も、継続的に支援をしていただいている。

二〇一七年には帰還が開始された。農業を中心とする村づくりの再開に向けて、今後も復興研修は続けていく。私自身は、そばなどの雑穀がおもしろいのではないかと思っている。もちろん、菜の花もよい。小麦も楽しみな品種があり、試しているところである。多様な農地の利用が、村を豊かにして、人も育てるのだと思う。

ただ……野中先生と一緒に、もっとこういう話をたくさんしたかった。むしろこれから野中先生の力が必要だったのに、残念でならない。

（聞き取り・まとめ・構成＝菅野正寿・林薫平）

第Ⅲ部

農家と共に歩んだ研究者・野中昌法

第1章　野中昌法の仕事の意義——農業復興へ　福島の経験

中島紀一

一　はじめに

野中昌法さんは二〇一七年六月九日、逝去のその日まで、原発事故で被災した福島の農業・農村の復興に尽力し、その前進を願っていた。苦しい闘病の最中にも、福島の被災地山村への訪問は続けられた。

野中さんの福島での活動は、二〇一一年五月の日本有機農業学会有志による緊急現地調査から開始された。その後の過程で、著書『農と言える日本人——福島発・農業の復興へ』(二〇一四年)を出版し、病臥のころから『有機農業研究』誌の巻頭言として、その農学について遺言のような文章を遺している(本書第Ⅲ部第2章・第3章に収録)。

野中さんの思想と方法

野中さんの福島での活動やそれらの著作などの全体から、その思想と方法を整理すれば、次の五項目が浮かび上がってくる。

①社会的正義感　弱者への優しさ

②現場の事実の重視　総合的判断
③主役は現地の農家　課題は農家の暮らしの再建　研究者はそれへの支援者
④水俣病、足尾鉱毒事件、原爆・核実験、チェルノブイリなどについての、深く鋭い見識
⑤地元・新潟の諸地域活動についての粘り強い取り組み

そこには、幅広い仲間づくり、狭い蛸壺に閉じ込もらない、さまざまな分野の専門家のネットワーク形成を追求する、活動の国際性、途上国との連携、学生たちへの励ましと配慮と楽しさ、有機農業の重要性の強調なども、明確に示されている。

野中さんのプロジェクト運営規範

野中さんは福島でさまざまなプロジェクトを牽引した。そこで重視すべき運営規範として、上記の著書などで次の五点を挙げている。

①主体はあくまでも、農家である。農家の取り組みへのサポートであること。農家が自主的に取り組むことで成果が上がる。
②まず、「測定」することを復興・振興の起点とする。農業復興、そして復興が最終目的である。
③地元の安心感をつくる。地元で愛される農業・農産物生産を優先させる。
④生産者・消費者・流通・学者が一体となって理解を深める機会を設け、さまざまなバリアフリーをつくる。
⑤最後に、研究者・農家報告会では、議論ではなく、「実践ノウハウ」の共有を行う。

ここには、野中さんの実践的農学論＝総合農学的な有機農業学の具体的なあり方が明確に示されている。

野中さんの福島での活動経過

野中さんが福島の現場に飛び込んだ原発事故直後の福島県は、危険性の視点からおおよそ三地域に区分されていた。

A地域——強制避難地域。しかし、その地域は比較的限定されていた。
C地域——避難を強制されなかった地域。この地域はきわめて広域だった。
B地域——両者の中間の地域

著しく条件の異なった三地域において、事故後、それぞれの地域条件に合わせて、それぞれの活動が進められてきた。

事故後七年を経た現在を地域区分別にみれば、おおよそ次のようになっている。

C地域に関しては、住民たちの暮らしと農業、地域社会の諸活動は、当然たくさんの課題をかかえ、多くの難しさに直面しているが、おおよそ再建、再興と言える段階にさしかかりつつある。

B地域に関しては、いま懸命な格闘が進められている。C地域との交流が重要。

A地域に関しては、問題はほとんど解決されておらず、深刻な苦悩が続いている。

野中さんらの福島支援の活動は、まずC地域（二本松市東和地区）で開始された。

野中さんらはそこで住民の話を聴き、そのさまざまに揺れる苦悩を共有し、そこからできることを提案し、ともに取り組み始めた。まず、自分たちで測定し、安全と危険を具体的に判断し、現実性のある対策を提案した。さまざまな専門家の協力を得て、現地の実情に則した測定方法を工夫し、農家とともに繰り返し測定し、大学に試料を持ち帰って分析し、データを積み重ねていく。環境(空間線量率)、農産物、田畑土壌、試験栽培、里山、生活空間など、多様な測定が進められた。測定結果は現地に分かりやすく報告し、情報を整理し、共有し、語り合いを重ねる。それが住民への励ましとなり、筋道となり、自信となっていった。

野中さんたち科学者の活動は、苦悩し、迷う、しかし頑張ろうとする住民たちを大きく励まし、支え続けた。住民たちは一歩ずつ自治主体としての力をつけていった。そして、データは少しずつだがほぼ確実に安全側に移行していった。地元住民と野中さんらの協働した活動には、繰り返し、積み重ねられた測定で確かめられた科学的根拠があった。

野中さんらの活動は、住民たちの取り組みを尊重し、野中さんらもそこからさまざまなことを学び、研究者の輪も広げ、連携して、ともに新しい農学を一歩ずつつくっていく活動だった。野中さんらはたびたび現地に足を運び、滞在し、住民たちの暮らしと接し、そこに喜びと楽しみを感じつつ、たくさんのことを学んだ。それは農家たちとともに歩む新しい農学への取り組みだった。野中さんはそうした取り組みを、有機農業の視点からの総合農学の創造だと位置づけた。

野中さんらの活動は、当初は主にC地域支援に集中してきたが、二〇一四年からB地域への支援にも力を注いだ(南相馬市、飯舘村など)。A地域の支援については、早い時期からの南相馬市小高地区での取り組みはあったが、この地域へは力が及び切れていない。

行政との関係では、しっかりとした行政施策を期待しつつ、事実に則して、筋を明確にしつつ、是々非々で、相互理解と信頼も一歩ずつ広げられてきた。

以下、野中さんをリーダーとする日本有機農業学会有志グループの福島農業復興支援の活動について、立ち入って紹介することにしたい。

二 「福島の経験」と野中さんの仕事

たじろがなかった野中さんらの科学者グループ

原発事故の直後は、福島被災地での農業・農村の復興はきわめて難しく、セシウム137の半減期三〇年を念頭におけば、それを期待するとしても、数十年くらいの中期的展望以外はあり得ないとも考えられていた。しかし、実際は、その予測と大きく違っていた。

七年後の現時点で振り返れば、当初の強制避難地域以外の農村では、農業と暮らしの再建、復興の取り組みは、まだ途上とは言え、今後へのおおよそ見通しが立つくらいの地点まで到達している。当初はほぼ無理だとさえ考えられた復興は、苦難のなかでも、各所でさまざまな形でその道は拓かれ、しっかりとした成果を手にするところまでたどり着いている。事故直後の状況を思い出すと、隔世をさえ感じさせられる。

その歩みを拓いたのは、その地で暮らし続け、農業の継続を諦めず、日々の営農に取り組み続けた地域住民たちだった。野中さんらの有機農業学会有志はいつもそれに寄り添い、科学者として、測定に協力し、ともに語り合い、住民たちを励まし続けてきた。住民たちの先の見えない苦悩の模索の過程を、ともに歩もうとした野中さんらのグループは、たじろぐことがなかった。

「チェルノブイリの経験」のキーワードは「広域の退去避難」

大規模な原発事故については、まず一九七九年にスリーマイル島（米国）のメルトダウンに至る事故があり、一九八六年四月のチェルノブイリ（旧ソ連）の大事故があり、そして、今回の福島での大事故があった。福島での事故後の対応においては、先例であるチェルノブイリの経験が参考にされることが多かった。福島関係者のチェルノブイリ視察も相次いだ。

だが、いま振り返るとチェルノブイリの経験と福島における事故後の歩みは相当大きく異なっていた。チェルノブイリの経験はチェルノブイリの経験であり、福島の経験は福島の経験である。この二つの経験は、並び立つ、内容的にかなり異なった経験として位置づけられるべきだとさえ考えられる。

チェルノブイリと福島を比較してみると、福島においても初動の不手際が強く批判されているが、チェルノブイリではソ連の国家体制のもとで事故情報の多くは機密とされ、事故の事実さえ隠され、被災者への対処は強権的で、福島よりもさらに酷かった。ソ連政府は、原発直近の原発労働者の町については、事故の翌日に避難勧告をした。それ以外の三〇キロ圏の住民に対しては、一週間後に、理由も示さないままに強制避難を通告した。チェルノブイリにおける被災者対策の主な内容は、強制的な退去避難である。その範囲は当初は三〇キロ圏とされ、さらにそれ以外の放射性物質による汚染が酷い地域について避難勧告は拡張され、グレーゾーンについては希望者には「避難の権利」を与えるという措置もとられた。

そこで腐心されたことは、避難指定のための汚染程度の判定と基準、対策方策の強制実施のための法律づくり、国家の財政的な支援、国家的な仕組みづくりなどである。また、放射線被曝の健康被害がかなり広範に広がっていたので、それへの医療ケアなども取り組まれた。そのキーワードは「広域の退去避難」と言えるように思われる。

福島の場合には、強制避難区域は二〇キロ圏と設定され、二〇～三〇キロ圏は避難準備区域とされた。その後、こうした同心円的発想ではカバーできない高濃度汚染地域の存在が暴かれて、飯舘村や川俣町山木屋地区などが強制避難地域に追加設定された。被災住民の被曝検査、健康相談などは、おおむねチェルノブイリに倣うものだった。

「福島の経験」のキーワードは「一歩ずつの復興」

しかし、福島における何よりの特徴は、避難地域指定を受けなかった地域において、その地に踏みとどまった人びとによる、そこでの暮らしの確立と一歩一歩の復興への取り組みの開始にあった。それらの地域には農山村が広範に含まれ、復興の取り組みは何よりも農業分野において顕著に展開された。そして、それは七年という、原発事故からの復興としては、実に異例に、短期間に、見るべき成果をあげてきているのである。

ここに、私たちが本書で特筆する「福島の経験」がある。キーワードは「一歩ずつの着実な復興」である。チェルノブイリのいわば負の経験と対比すれば、福島の経験はいわば復興に向けての正の経験であり、このことは広く世界に対して、強く詳しく提示する価値があると考えられる。野中さんらの科学者チームは、この「福島の経験」の形成、推進、展開に大きな役割を果たし続けている。

福島の現地は、突如として恐怖、不安、迷いの日々に落とし込まれた。さまざまな報道のなかで、これは深刻に怖い事態だということは分かったが、原発事故は実相としてどんなことだったのかがよく理解できなかった。テレビなどでは膨大な解説がされたが、それは少しずつ違っていて、どのような理解が妥当なのかを判断することはたいへん難しかった。そのとき、身近に科学者がいることはまず何よりの支えだった。

続いて、さまざまな測定機器が持ち込まれて、測定数値が膨大に氾濫していった。その数値は一定ではなく、変動し、しかもそれぞれ相違していた。適切な機器による系統的な測定とその数値の整理も必要だった。そのとき、身近に科学者がいることはまず何よりの支えだった。

大混乱も少し収まり、判断がしだいに落ち着き、日常として何かを再開していきたいが、具体的には何をどうしたらよいのか。農業についてはすぐに春が来て、ここで作付けを再開すべきかどうか。そんなやや前向きな迷いの局面に直面したとき、丁寧に測定しながら、まずは農作業を開始してみよう、始めなければ何も分からない、と励ましてくれる科学者が身近にいることは何よりの支えだった。

被災地での農業の復興はここから開始された。そして、作物が育ち、収穫期を迎え、恐る恐る収穫物の放射能を測定してみた。その結果は、思いのほかに、農作物への放射性物質の移行は少なかった。測定ミスかと疑って、何度も測定し直してみても、軽微な汚染という数値ゾーンは変わらない。このデータを手にして、多くの栽培者たちは涙を流した。この涙が、次の取り組みへの力となった。この段階では、地元の農民とそれを支える野中さんらの科学者チームはすでに一体となっていた。

初期のこのプロセスには、いろいろな苦いエピソードもあった。

収穫物の放射能測定では、試しに事故被害を受けていないと考えられる北海道などの遠隔地の野菜なども取り寄せて測定したことがあった。すると、北海道などの野菜からもそう低くない放射能が検出されるのだ。当初はそのことの意味がよく分からず、混乱をきたしてしまった。しかし、文献を調べ、専門家に助言を求めてみると、そのころ現地で測定していた放射能は、放射性セシウム由来のものだけでなく、カリウム40から発せられているガンマ線も一緒にしていたことを知った。多くの人は、カリウム40は地球史の早い時期からのどこにでもある避けがたい放射性物質であることをこの段階で知る。お粗末と言えばお粗末だったが、それ以降、放射性セシウムとカリウム40を区別して測定する体制が整えられていく。

三　「福島の経験」の中心には「農業の復興」があった

「福島の経験」、すなわち福島の復興の土台には、農業の復興があった

福島第一原発から放出された放射性物質は、大地をまんべんなく汚染した。農業はその汚染された大地で営まれる。農業の生産物は食べ物であり、それは人びとに食される。そこに放射性物質による汚染の連鎖が当然のこととして予測された。さらにはその連鎖過程で、濃縮すら予測された。状況としては最悪である。

こうした状況に対して、もうその地にとどまるべきではない、早く避難退去すべきだ、そこでの食べ物生産などあり得ない、という強い警告が地域外の識者から次々に発せられた。さらには、汚染された土地で生産された汚染された農産物を地域外に出荷することは、人為的な追加汚染になるから禁止すべきだ、という意見まで強く叫ばれた。

こうした非難の暴圧のなかで、それでも農民たちは田畑を耕し、種を播き、栽培を開始した。見通しのあってのことではない。だが、結果としてこの取り組みは正解だった。福島の土にはたいへん強いセシウム吸着固定の力があって、耕すことでその力を大きく発揮させたのだ。また、多くの作物は、セシウムを選択的に吸収することはあまりなく、栄養バランスのとれた農地では、むしろ選択的不吸収とすら言えるような特性さえ認められた。

その結果、大地のセシウム汚染は農作物に多くは移行せず、農産物の安全性はおおよそ確保さ

れたのである。まだ山菜やきのこの一部には、食べることを控えたほうがよいものも残っているが、普通の食生活ならば、食べることで原発事故による放射性セシウムの摂取はほとんどないと判断されるところまできている。その摂取レベルは、先に書いた避けることのできないカリウム40などの自然放射性物質よりもかなり微量だった。

農と食にかかわる放射性物質による汚染の連鎖がかなり小さかったというこの驚くべき事実は、厚生労働省などによる放射能安全基準の強化やその厳格な実施によって確保されたのではない。土の力、作物の力、農の力によって、原発事故由来の放射性物質の移動が強く遮断された結果によるものだった。

国は、土の力を強め、作物のセシウム吸収を抑制するために、ゼオライトやカリ肥料の大量施用を強制した。それは安全性宣伝のパフォーマンスとしては一定の効果があっただろうが、農産物への放射性セシウム移行を抑制する効果がどれほどあったかは明らかではない。農水省も環境省も、効果についての実証、検証すらしていない。

営農現場での工夫をこらしたさまざまな工夫もあった。良質の堆肥を施用し、丁寧に耕し、多肥を避け、作物を健全に育てようとしてきた。しかし、それは放射性物質対策の裏ワザではなく、農業の本道にそっての営農努力なのであり、それは豊かな稔りとして成果を生み続けている。

そして、野中さんらの有機農業重視の科学者たちは、こうした落ち着いた営農努力の重要性を説き、その成果データを示し、農家を励まし続けてきた。

「農業の復興」の基礎には「自給の継続」があった

さらに付け加えれば、こうした農業の復興は、そこで暮らす農家の自給の場面から開始され、その確かな成果が出荷生産の後押しをしてきたという事実もある。この地域の農村での自給的な農業は、主にお年寄りたちによって担われている。

このお年寄りたちこそ、原発事故直後の大混乱の時期にも、たじろぐことなく、種を播き、田畑を耕し、作物を丁寧に栽培することを続けてきたのである。その産物は、まず自分たちが食べ、家族が食べ、そしてご近所での無償の贈り合いに供された。だからこそ、放射能測定の取り組みは真剣だった。そして、食べても心配ないとの結果が得られたとき、孫たちの顔を思い浮かべながら、涙を流したのだ。

こうした取り組みの初めには大きな迷いと苦悩があった。そんなとき、住民たちは行きつ戻りつの話し合いを重ね、悩みを共有しながら、一歩ずつ前に進んでいった。野中さんらの科学者グループも相談会に参加し、さまざまな質問に答えながら、その歩みの支えとなっていった。

野中さんらの活動から優れた思想と理論が形成されてきた

こうした「福島の経験」＝「福島の着実な復興」＝「豊かな農の継続」のプロセスには、野中さんらの科学者グループの誠実な伴走があった。彼ら・彼女らがそうした役割を果たし得たのは、彼ら・彼女らに誠意があったからというだけではない。その活動には優れた思想と方法、いわば「作法」とでもいうべきもの、そして現実の調査活動のなかから、現地の実体験に則した、しなやかな、そして強靭な理論が少しずつ紡ぎ出されてきていたからだった。

野中さんらの活動がこのように展開し得たのは、その最初に二本松市東和地区の「ゆうきの里東和ふるさとづくり協議会」＝実に優れた住民自治主体との出会いがあったことが決定的だった。ここでの現地農家と調査団との熱のこもった対話が、すべての始まりだった。ここで、地元住民と研究者の二人三脚のような活動が開始される。その科学者側のリーダーが野中さんだった。

四 「ゆうきの里東和ふるさとづくり協議会」と野中さんらの活動

福島の原発事故からの復興過程の取り組みにおいて、ほとんどの地域で直面した共通の困難は、自主的・自治的な住民主体の確立にあった。

復興過程では国や県の主導性が強かったが、今回の原発事故は天災ではなく、明らかに人災である。最も責任の重い加害者は東電だったが、併せて国の加害者責任もきわめて重く、県もそれにおおよそ連座する位置にあった。そうした加害者性の強い国や県が、原発推進の過去について口を拭ったままで、復興の掛け声をかけても、そこにある深刻な不信感を消すことは容易ではない。この構造的齟齬を乗り越えて復興を進めるためには、受け身ではない住民の自主的・自治的主体確立が不可欠である。

しかし、度重なる町村合併は、地域における住民自治の体勢を突き崩し、自治の意志を希薄化させてしまった。そんな状態の地域に原発事故が襲いかかったのだ。地域での住民集会の開催さえなかなか難しく、ささやかな個人レベルのネットワークが辛くも地元での話し合いや取り組みを支えたという例も少なくない。

そうしたなかで東和地区は大きく状況が違っていた。旧東和町では、二本松市への合併協議の過程で、それまで培われてきた地域の暮らしの体勢、地域文化の伝統、地域農業の大勢、地域自治の気風などが失われないようにするにはどうしたらよいかという話し合いが熱心に続けられる。そして、合併した二〇〇五年の四月に、住民自治の自主組織として「ゆうきの里東和ふるさとづくり協議会」が設立され、同年一〇月にNPO法人となった。

その前身は循環型農業の推進を主な課題とする「ゆうきの里 東和」で、そのほか旧東和町地域で自主活動を続けてきた諸団体も加わって、設立された。担い手の中心はかつての青年団活動の有志たちで、会員数は三〇〇名弱。老若男女、さまざまな住民が参加している。

この協議会を軸とした復興活動については、第Ⅰ部第5章の飯塚里恵子さんの報告で詳しく紹介されているので、ここでは立ち入らない。ただし、協議会の取り組みには他では見られない特質があったので、それを列挙しておこう。

第一は、道の駅ふくしま東和の指定管理者を引き受けて、地産地消の地元経済の担い手となっていること。ここが復興経済を牽引してきた。

第二は、二〇〇九年に自主的な地域づくりビジョン「里山再生プロジェクト（五カ年計画）」を策定し、震災後にはそれの延長として「里山再生・災害復興プログラム」を策定して、地域政策をもって復興活動に取り組んできたこと。

第三は、地域の空間線量率の測定運動を推進し、また農産物の放射能測定体制を整備し、損害賠償についても二本松市と協力して、系統的に被害農家の支援に取り組むなど、原発災害対策に総合的に取り組んできたこと。

第四に、会員たちの話し合い、助け合い、健康診断などを組織し、さまざまな相談にのるなど、暮らしの支援、心のケアにも積極的に取り組んできたこと。

第五に、資金援助、補助事業などを伴うさまざまな支援事業の積極的な受け皿となり、復興支援のボランティアの引き受けを広げたこと。

第六に、震災後にも、ワイナリー(ふくしま農家の夢ワイン株式会社)や農家民宿組合の設立、新規参入生産者の受け入れ、桑葉加工事業の再構築、あぶくま農と暮らし塾の立ち上げなど、地域に新しい仕組みをつくってきたこと。

経過としては偶然であったのだが、日本有機農業学会に集う野中さんらの科学者グループは、二〇一一年五月初めに地域自治についてこのような力を備えた東和地区を訪ね、以来、地域の取り組みに寄り添い、地域に学びながら、緊密な、そして多面的な連携活動を進めてきたのである。いま振り返って私たちが「福島の経験」として総括しようとしていることの多くは、こうした東和での活動の中から紡ぎ出されたものだった。

五　地域と科学者グループの連携——野中さんらの活動作法

野中さんらの科学者グループが東和のみなさんとの連携活動を開始したころ、反原発の立場からの科学者たちの代表的な対応としては、京都大学の小出裕章さんの、「放射線管理区域」という既存の制度を踏まえて、福島はもちろんその周辺地域について住民の避難退去を国は直ちに指示すべきだという見解があった。また、群馬大学の早川由紀夫さんからは福島原発事故による放射性物質の汚染地図の整理が逐次公表され、福島での農業継続などありえないという警鐘が発せられた。さらに福島の現地においては、今中哲二さん（京都大学）や糸長浩司さん（日本大学）から、国や県からは安全地域だと区分されていた飯舘村に関して、高濃度汚染にさらされているという情報提供が強くなされていた。

日本有機農業学会有志グループは、放射能研究については素人の状態だったが、これらの先行研究者の提起には同調しなかった。私たちはまず、現地に赴き、そこで苦悩し模索している農家の話をよく聞いて、そこで私たちができることを考えるべきだという立場で一貫していた。「農家と研究者の協働」という課題についての当初の私たちの立場の特徴は、現地に入って農家の話を聞くところから開始するというものだった。いまから振り返れば、とりたてて述べるまでもないことだが、当時としては、これはとても重要な独自の立場の選択である。

まず東和で農家から問われたことは、二〇一一年五月初めという時点で営農を開始することの是非だった。野中グループには特段の将来予測力はなかったので、「先のことは分からないが、丁寧に測定しながら営農は継続したらどうか」というのができる返答だった。こうした返答は当時の東和の農家リーダーらの意見とほとんど同じで、結果として、彼ら・彼女らの取り組みを野中グループが後押しするという運びとなった。そして、当然のこととして「丁寧な測定」についてできるだけの応援をしていくことになる。こうした返答と測定協力というあり方も、振り返れば野中グループの重要な立場の選択だった。

「測定協力」のあり方に関しては、測定機器への理解、データの取り方、データの整理の仕方、データの読み方など、さまざまなことが課題となった。そこで何よりも重視したのは、農家とともに測定する、農家自身の測定を支援するというあり方だった。科学者が独自の視点から、先行して測定活動を進めるというあり方は採らなかった。

測定の主な領域は空間線量率の測定、農産物の放射能の測定、そして農地の汚染測定だった。

空間線量率の測定についての科学者らしい通常の方法は、地域をメッシュで区切り、そこから系統的に測定していくというあり方だろう。しかし、野中さんらはそういう方法は採らなかった。農家とともに、農家の生活点や生産点を測定し、それを地図に記入し、データの共有を図るという方向で進められた。この過程で、新潟大学の吉川夏樹さんが参加し、地図情報整理が大く前進した。また、歩く道に沿っての測定については、同じく新潟大学の内藤眞さんらの「毘沙門チーム」との合流と展開が大きな役割を果たした。

農産物の測定については、道の駅に測定体制を整え、農家の持ち込み測定を幅広く呼びかけて測定を進めたところに特徴があった。科学的推測のためのサンプル調査ではなく、持ち込まれた農産物を全点測定し、測定結果は農家に戻し、販売品のデータとしても活かす。さらに、こうして集積されたデータは農産物の大量測定データとしても蓄積されていった。この取り組みで、道の駅の測定体制、測定を踏まえた安全性保証の販売、一歩ずつ確かめながら営農を進めていく農家の認識は大いに向上していった。

農地の測定についても、メッシュ設定による測定というあり方にはこだわらず、農家とともに、よりよい営農を目指して、現地に則してそこで必要と考えられるさまざまな測定を追求した。農地汚染についての現地に寄り添った測定のあり方も、野中グループならではのものだった。

六　「土の力」に支えられて

国は事故後に、設定されていなかった放射性物質についての食品の安全基準値をあわてて五〇〇ベクレル／kgに設定し、あまりに甘すぎるという強い批判を浴びて、二〇一二年四月から一〇〇ベクレル／kgに引き下げた。被災地では、この大幅な基準値変更で福島県産農産物の流通はどうなるかが懸念されたが、引き下げられた基準値をオーバーする農産物が続出することはなかった。

有機農産物流通団体で二〇一一年の後半ごろには、取り扱う農産物についての自主的放射能測定がすでに一般化していた。そこでは測定機器の限界もあって、二〇～三〇ベクレル／kgくらいが安全性確保の事実上の目安となり、その段階ですでに、多くの品目はそれ以下となっていた。間もなく、ゲルマニウム半導体測定器によるより厳密な測定が一般化していく。そこでの検出限界値は一ベクレル／kg程度となった。その段階での各種の測定値をみても、限界値以下か、数ベクレル／kgが一般的となってきていた。

福島県としての測定体制も整えられ、幅広い県産農産物についてのゲルマニウム半導体測定器による測定値が公表されていったが、その結果も一ベクレル／kg以下か数ベクレル／kg程度がほとんどだった。二〇一二年からは米の全量全袋測定が実施されたが、一〇〇ベクレル／kgを超えるものはごくわずかで、一四年以降は基準値オーバーの検体はゼロとなっている（七一ページ参照）。

要するに農産物の放射性物質による汚染の実態は、かなり早い時点から国の基準値より相当に低い状態になっていたのだ。農地の汚染線量は高いにもかかわらず、農産物の放射能濃度は予測よりもかなり低かった。別言すれば、農産物への汚染の移行はかなり少なかった。

振り返れば、二〇一一年六月ごろまでの農産物測定については、かなり高い値のものも見られた。しかし、その夏以降については、ほとんどがかなり低い値だった。事故当時、畑に生育していて直接汚染した農産物（たとえばホウレンソウや麦など）の放射能濃度は高かったが、耕して種を播いて育てた農産物の放射能濃度は画然と低いのだ。この事実は大きな驚きだった。

これをどう理解するのかが私たちに問われたのだが、ここでリーダーの野中さんが土壌学者だったことが大きく幸いした。チェルノブイリ事故以降、日本の土壌肥料学の分野では、放射性セシウムの土壌吸着の研究が着実に進んでおり、その専門的な知見を踏まえて、福島の土には放射性セシウムの作物への移行を妨げる強い機能があることを、ともに歩んだ農家たちにしっかりと説明することができたのである。また、土壌中のカリウムが作物のセシウム吸収を抑制することも土壌肥料学の知見として既知であったが、専門家である野中さんらは福島現地の土壌にカリウムが豊富に含まれていることも農家に伝えることができた。

現在、福島県産農産物の安全性は基準値のおおよそ五〇分の一以下くらいのレベル（数ベクレル／kg程度）で確保されており、このことが福島農業復興の基盤となっている。それは基準値政策によってもたらされたことではなく、土が農作物への放射性セシウムの移行を強く阻害しているからだった。この認識こそ、福島農業復興論の基盤となっている。

二〇一一年の冬ごろから、農地の放射性セシウム汚染の報道が続く中で、今後の営農のために、田畑の放射能除去や作物への放射性物質の移行低減などを目的とした特殊技術がさまざまに提案され、それらの試行プロジェクトがさまざまな団体から現地に持ち込まれてきた。多くの場合、その提案には資金の提供もセットとされていた。しかし、野中さんらのグループはそうした諸提案におおむね冷淡だった。野中さんらは、こうしたときだからこそ、福島の被災地での営農推進においては農の本来のあり方をしっかりと追求すべきではないかと強く主張していた。

良質堆肥をしっかりと施用し豊かな土を育てていく有機農業は、その技術特性から放射性物質対策に有効だという意見も強く主張された。それは、堆肥施用が放射性物質対策として特殊に有効だという短絡的認識からではない。こういうときだからこそ、農業の基本に立ち帰り、そうした農業の総力として、放射性物質汚染という未知の大災害と対峙していこう、それがこのときの農の道なのだ、だからこそいま有機農業なのだ。そうした大きな視点が野中さんには明確だった。

野中さんらのグループは、裏ワザのような原子力災害対策の特殊技術を持ち合わせていなかったこともあるが、有機農業を踏まえたよりしっかりとした農業論はもっていた。振り返れば、そうした野中さんらのあり方は実に正しく、有効だった。

本章三でも書いたように、国や福島県は、ゼオライト施用、カリウム施用などを必須の技術として農家に強制した。だが、それらの技術が福島県産農産物の安全をつくりだしたのではない。一番の基礎は福島の土の力であり、ゼオライトもカリウムもそれを側面補強する役割を果たしたという理解が正しかったのだ。

関連して、主に新潟大学の原田直樹さんらが中心となって東和の協議会のみなさんと一緒に取り組んだ桑対策の取り組みも、大きな意義と教訓を持っていた。桑茶などによる桑葉加工事業は、事故以前の道の駅ふくしま東和が創り出してきた生命線の一つだった。その桑事業が放射性物質による汚染で一気に壊滅してしまった。桑葉の放射能については、いろいろ工夫してみても、ほとんど例外なく完全に安心というレベルには低下せず、ほぼ唯一の道は改植だろうということも分かってきた。

そこで全面改植というたいへん思い切った方針が打ち出され、いまその取り組みが進められている。改植する品種の吟味、畑の改良なども併せて取り組まれ、自前の桑葉加工施設の建設と相俟って、これからの桑事業の本格的再展開の方向が実現されつつある。こうして阿武隈山村の伝統的な土地利用、農業形態である桑園、桑栽培が再建されてきていることの意義はきわめて大きい。こうした桑事業についての取り組みへの助言と協働も、実に野中グループらしいあり方だった。

七　里山と農地の違い

原発事故の苛酷な被災地となったのは阿武隈の山村で、地域のほとんどは里山林地だった。農地については「土の力」に支えられて、農業復興を進めることができた。しかし、放射性物質による汚染のその後の動向は、農地と里山林地では明確に違っていた。里山林地では、農地のような「土の力」による放射性物質の遮断効果が強くは働かないのだ。

事故後六年を経た時点での里山林地の放射能視点からの生態系の動向については、第Ⅰ部第4章の金子信博さんの報告にも記されている。また、野中グループと連携して取り組みが進められた東京農工大グループによる総括的な調査報告もある(二〇一七年一一月に行われた「東和地域 災害復興調査報告会第一部山をどうする」における五味高志・林谷秀樹・戸田浩人氏らの報告)。それらについて、農地と林地の相違を示すと思われる要点は次のように整理できる。

この地域の林地の植生はスギなどの常緑針葉樹林と落葉広葉樹林に大別され、原発事故による放射性セシウムは、前者では樹冠に、事故時点では落葉していた後者では林床に付着した。樹冠に付着したセシウムも、その後の落葉にともなって林床に移行し、さらに落ち葉などの分解にともなって土壌表層に移行し、そこで土壌に吸着される。落ち葉などが堆積する林床はさまざまな生きものの連鎖的な生活空間で、セシウムも生きものに取り込まれて生物的な循環に乗る。

セシウムのこうした生態的動向は、林地において農地よりもはるかに複雑である。農地では、耕耘や耕作によって、ホールアウトされたセシウムの多くは土壌に吸着、固定されて動きにくくなる。一方、林地では、主に生物的生態循環に乗ってゆっくりと動いていく。林地でも土壌吸着はあるが、それはごく表層で、その土壌は雨などで流出、移動しやすくなっている。しかし、水や土壌による林地外への流出は続いているが、その量はそれほど多くないようだ。

林床落ち葉のセシウム濃度は事故後一年と五年の比較では一七％減少しており、これは放射性セシウムの自然減衰値の一一％減よりもかなり高い。セシウムが徐々に生物的生態循環に乗ってきているためもあるのだろう。

また、当初は強く懸念されていた食物網、食物連鎖による生物的濃縮とそれに伴う生物体の異変については、調査のかぎりでは認められないとされている。セシウムは生体内で蓄積されにくく、取り込まれても比較的短期間に排出されるという特質も幸いしているようだ。

農地、農業については「土の力」に支えられて復興は進んでいるが、林地、林業についてはまだ残念ながら復興は手つかずの状態にとどまっている。

八　阿武隈山村での農業復興――小規模・自給の高齢者農業は強かった

大規模農業だけを良しとする従来の農政論の常識では、阿武隈山村はきわめて遅れた、きわめて弱い農業地域だと考えられてきた。事実、経営規模は小さく、耕地は傾斜地が多く劣悪だ。力のある特産品に特化することもできず、農業の目的は自給的で、住民、担い手の高齢化が著しく、交通の便も悪い。条件は劣悪で、将来への見通しは暗いとされてきた。

しかし、原発事故、そこからの農の復興を経てみれば、こうした阿武隈山村は、しぶとく生き残ってきている。さらに言えば、むしろ阿武隈山村こそが強かった。もちろん、阿武隈山村にも恐怖の意識は広がり、動揺も深刻ではあったが、たじろがない強さも明確だった。

小規模、自給重視という地域農業の特質は、原発事故で市場出荷が閉ざされるという条件のもとでも、農業再開が比較的に容易だということにもつながった。測定して、安全性を確かめ、自分たちも食べてみれば、農業再開、農業復興への確かな自信もついてきた。

長い時代をこの地で生きてきた高齢者たちには、地域への愛着が強い。地域で生きる意志と、力と、経験と、意欲が、しっかりと根付いている。原発事故のなかでも、その意思と暮らしの態勢は大きくは崩れなかった。自給的高齢者山村は強かった　主に高齢者たちが担う家族農業は強かった。

そして、そうした農業再建、復興の取り組みの中で有機農業の主張と取り組みは、大きな役割を果たし、将来に向けても大きな希望を提起してきた。これらのことは、第I部第5章でも詳しく記されている。野中さんらの農業復興支援の活動は、こうした現実に則した独自の農政論も提起していた。

〈野中昌法・福島農業復興支援基本参考文献〉


野中昌法『農と言える日本人――福島発・農業の復興へ』コモンズ、二〇一四年。

野中昌法「『農』の視点、総合農学としての有機農業の必然性について」『有機農業研究』第七巻第二号、二〇一五年。

野中昌法「有機農業とトランスサイエンス：科学者と農家の役割」『有機農業研究』第八巻第二号、二〇一六年。

守友裕一〈書評〉『農と言える日本人 福島発・農業の復興へ』『有機農業研究』第六巻第二号、二〇一四年。

日本有機農業学会『福島浜通り 津波・原発事故被災地 調査報告』二〇一一年。

菅野正寿・長谷川浩編著『放射能に克つ農の営み――ふくしまから希望の復興へ』コモンズ、二〇一二年。

小出裕章・明峯哲夫・中島紀一・菅野正寿『原発事故と農の復興――避難すれば、それですむのか⁉』コモンズ、二〇一三年。

守友裕一・大谷尚之・神代英昭編著『福島 農からの日本再生――内発的地域づくりの課題』農山漁村文化協会、二〇一四年。

第2章　「農」の視点、総合農学としての有機農業の必然性について

野中　昌法

第一六回日本有機農業学会大会が二〇一五年一二月一二～一三日に、京都・龍谷大学で開催された。その全体セッションで龍谷大学農学部長・末原達郎氏は、「文化としての農業と新たな農学の展開」と題された講演を行った。この講演は新鮮であると同時に、これから「明らかにしなければならないのは生存の構造」であるとした言葉は、私たちが「農学部」の中で「有機農業」に固執してきた一人として、自信と確信をもてた。農学系の学部新設は実に三五年ぶりという。そこには、本来「農学」が目指さなければならない「人間として生きること」を無視した農学研究者の「農学隠し」の歴史があると思う。

新潟大学でもいままで二回「農学部」の名前がなくなる危機があった。現在、学部改組を検討中である。この改組でも新潟大学から「農学」の名前は消えないが、常に危うさは存在している。いままで、多くの大学では「農学部隠し」の学部改組が行われ、農家や消費者に意味が分からない名前の学科ができたのも事実である。実は、これが「本来の農学研究、農業現場と結びついた農学研究」を大きく衰退させ、農業と農学を乖離させる要因ともなってきた。

そこには農学が細分化して、農業現場から離れ、基礎科学としての一つの分析技術・手法である遺伝子の解析が流行となり、ファッションとなり、分析技術・手法が農学を閉じ込め、「農学」

の本質を見えなくしてきた。なかには、農学部の名前を隠すことで、多くの大学教員が農業と結びついた農学研究を意図的に避け、ただひたすら、農学と無関係の分野で、現場と無関係な科学論争に自己満足してきた。これは当然、多くの高校生や大学生に影響を及ぼし、遺伝子組み換え技術が夢の技術として、食料問題・飢餓問題など人類の生存に関わる諸問題を解決できると、大きな誤解を生じさせてきた。

もしかして、有機農業の研究者も同じ道を歩み始めているのではと、最近、危惧している。そこで、ここでは、有機農業が総合農学として現場の「農」の視点から必然的に人類の生存にとって必要であることを再認識したい。

一　農業技術としての有機農業の歴史的必然性

有機農業には、近代農業における人間の生存に関わる矛盾を解決する歴史的必然性がある。一八八八（明治二一）年に日本で最初の化成肥料、過リン酸石灰の国内生産が始まり、一八九一（明治二四）年に最初の配合肥料の国内生産が始まった。そして、一九〇八（明治四一）年に日本窒素肥料株式会社が設立され、一九一四（大正三）年に熊本水俣工場で硫安の生産が始まった。一九一四年は第一次世界大戦の影響で爆薬の原料ともなる硫安が輸入されなくなったことにより、日本窒素は大きな収益をあげた。この水俣工場では一九三二（昭和七）年にアセトアルデヒドの生産が始まり、その製造工程でメチル水銀が水俣湾に垂れ流された。そして、工場とは関係のない漁民と農民が食品中毒であるメチル水銀中毒を発症し、いまでも多くの潜在的な患者が残されている。

一九二九（昭和四）年、新潟県鹿瀬町《かのせ》（現・阿賀町）に昭和肥料（後の昭和電工）が設立され、石灰窒素の生産が始まった。そして、爆薬と関係の深いこれら肥料産業は一九三一（昭和六）年の満州事変から始まる日本の侵略戦争に大きな貢献をする。さらに、熊本と同じように一九三六（昭和一一）年からアセトアルデヒドの生産を開始して、一九三九（昭和一四）年に昭和電工が設立され、第二のメチル水銀中毒である新潟水俣病事件を起こした。いまでも、この事件は多くの患者が救済されず、取り残されている。さらに、昭和電工は一九八八〜八九年にかけて、健康食品であるＬ－トリプトファンの生産過程で、遺伝子組み換え大腸菌が原因と考えられる、多くの死者を出す健康被害事件を起こしている。

熊本水俣工場と新潟鹿瀬工場の設立に共通することは、国家の全面的支援のもと、川を堰き止めてできたダムを利用した水力発電の利用であった。これは、原子力発電所の立地とその電力利用による経済優先の構図と変わらない。

農薬開発の歴史は人を殺戮する戦争の歴史と関係している。戦争により開発された化学兵器は戦後、農薬として再利用されてきた。食料増産という名目で生物の代謝機能や遺伝子など、すべての生存のためのあらゆる機能を否定することを目的として、農薬は研究・開発されてきた。そして、近年は植物には存在しない遺伝子が組み込まれた植物を作りだし、人間にとって生存を脅かす遺伝子が他の生き物の遺伝子に生きたままや死んで伝搬することも起きている。そして、これらが原因で、生きものの多様性が失われることによる私たち人間の生存の危機も生じている。

このように、日本における化学肥料と農薬生産の歴史は人間の生存を否定する近代化技術の歴史であり、そこには現場の農家や人間の安全な食料生産の視点は初めからなかった。この、人間の生存に係る視点からの有機農業の必要性と必然性を、私たちは主張し続けなければならない。

二　生きることとしての有機農業の必然性

東日本大震災で「生きることとしての」有機農業の必然性を私たちは経験している。

二〇一一年三月、東日本大震災とそれに関連した原発事故とそれに伴う農地・森林の汚染、これは被災地と言われている地域だけでなく、電力を使用してきたすべての国民、ファストフードやコンビニ食材を気軽に食してきたすべての国民など、私たちはこの汚染に対して加害者・被害者として真剣に「生存」のための生きる農業として、有機農業に向き合う必要が出ていると考える。

福島県において、原発から一二㎞の南相馬市小高地区で有機農業を営んできた根本洸一さんは、原発誘致の反対運動も行ってきたが、自宅と農地は二〇㎞以内の警戒区域に指定されたため立ち入り禁止となった。そのため二〇一一年、仮設住宅の地で農地を借りて有機農業を行った。二〇一二年四月、避難指示解除準備区域となり、国と県の試験栽培のために自宅農地を提供して農作業を行った。その後、現在まで福島大学、茨城大学、東北大学、新潟大学の研究者・学生、ボランティアが訪問して、共に実証圃場試験で農作業に従事して、根本さんと「農」の生き方を学んでいる。

根本さんは毎日、片道一時間、車で自宅と農地に通い農業を続けている。二〇一一年秋、放射性セシウムの農地土壌への汚染は一〇〇〇ベクレル／kg土壌程度、空間線量率も〇・二〜〇・四マイクロシーベルト／時である。二〇一二年に試験圃場から収穫された玄米は一一〜二一ベクレル／kg、検出限界値に近い値である。二〇一二年から一五年まで、ニンジンなど野菜の放射性セシウム含量は検出限界値以下で、不検出である。

二〇一五年春、私たちの試験圃場のために、周りはすべて耕作されず人の姿が見えない三〇aの田んぼで、一人ぼかし肥料を散布する根本さんの姿は、まさに農業、有機農業で「生かされている」姿であった。原発誘致と原発事故、放射性物質の飛散、科学的根拠のない二〇㎞の同心円による警戒区域の指定、これら不条理に対して根本さんの姿から「生きるための農業・有機農業」としての本質が見えてくる。

私たち有機農業の研究者は、このような根本さんの生きる姿を見ることで、「生きることとしての」有機農業の必然性も自覚しなければならないのではないだろうか（今後、この有機農業の必然性については、自然の必然性、農学としての必然性、農業としての必然性という観点から、さらに論をすすめたいと考えている）。

〈初出『有機農業研究』第七巻第二号、二〇一五年〉

第3章　有機農業とトランスサイエンス：科学者と農家の役割

野中　昌法

私は有機農業の調査研究を農家と協同で行ってきたが、たびたび農家から問われたことがある。それは、「有機農業(自然農法)の土の働きや作物の栄養を科学的に解明して、私たちに知らせてください」と。私は直ちに「有機農業(農業)や土は複雑系で、科学者だけで総合的な有機農業の解明は難しい。解明するためには現在の調査研究の過程と結果を農家に分かりやすく説明して、農家との議論と意見交換を大切にして、分からない点や農家に役立つ情報を協同して解明したいと思います。それが、有機農業のような複雑系の研究、つまり、限界のある科学の進歩を可能にします」と説明してきた。

ここでいうトランスサイエンスとは、「科学者が科学には限界があることを認識して、科学では得ることができない解答を農家(専門家以外の多くの人たち)に自らの調査結果を公開して、ともに考え解決する道を探ること(一九七二年のアメリカの物理学者ワインバーク博士の提唱に対する野中の理解)」と私は認識している。

このトランスサイエンスの考え方は、私の研究(有機農業と福島農業復興)で非常に役に立ち、効果を上げた。より具体的にお話しします。

私は有機農業と深くかかわっている土壌中の菌根菌、とくに多くの植物（作物）と共生関係を形成する土着アーバスキュラー菌根菌の調査研究を三〇年以上行ってきた。なぜ研究対象としたかは、学位論文で土の中の有機態リンの研究を行っている中で、土の中の九九％のリンが作物に利用できない、その過程でこの菌根菌が作物の根と共生して植物が利用できない土の中のリンを作物に供給していると知ったことに始まる。

さらに調べると、土着菌根菌と作物根が共生するとリンだけでなく水の補給や植物根の病原菌の防御機能等が高まることを知り、ますます興味がわいた。そこで、当時、勤務地の筑波大学周辺の農地で土着アーバスキュラー菌根菌の存在を確かめるために、胞子集めを始めた。ところが、ショックであったのは慣行栽培農地では胞子がまったく見つからず、自然栽培や有機農家農地からは大量に見つかったことであった。

この菌はマツタケ同様、人間の力では人工培養できないことも研究の意欲を増した。森林のような自然界では、多くの植物の遷移段階で多様なタイプの異なる土着アーバスキュラー菌が活躍して、太陽の光を利用できる背の高い植物の根と地上付近の光が届かない林床植物の根が土着アーバスキュラー菌根菌菌糸で結ばれ、光合成産物が光を多く利用できる植物から日陰の林床植物へと移動して、林床植物の生長を助ける。しかし、場合によってはその遷移過程で、背の高い植物が林床植物へ光合成産物を送らず、この林床植物を枯死させ駆逐することで自然の遷移を形成している。最近、森の中では、アーバスキュラー菌根菌と共生している植物の葉を昆虫が食すると、根からシグナルが出て昆虫が嫌いなにおいを葉から出すことも報告されている。

有機農業で説明すると、この土着アーバスキュラー菌根菌は無化学肥料・無農薬で作物との共生関係が維持されるが、化学肥料や農薬散布で共生関係は維持されない。慣行栽培ではなぜか、共生関係は不要となる。この共生関係を無意識・意識的に総合的に活用して、健全な作物を栽培しているのが有機・自然栽培農家である。

なぜ、この土着菌が重要であるか？　それは、アーバスキュラー菌根菌の接種菌を用いても、異なる環境条件（気候・作物・土・土壌肥沃性など）において、多くの接種菌は生きることができず消滅してしまうからである。二十数年前、接種アーバスキュラー菌根菌が商品化されたが、うまくいかなかった。土着菌の重要性は、他の土の微生物にもあてはまる。さらに、このような研究は、現場で農家との協同作業が重要であること、純粋培養できないために年に一～二回しか試験ができないため、論文の数は稼げないから、日本では研究者が非常に少ない。これは科学（農学）の衰退と考えるが、詳細は私の著書を参考にしてほしい。

さて、最も身近な土の働きも同じで、いまだ多くの現象を科学的に解明できていない。たとえば、有機農業にとって大切な腐植も、一時期、分析機器の発達で機械的分解手法により腐植の構造決定が行われたが、構造は未決定のままである。さらに、この研究も微生物や作物栄養状態などとの総合的な研究を行うことの難しさと、その結果の解釈の手法が確立されないために停滞し、そのうえ論文数が稼げないために、研究者はほとんどいなくなってしまった。

土の中の微生物では、私たちが寒天培地で純粋培養できる菌種は自然界の一％未満と考えられ、残りの九九％はいまだ私たちには分からない。ただし、遺伝子解析技術の発達で分かってきたこともある。それは、普通の微生物が環境変化で病原性遺伝子が普通の微生物に伝達したり、発現しなくなったりすることだ。さらに、遺伝子解析技術は個々の菌の培養はできないなど限界があるが、土の中の微生物層の多様性解析に役に立っている。

ところで、私がこれまで述べた個々のテーマではトランスサイエンスが重要と言いながら、有機農業を総合的に理解するための土の微生物や植物（作物）のことを個々に分解していた研究を紹介しているが、有機農業を総合的に理解する研究としては不十分であり、限界があることが現実である。この限界を乗り越えるためには農家の力、現場の感覚が必要である。

遺伝子解析技術にしろ、土の中の微生物を総合的に解釈するために統計的手法がとられるようになっているが、これも限界があり、本質は理解できない。私たちはこれら分かったことを統計的な解析だけでなく、生のデータも含めて農家に公開して、分かりやすく意見交換を行い、総合的な有機農業研究発展に役に立てなければならない。

農家にもお願いしたい、科学者を信頼するなと！　その中で日本有機農業学会は、多くの農家が研究者と同じ立場で参加することを特徴としている。科学として解明できない問題を、農家の立場から自由な意見を述べて、共に解決するための手法を農家も探求してほしい。これが日本有機農業学会の特徴なのだから！

二〇一一年三月の東日本大震災以降、五月から現在（編集者注：二〇一六年九月）まで、私は福島農業の復興と振興のために約四〇〇〇日以上滞在してきた。これも、汚染された放射性物質からの農業復興・振興はトランスサイエンスの視点と農家との協同の調査研究が最も重要である、と考えているからである。

この五年六カ月を経過して、福島農業復興は自然科学的複雑性だけでなく、科学者間の社会的責任という点でも複雑であったので、エピソードも含めて紹介したい。

二〇一一年三月、福島第一原発の爆発以降、私は研究室のブログで、新潟大学土壌学研究室の過去の核実験が農業に与えた調査結果の要約やチェルノブイリ事故で公表された外国の論文を要約して紹介していた。その概要は「土壌表層に放射性セシウムは蓄積されること、旧ソ連と日本では地形や作物、営農方法等が異なり、チェルノブイリの事例は必ずしも当てはまらず、日本独自の、つまり福島農家の地域資源を利用した土づくりを基にいままで以上に土の肥沃性を高め、腐植など土の力を生かして耕せば放射性物質の作物移行は抑えられ、農業復興はできる」との主張であった。すると、四月上旬、ある研究者から「農業といえども核物質の研究は自分たちの領域だから、口を出すな」と突然、メールが来た。

このメールは、福島に生活する農家に情報を公開して議論する場を封鎖することであること、それにも増して、長年核問題に関わってきた科学者が私に対してこのようなメールを発信したことに対する驚きと戸惑いを感じた。ただ、よく考えると、新潟大学土壌学研究室の研究の歴史があったとはいえ、私はこの分野研究の初心者であり、当時研究は行っていなかったことを考えると、このメールを発信した科学者が長年苦労して進めた運動も含めて、この問題に携わってきた一種の自己満足的な自負心の表れと感じた。しかし、このメールは福島で生活する住民が元どおりの生活を取り戻すための科学者の言葉とは思わなかったので、五月上旬の日本有機農業学会の現地調査をきっかけとして、自ら福島で有機農家と協同調査研究を行うことを心に決めた。

現在も二本松市東和地区、南相馬市、飯舘村で農家との協同調査研究が続いている。さらに、多くのマスコミやテレビ番組（ＮＨＫクローズアップ現代など）に積極的に出演し続け、共著も含めて四冊著した。

マスコミ出演後にも、他の研究者から電話がかかってきた。「福島で農業が再開できると言うな」「飯舘村は人が住めなくなったのだから」と。東日本大震災以降、原発問題、放射線問題も含めて、多くの問題の解決には科学者（専門家）に任せられない、と多くの日本国民が感じ、それが常識になりつつあるのに、このような発言を行う科学者は今回の原発事故に対する科学者の社会的責任をどこまで考えているのか？

現在、原発再稼働の機運が高まる中で「専門家以外は口出すな」、そして「国に任せろ」という発言は、いまでも続いている。私にメールや電話を寄せた科学者も、結果的にこれに組みしていることは歪めない。これでは科学が多くの国民からますます信頼をなくし、遊離してしまうだろう！

ところで、私たちは汚染農地の放射性物質のモニタリングと調査結果を国や福島県と異なりリアルタイムに発信してきた。その中で福島県の農業復興について、福島県や環境省、農水省の友人と、調査結果の公開・公表に関する意見は大きく異なった。一番の問題は、福島県の調査結果が農家に還元されるまでに県と国とのやり取りで半年から一年を要したこと、環境省が農業復興目的の除染を担当したことだった。

私たち大学がリアルタイムに結果を公表することについては、福島県からクレームがつくことは一切なかった。むしろ、福島県のある知人が退職日に「農家の立場で動けなかったことを大学が実行してくれた」と電話をかけてきてくれたように、福島県は私たちの動きを認めていた。そして、福島県除染担当の環境省の古くからの友人は、最終的には農家主体の除染対策を認めてくれた。

いま有機農業（農業）発展に必要なことは、専門家が科学の限界を認め、農家と協同の調査研究を行うだけでなく、農業の基本である人の生き方や地域の文化・歴史までを含めた有機農業の大切さを自治体も含めて多くの人たちと意見を交換して進めることだと感じている。

東日本大震災の教訓からも、学問分野が細分化され、ほかの分野には「見ざる、聞かざる、言わざる」の日本の科学界に対して、「変人」と言われても、日本有機農業学会は「科学者と農家」が協同で作り上げる雑学集団として「本道」を歩み続けてほしい。

〈初出『有機農業研究』第八巻第二号、二〇一六年〉

第4章　科学者の責任と倫理

野中　昌法

一　現場を重視しない研究者

二〇一一年四月に、原田正純さんが電話でおっしゃった内容が、いまも忘れられない。
「今回の原発事故の対応には水俣の教訓が活かされていないね、専門家とは誰なのか？　一握りの専門家や学会関係者の言葉しか伝わってこない。原発には賛否両論があるのに、公平に議論されていないね」

私は二〇一三年五月、「福島の農業再生を支える放射性物質対策研究シンポジウム」(主催：独立行政法人農業・食品産業技術総合研究機構)にパネリストとして参加した。その際、国や福島県の報告は、農家の圃場を調べずに、ポット試験(試験用ポットを用いたモデル試験)による放射性セシウムの移動結果だけであった。現場の話がまったくないのだ。

私はゆうきの里東和の調査結果を話し、その後に後藤逸男・東京農業大学教授が、農家の現場における調査研究の大切さを強調した。後藤教授は、農家の圃場に蓄積した放射性セシウムのゼオライトによる吸着について、調査研究を続けてきた土壌学研究者である。

また、「農地における放射性物質の動態解明」と題する農業環境技術研究所の研究者の講演では、チェルノブイリ原発事故に関する研究論文が紹介されていた。この時点で、福島第一原発の事故から二年二カ月が経過している。国の研究機関で多くの調査研究結果があるはずなのに、「なぜチェルノブイリなのか」と疑問に思っていると、パネリストの飯舘村の菅野典雄村長が力強く発言した。

「今回の原発事故ではチェルノブイリの知見はもういらない、日本で何が起きたか、詳細な調査をもとに公開することが大切である」

ところが、たとえば二〇一一年八月に開催された日本土壌肥料学会二〇一一年度つくば大会の土壌の放射性物質による汚染に関する会議は、特定の関係者のみの参加で、非公開とされた。国や福島県が行う環境放射線調査・試験研究に関わっている研究者によると、三年が経過したいま（編集者注：二〇一四年三月）でも、それらの結果については国・福島県との調整が必要で、発表するかどうかも含めて、結論が出るまでに長時間を要すると言う。しかも、結果の公開が制限される場合もあると言う。だから、先のシンポジウムでチェルノブイリの話題しか出てこないのだ。

私たちはこれまで、民間企業の助成金によって地元住民との協働で調査研究を行い、全データを公開し、他の地域にも積極的に知らせてきた。それは、過去の公害事件で分かるように、多くの人たちとの情報の共有によって新たな被害が防げるからである。

二　被害者の側に立たない行政

二〇一四年一月、福島県有機農業ネットワークと「がんばろう福島、農業者等の会」は、農地の除染に使われている塩化カリウムに関して、福島県と農水省に要望書を提出した。塩化カリウムは、放射性物質の吸収抑制に関する効果はあるものの、反面、微生物を減少させ、タンパク質含量の増加によって食味を低下させることが指摘されている。そこで、農家の希望によって天然系カリウムも使えるようにしてほしいという内容である。

菅野正寿さんによると、農水省は福島県が水田土壌中の交換性カリウム含量を測定するための予算をつけているが、福島県は二〇一四年度の作付けまでに測定が間に合わないので、塩化カリウムを一律施用するように指導していると言う。福島県は、被害者である農家に寄り添って調査し、判断してほしい。

過去の公害事件の発生から裁判に至るまでの過程を見ていると、国や県は被害者の味方ではなく、示談によって早期解決を図ろうとする企業の味方であった。また、後述する新潟水俣病事件のように、研究者が企業の味方となって農薬原因説を唱え、真実が曲げられたケースも存在する。弱者である被害者は自ら立ち上がり、裁判で事実関係を解明してきた。それは今回の原発事故でもまったく変わらない。

新潟水俣病第二次訴訟の原告は一九九六年、和解金の一部をプールして新潟水俣環境賞（環境保全活動を行っている団体・個人に対する環境賞と作文コンクール)を設けた(現在は作文コンクールのみ)。被害者自らがこの賞を設けたのは、二度と同じ過ちを繰り返してほしくない、すべての日本人が安全で安心な生活が送れるようになってほしいという思いからである。私はその審査委員長を一九九八年から務めている。作文コンクール第五回(二〇〇四年)の最優秀賞作品(小学校六年生)の一部を紹介したい。

「私たちが学習していた本には、こんなことが書かれていました。おなかに赤ちゃんがいる時に水俣病にかかると、赤ちゃんまで命を落としてしまうこと。(中略)水俣病は、人の命だけでなく、人の夢までうばってしまいました」

新潟水俣病が発生していた当時、新潟県の資料によると、阿賀野川流域では、汚染状況をよく調べずに、行政の都合で子どもを産むことまで制限されたという。この作文は、その問題を指摘している。

熊本水俣病・新潟水俣病、そして福島原発事故は、多くの人たちの夢を奪った。あらためて、水俣病事件の教訓をまとめておこう。

①国は被害者の味方とはならない。県は被害者の説得役を務める。
②偽りの「科学性」という欺瞞によって、真実が曲げられる。
③「疑わしきは罰せず」によって、科学的に因果関係が証明されるまで、政府は加害者の企業の活動を規制しない。
④被害者に対しては「疑わしきは認めず」という姿勢に終始し、人命を軽視する。

同じことが福島原発事故でも起きている。水俣病事件の教訓は、まったく活かされていない。

三　科学者の倫理的責任

新潟水俣病事件では、横浜国立大学工学部の北川徹三教授が、昭和電工によるメチル水銀が原因であるという説を否定して、おおむね次のように主張した。

「一九六四年六月の新潟地震で新潟港の農薬倉庫が壊れ、そこから流れ出した農薬が信濃川から通船《つうせん》川（信濃川と阿賀野川をつなぐ人工河川）を逆流して阿賀野川に流入し、阿賀野川河口で魚を食べた人がメチル水銀中毒を起こした」

これによって国と新潟県の対策が遅れ、患者を増加させた。その後の裁判によって、信濃川から逆流した水が達しない地域でもメチル水銀中毒患者が多数発生していたことが実証され、この農薬説は否定される。後日、北川教授は現地調査を行わずに発言したことも明らかになった。

また、残念ながら、水俣病に対して偏見をもつ医者がいたことも事実である。一九七三年には新潟大学医学部が患者の認定基準を厳しくした。「不治の病の水俣病より、頸椎《けいつい》症のように治る病気であると言ってあげたほうが本人に幸せ」と発言する医者もいたほどだ。

福島原発事故でも、同じことが起きている。たとえば、山下俊一・前福島県立医科大学副学長は、こう述べたという。

「（子どもたちに）小さながんも見つかるだろうが、甲状腺がんは通常でも一定の頻度で発症する。結論の方向性が出るのは一〇年以上後になる。県民と我々が対立関係になってはいけない。日本という国が崩壊しないよう導きたい。チェルノブイリ事故後、ウクライナでは健康影響を巡る訴訟が多発し、補償費用が国家予算を圧迫した。そうなった時の最終的な被害者は国民だ」(『毎日新聞』二〇一二年八月二六日)

この発言は、「経済優先」の考え方によって被害者を置き去りにしてきたこれまでの公害問題への対応と何ら変わらない。

いま問われているのは日本人の倫理、とくに被害者に寄り添う科学者の倫理である。現実を直視して、詳細に調べ、それに立ち向かう科学者の姿勢である。

また、二〇一二年七月二〇日の『毎日新聞』によると、独立行政法人・放射線医学総合研究所が福島県民向けに、二〇一一年に生活していた場所で受けた被曝線量をインターネットを通じて推定できるシステムを開発した。ところが、福島県は「一年以上経過して、落ち着いたのに、いまさら不安を煽る」という理由で導入を見送ったという。

原発事故の直後から、現地で詳細な調査を行わず、経済性を優先し、被害者の気持ちを無視して、「安全」「大丈夫」と言う科学者の発言が多くみられた。それは政治的発言と言われても仕方ない。また、原発を否定している研究者にも、現地調査を行わずに発言する人たちがいた。これは、科学の衰退を意味する。現地調査を行い、情報をすべて公開し、多くの科学者が被害者に寄り添いながら正確な議論をしてこそ、科学は発展する。

過去の公害事件では、因果関係が明らかになったときはすでに手遅れで、多くの被害者を生み出してきた。原田さんのように、被害者が出たらすぐに現地で詳細な調査を行い、被害者に寄り添い、解決に向けて進むことが、科学者の責任である。

四　現場で農と言える人たちを育てる

農地と農作物についても、現地調査が不足している。福島県の地形は複雑で、放射性物質による汚染の程度も大きく異なる。にもかかわらず、詳細な調査を行わず、県の試験場の栽培試験による限られた情報をもとに、福島県知事は二〇一一年一〇月一二日、米の安全宣言を早々と出した。その後、福島市大波地区の独自検査で当時の暫定規制値一kgあたり五〇〇ベクレルを超える玄米が見つかり、福島県の農産物の信頼は一気に失われたのだ。

本来であれば、チェルノブイリとの地形や農作物や水利用などの違いを明らかにしたうえで、異なる自然条件で営まれる農業の複雑性を考慮した詳細な調査が必要であった。具体的には、地形(平地・里山・扇状地など)、土の性質(砂・粘土・腐植含量)、有機物利用の違い、気候(温度、湿度)、水の利用(山の水、川の水)などである。

なぜ、その視点が欠けていたのか。それは、現在の農学研究が細分化して、多くの研究者が「木を見て、森を見ない」からである。彼らは農業の多様性を理解していない。

だから、現場で詳細な調査が行われず、風評被害が拡大し、多くの情報が隠され、国民の不安を助長していった。風評被害を払拭するためには、研究者が現場で農家とともに、正確な情報を発信し続けるしかない。

ゆうきの里東和の里山再生・災害復興プログラムと調査研究では、里山（森林）・農地・河川・食べ物まで含めて、農家との協働作業によって、農家の自立と地域づくりを目指している。その実現には、本来の農学である総合農学の観点が不可欠である。それを実践するのが農と言える研究者であり、真の農学者であり、教育者である。

この調査研究をとおして、私たちは現場で多くのことを農家から学んでいる。これが本来の農学研究・教育である。それは、田中正造の谷中学と同じだ。「農と言える」人たちを地域や大学で育て、福島の農業の復興を日本の農業の振興と農学の復権に結びつけなければならない。

〈初出『農と言える日本人――福島発・農業の復興へ』コモンズ、二〇一四年〉

第5章 【書評】『農と言える日本人 福島発・農業の復興へ』(コモンズ、二〇一四年)

守友 裕一

一 はじめに

東日本大震災から四年になる。しかし、その中で復興の遅れが著しいのは福島県である。民俗学者の赤坂憲雄氏は、福島の人びとが置かれた状況を次のように述べている。「依然として、福島では厳しい分断と対立がつづいている。……福島から避難するのも福島に留まるのも……それぞれに厳しい選択であることに変わりはない。去るも地獄、行くも地獄。小さな正義に閉じこもって、自分とは違うもうひとつの正義に想像力が及ばない人たちが、分断と対立を煽り続けている。……避難するにせよ留まるにせよ、福島の人びとのそれぞれに厳しい選択に敬意を表し、ひたすら寄り添いつづけること……いま切実に求められているのは、和解への道である。見えない対立と分断を越えて、和解のためのプロジェクトを足元から始めなければいけない」(『世界』二〇一三年一月号)。

原子力災害に見舞われた地域の人びとは、いかに生きていくかの選択を迫られた。避難地域では、一定の時間後、「戻る」「戻らない」との判断を迫られている。戻りたいが子どものことなどを考えると「戻れない」という人もいる。

避難地域の周辺では、他地域へ自主避難する場合と、その地に生きて自らの暮らしと地域の再生をめざすという立場にわかれる

原子力災害からの復興は、原発事故の収束・廃炉を当然の前提として、被災者・避難者の生活支援とふるさととの復興が同時になされる必要がある。しかし、収束・廃炉は先が見えず、国内の他地域の原発は再稼働の動きを見せつつある。そうした中、ふるさととの復興は困難を極め、長期的避難を前提とした、避難者生活支援に力点を置くべきとの見解も現れてきている。

たとえば日本学術会議社会学委員会東日本大震災の被害構造と日本社会の再建の道を探る分科会『東日本大震災からの復興政策の改善についての提言』(二〇一四年九月二五日)では、原発災害被災地域の再建のためには、政策に沿った「早期帰還」という第一の道(政策にのる)と、自力による移住という第二の道(政策にのらない)の二者択一が強制されている問題点を克服するために、「(超)長期避難・将来帰還」という第三の道を実現できるよう政策の見直しを行う。そして、現行の避難指示区域の設定をできるだけ長期に延長しつつ、二〇年後、三〇年後も適正な土地利用が実現できるよう、自治体と帰還者と避難者による共同の土地保全管理のための長期的な運営主体を確立し、その管理手法の構築を行う必要があるとしている。

これは当面、ふるさと=被災の地から離れ、生活のため避難指示区域の設定の延長を求める(補償金が続く)という点では一つの考え方であるが、その土地の保全管理の方法は抽象的で具体性を欠き、ふるさととの再生は他人任せとなっているようにも見える。

こうした「中央」での議論とは別に、福島の原子力災害被災地には、自らの生産と生活を再建する中で、それとふるさとの復興を統一して実現していこうという人びとがいる。ふるさとで生きることを決意した人びとは、何を考え、どう行動しているのか。

そうした中、研究者はそこから何を学び、どう人びととともに地域を支えていくのかが問われている。そのとき研究者は自らの生き方が問われることになる。

アルベール・カミュはその小説『ペスト』の中で、ペストに立ち向かう主人公ベルナール・リウー医師に次のように語らせている。

「今度のことは、ヒロイズムなどという問題じゃないんです。これは誠実さの問題なんです。……ペストと戦う唯一の方法は、誠実さということです」。そして「誠実さとは」との問いかけに対して、「僕の場合には、つまり自分の職務を果たすことだと心得ています」（宮崎嶺雄訳、新潮文庫）。

いまこのペストに立ち向かうように、原子力災害にどう誠実に立ち向かうのか。それは個々の研究者の生き方の選択の問題と捉えていく必要がある。

このように研究者の姿勢が問われている中、地域の再生と被災者の自立と、研究者の生き方を結びつけて考え行動する人びとが登場した。それが本書の著者である新潟大学教授の野中昌法氏とその協力者達である。

二　農家の声からの出発

出発点は二〇一一年五月の現地調査である。海水が流れ込んだ水田の復旧を目指す相馬市の農家、稲の作付け制限の中、試験栽培を行う南相馬市の農家、二本松市東和地区の有機農業、有機的な人との関係、勇気をもって挑戦するという三つの意味をもつ「ゆうきの里東和ふるさとづくり協議会」を支える人びと、全村避難を余儀なくされた飯舘村の花卉農家の「稲作だけに頼らない複合経営で、飯舘ブランドをつくってきました。本当に悔しい。賠償の問題ではないのです。東電・国は私たちの声を聞いてほしい」との言葉に押されるように、筆者は決断し立ち上がっていく。

そして放射線の計測、放射性物質の作物への吸収抑制策を探り、農家とともに一歩ずつ前へと進んでいく。そうした中から「生きる道を絶たれるような衝撃ですが……それでも私は農業の道を選ぶ。農業をすることは誇りです」と宣言する若い女性農業後継者の誕生（東和地区）、「自立の村づくりをあきらめない」として、全村避難の中、自ら農地の放射線計測を行いその中で生活と農業の復興の道筋を探る動き（飯舘村）などへと輪が広がっていく。こうした農民の思いをつなぎながら農業再生への道が語られる。

なお評者は、野中氏に同行し飯舘村の農地の放射線の計測活動に従事したことがあるが、本書が出てから野中氏に「どうしてあれほど詳細に農家の皆さんの言葉を記録できるのですか」と尋ねたことがある。すると、「（農家の言葉を）一つ思い出すと次々と出てくる」とのことであった。農家の生の声を聞き、それを出発点として、つなげて考えるという謙虚な姿勢が、その声を正確に捉えることができるのだと思われ、それがまた農家を一歩前へと進ませていく力を生み出している。

三　研究者と農家の協働

次には研究者と農家の協働活動によって生み出された復興プログラムの簡潔な整理がなされている。そこでの基本姿勢は次のとおりである。

①主体はあくまでも農家、調査研究は農家のサポートである。
②測定を復興の起点とする。最終目的は農業の振興。
③地元の安心感を生み出す。
④生産者・消費者・流通業者・研究者が一体となって理解を深める機会を設ける、わかりやすく理解されるように心がけ、自由な議論の場を保証。
⑤農家への報告会では実践のノウハウの共有を目的とする。

二本松市東和地区では、汚染された里山、そこからの水が流れる農業用水と河川、その水を利用する水田と畑の土壌、そこで栽培される稲や各種野菜の安全性と放射性セシウムの吸収・抑制対策、さらに収穫物が調理されて食卓に並ぶまでの安全と安心をつくるシステムの構築をめざし、異なる領域の研究者の連携を基礎として、農家と一体となって調査研究を進めていった。

南相馬市原町区太田地区では、土壌と水と稲の放射性物質の吸収の関係が徹底して追及されてきたが、未解明の課題も現れてきた。野中氏たちの調査研究グループは、それをどのように解決していくのかという点で、ここでも農家とともに考えていき、そこから農業の再建につなげていきたいとしている。

四　足尾と水俣から科学者の倫理へ

野中氏は、原発事故と放射能汚染が足尾鉱毒事件と重なって見えるという。当然のことながら「初めて公害にノーと言った日本人・田中正造」が農民の力に教えられた点、すなわち本で学ぶ農業ではなく、現場で体験して学ぶ農業であり、生きることであるということを再確認していく。そして、分野を超えた「知の統合」として、一つ一つ課題を解決していくことが子孫への義務であるとしている。

さらに、新潟水俣病被害者を支援してきた三〇年の経験もふまえて、水俣病研究者の原田正純氏の書物を引用しつつ、①弱者の立場で考える、②バリアフリー(素人を寄せ付けない専門家の壁、研究者同士の確執、行政間の壁を取り払う)、③現場に学ぶ点を鮮明にする。

福島原発の事故のあと、研究者による報告や論文が数多く発表された。しかし、その多くはポット栽培試験の結果であったり、チェルノブイリに関するものであったりして、「日本で何が起きたか、詳細な調査をもとに公開することが大切である」（本書の中での飯舘村・菅野典雄村長の言葉）という発言に対する答えになってはいなかった。

本来であれば、チェルノブイリとの地形や農作物や水利用などの違いを明らかにしたうえで、異なる自然条件で営まれる農業の複雑性を考慮した詳細な調査が必要であった。では、なぜその視点が欠けていたのかという問いに対して次のように答える。

現在の農学研究が細分化して、多くの研究者が「木を見て、森を見ない」からである。彼らは農業の多様性を理解していない。だから、現場で詳細な調査が行われず、風評被害が拡大し、多くの情報が隠され、国民の不安を助長していった。風評被害を払拭するためには、研究者が現場で農家とともに、正確な情報を発信し続けるしかない。

五　おわりに

野中氏は、東日本大震災で亡くなった人たちの思いを後世に「絆《つな》げ」るのが、生き残った私たちの大切な役割であると述べている。そして、「農と言える」人たちを地域や大学で育て、福島の農業の復興を、日本の農業の振興と農学の復権に結びつけなければならないと結ぶ。

理不尽で不当な原子力災害に対する補償は当然である。しかし、それだけで生活の保障、ふるさとの復興、人間の復興はなしうるのだろうか。それらを同時に実現するのは、地域で生きることを基礎とする農業の復興の中に見出すことができる。

本書は、原子力災害という困難な状況から逃げることなく、「農」を軸として、人間的に生きる、そして働くことによって実現できる、地域再生の道筋を科学的に示しているといえる。農家と研究者がともに学びあい、原子力災害に負けずに、「農と言」い、地域を再生していく姿を生き生きと描いた感動の書である。

〈初出『有機農業研究』第六巻第二号、二〇一四年〉

【野中昌法先生　ご略歴】

1953年11月13日　栃木県佐野市に生まれる
1979年3月　明治大学農学部農芸化学科卒業
1981年3月　明治大学大学院農学研究科博士前期課程修了(農学修士)
1984年7月　東京大学大学院農学系研究科博士課程中途退学
1984年8月　筑波大学研究協力部文部技官
1987年5月　農学博士(東京大学)取得(論文名「我が国の各種土壌中の無機態リンと有機態リンの集積とその挙動」)
1987年7月　新潟大学農学部助手
1996年1月　新潟大学農学部助教授
2006年4月　新潟大学大学院技術経営研究科・農学部教授
2017年6月9日　ご逝去(63歳)

【単著】

農と言える日本人——福島発・農業の復興へ　コモンズ　2014年

【共著】

BISHAMONの軌跡−Ⅱ～福島支援5年間の記録～　新潟日報事業社　2016年
福島原発事故の放射能汚染——問題分析と政策提言　世界思想社　2013年
放射能に克つ農の営み——ふくしまから希望の復興へ　コモンズ　2012年
四日市学講義　風媒社　2007年
阿賀よ伝えて——103人が語る新潟水俣病　新潟水俣病40周年記念誌出版委員会　2005年
土からのラブレター・新潟からの発信　新潟日報事業社　1997年
農業有用微生物−その利用と展望−　養賢堂　1990年
土の世界——大地からのメッセージ　朝倉書店　1990年

そのほか学術論文など多数。

あとがき――これからも道を絆《つな》ぎましょう

二〇一七年六月九日、野中昌法先生は一年四カ月の闘病生活の末、家族に見守られながら帰らぬ人となりました。先生から阿武隈の里山に桜の咲くころに、力強い毛筆で、最後の手紙をいただきました。

「トランスサイエンスは原発も同じです。これからも道を絆ぎましょう」

野中先生はトランスサイエンスを「科学では得ることができない解答を農家に自らの調査結果を公開して、ともに考え解決する道を探ること」と書いています（本書二八二ページ）。田んぼに来ては、「何日おきくらいに田んぼに水を入れますか？」と農家に聞きながら、農家と相談して測定と実証を進めました。主体はあくまでも農家なのだから、農家と共に考える、農家と共に歩む。それが野中先生の姿勢でした。

米をつくるのは農家ではなく稲であって、しっかりと根っこを張るようにサポートするのが農家です。同様に、原子力災害と向き合って福島の課題に取り組むのは、あくまでも地域住民であると思います。

原発事故から七年が経ちました。これまで心からの支援とサポートをしていただいた研究者のみなさん、市民団体のみなさんに、あらためて厚く感謝を申し上げます。そして、新しい出会いと信頼の絆がたくさん生まれました。この新しいネットワークと、土の力と、農の力と、地域の力に確信をもって、農村再生のために次世代へ絆いでいくこと。それが野中先生の道を絆いでいくことであり、希望の道だと思うのです。

これまでの公害問題やチェルノブイリ原発事故にはない、農家と研究者との協働の取り組みや土の力などの福島の経験を広く伝えることが大切ではないかという中島紀一先生の提案が、本書のきっかけです。そして、新潟大学の原田直樹先生、吉川夏樹先生、福島大学の石井秀樹先生、林薫平先生、横浜国立大学(当時)の金子信博先生、千葉農村地域文化研究所の飯塚里恵子さん、ゆうきの里東和の武藤正敏事務局長と何度も打ち合わせと連絡を重ね、ご尽力いただき、完成しました。また、第Ⅱ部の第2章は飯塚さんが構成し、第3章は中島先生、第4章と第5章は林先生に、ご協力いただきました。この場を借りて、お礼を申し上げます。

コモンズの大江正章さんには、何度も何度も構成・編集にご苦労をおかけしました。ありがとうございました。

あってはならない原子力災害。この災害と対峙して歩む本来の農の道を、住民主体の地域づくりを、これからの福島の農家を、応援してください。

本書を故・野中昌法先生に捧げます。

二〇一八年六月九日

菅野　正寿

横山正（よこやま・ただし）
1953年、福岡県生まれ。東京農工大学大学院農学研究院卓越教授。共著『土のひみつ――食料・環境・生命』（朝倉書店、2015年）、『食と微生物の事典』（朝倉書店、2017年）。

石井秀樹（いしい・ひでき）
1978年、埼玉県生まれ。福島大学うつくしまふくしま未来支援センター特任准教授。共著『放射能汚染から食と農の再生を』（家の光協会、2012年）、『原発事故と福島の農業』（東京大学出版会、2017年）。

武藤正敏（むとう・まさとし）
1951年、福島県生まれ。NPO法人ゆうきの里東和ふるさとづくり協議会専務兼事務局長。

根本洸一（ねもと・こういち）
1937年、福島県生まれ。有機農業者。元福島県有機農業ネットワーク会長。

奥村健郎（おくむら・けんろう）
1956年、福島県生まれ。一般社団法人南相馬農地再生協議会理事。

長正増夫（ながしょう・ますお）
1947年、福島県生まれ。飯舘村第12行政区長、元飯舘村副村長。

中島紀一（なかじま・きいち）
1947年、埼玉県生まれ。茨城大学名誉教授、NPO法人有機農業技術会議代表理事。主著『有機農業の技術とは何か――土に学び、実践者とともに』（農山漁村文化協会、2013年）、『野の道の農学論――「総合農学」を歩いて』（筑波書房、2015年）。

野中昌法（のなか・まさのり）
1953年、栃木県生まれ。元・新潟大学教授。主著『農と言える日本人――福島発・農業の復興へ』（コモンズ、2014年）、共著『放射能に克つ農の営み――ふくしまから希望の復興へ』（コモンズ、2012年）。2017年6月9日逝去。

守友裕一（もりとも・ゆういち）
1948年、富山県生まれ。宇都宮大学名誉教授・福島大学客員教授。主著『内発的発展の道――まちづくりむらづくりの論理と展望』（農山漁村文化協会、1991年）、『福島 農からの日本再生――内発的地域づくりの展開』（編著、農山漁村文化協会、2014年）。

◆執筆者紹介◆

菅野正寿（すげの・せいじゅ）

1958年、福島県生まれ。あぶくま高原遊雲の里ファーム主宰。前NPO法人福島県有機農業ネットワーク理事長、元NPO法人ゆうきの里東和ふるさとづくり協議会理事長、NPO法人ふくしま地球市民発伝所副代表。共編著『放射能に克つ農の営み――ふくしまから希望の復興へ』（コモンズ、2012年）、共著『脱原発社会を創る30人の提言』（コモンズ、2011年）など。

原田直樹（はらだ・なおき）

1964年、埼玉県生まれ。新潟大学農学部教授、日本有機農業学会理事。共著『BISHAMONの軌跡Ⅱ――福島支援5年間の記録』（新潟日報事業社、2016年）、『土壌微生物学』（朝倉書店、2018年）。

吉川夏樹（よしかわ・なつき）

1970年、東京都生まれ。新潟大学農学部准教授。共著論文 "137Cs in irrigation water and its effect on paddy fields in Japan after the Fukushima nuclear accident" *Science of the total environment,* 481, 2014. "Measurement and estimation of radiocesium discharge rate from paddy field during land preparation and mid-summer drainage", *Journal of Environmental Radioactivity*, 155-156, 2016.

金子信博（かねこ・のぶひろ）

1959年、長崎県生まれ。福島大学農学系教育研究組織設置準備室教授、日本有機農業学会理事。主著『土壌生態学入門――土壌動物の多様性と機能』（東海大学出版会、2007年）、共著 "*Global Soil Biodiversity Atlas*"（欧州委員会 Joint Research Centre, Ispra, 2016）。

飯塚里恵子（いいづか・りえこ）

1980年、千葉県生まれ。千葉農村地域文化研究所、NPO法人有機農業技術会議事務局長、日本有機農業学会理事。共著『放射能に克つ農の営み――ふくしまから希望の復興へ』（コモンズ、2012年）、『福島 農からの日本再生――内発的地域づくりの展開』（農山漁村文化協会、2014年）。

小松崎将一（こまつざき・まさかず）

1964年、茨城県生まれ。茨城大学農学部附属国際フィールド農学センター長・教授、日本有機農業学会副会長。共著『持続的農業システム管理論』（農林統計協会、1999年）、『農家が教える自然農法――肥料や農薬、耕うんをやめたらどうなるか』（農山漁村文化協会、2017年）。

【日本有機農業学会】
事務局：〒 272-8512 千葉県市川市国府台 1-3-1
千葉商科大学人間社会学部 小口広太研究室内
Eメール：yuki_gakkai@yuki-gakkai.com
HP：https://www.yuki-gakkai.com/

農と土のある暮らしを次世代へ
——原発事故からの農村の再生

二〇一八年七月二五日　初版発行
編著者　菅野正寿・原田直樹

編集協力　日本有機農業学会
発行者　大江正章
発行所　コモンズ
東京都新宿区西早稲田二－一六－一五－五〇三
TEL（〇三）六二六五－九六一七
FAX（〇三）六二六五－九六一八
振替　〇〇一一〇－五－四〇〇一二〇
info@commonsonline.co.jp
http://www.commonsonline.co.jp/
印刷・東京創文社／製本・東京美術紙工
乱丁・落丁はお取り替えいたします。
ISBN 978-4-86187-151-1 C 0061